工 程 力 学

焦安红　代美泉　主　编

李韩博　陈　萌　副主编

清華大学出版社

北　京

内容简介

本书内容分为两部分，第一部分为刚体静力学，共有四个项目，分别介绍了刚体静力学的概念、刚体静力分析、平面力系分析、摩擦；第二部分为构件的承载能力，共有四个项目，分别介绍了材料力学的基础知识、构件基本变形的强度和刚度、构件组合变形的强度、压杆稳定性问题。每部分均配有知识思维导图，用于说明讲述的主要内容。

本书精选了工程实践以及后续专业课程中必须掌握的知识、技能，以任务驱动的项目教学形式，由简到繁、由浅入深地展开，每个任务通过知识引出与内容相关的力学素养园地，给出培养学生的素养目标；通过实操练习、问题归纳、任务学习评价检验学生的知识目标、技能目标的完成情况，及时调整学习进度。

本书可作为高职高专院校机电类、近机电类各专业以及高等院校、成人教育等非土、非机专业少学时工程力学课程的教材，也可供相关工程技术人员阅读参考。

图书在版编目(CIP)数据

工程力学 / 焦安红, 代美泉主编. -- 北京 : 清华
大学出版社, 2025.7. -- ISBN 978-7-302-69498-4

Ⅰ. TB12

中国国家版本馆 CIP 数据核字第 20257UE951 号

责任编辑：王　定
封面设计：周晓亮
版式设计：思创景点
责任校对：成凤进
责任印制：杨　艳

出版发行：清华大学出版社
　　　　　网　　　址：https://www.tup.com.cn，https://www.wqxuetang.com
　　　　　地　　　址：北京清华大学学研大厦 A 座　　　　　邮　　编：100084
　　　　　社 总 机：010-83470000　　　　　　　　　　　邮　　购：010-62786544
　　　　　投稿与读者服务：010-62776969，c-service@tup.tsinghua.du.cn
　　　　　质 量 反 馈：010-62772015，zhiliang@tup.tsinghua.edu.cn
印 装 者：三河市君旺印务有限公司
经　　销：全国新华书店
开　　本：185mm×260mm　　　印　　张：14.5　　　字　　数：344 千字
版　　次：2025 年 8 月第 1 版　　　　　　　　印　　次：2025 年 8 月第 1 次印刷
定　　价：59.80 元

产品编号：111313-01

前　言

党的二十大报告强调，加强基础学科、新兴学科、交叉学科建设，加快建设中国特色、世界一流的大学和优势学科。基础学科是科技创新的源头，基础学科人才培养事关科技自立自强、民族复兴伟业，极具战略意义。工程力学既是基础学科，又是应用学科。作为基础学科，工程力学是机械、土木、交通、能源、材料等相关工科的基础；作为应用学科，工程力学几乎与所有工科专业交叉，直接解决工科专业发展和工程实际中的力学难题。

本书主要内容分为两部分，第一部分为刚体静力学，介绍了刚体静力学的概念、刚体静力分析、平面力系分析、摩擦等内容，旨在培养学生对机械零部件进行受力分析和受力分类计算的初步能力；第二部分为构件的承载能力，介绍了材料力学的基础知识、构件基本变形的强度和刚度、构件组合变形的强度、压杆稳定性问题，旨在培养学生初步掌握机械零部件承载能力的计算方法及对力学问题进行定性分析的综合能力。每部分配有知识思维导图，用于说明讲述的主要内容。

本书针对高职教育的特点，力求通俗易懂，以项目任务的形式展开教学，以应用为主，突出实用性、典型性和教学可操作性，贯穿素养元素，着眼于培养学生的辩证唯物主义观点、科学精神和创新能力。

本书编写突出以下特点：

(1) 本书分两部分，增加了知识思维导图，更清晰地表述了各部分教学要点。

(2) 本书以项目构建知识模块，分解成多个任务，每个任务通过工程实践案例导入，通过任务驱动、讲练结合的形式组织教学内容。

(3) 本书各任务明确列出知识、技能、素养三个学习目标，紧紧围绕目标组织教学内容，通过实操练习、问题归纳、任务学习评价检验学生的目标达成情况，做到科学合理地安排学习进度。

(4) 本书挖掘工程力学中所涉及的素养教育和立德树人等元素，提炼工程力学素养教育的典型案例，并融入全书，实现立德树人润物无声的效果。

本书建议学时为72~108学时。

本书由焦安红、代美泉担任主编，由李韩博、陈萌担任副主编。全书由两部分、八个项目组成，其中项目一、项目二由代美泉编写，项目三、项目五、项目六、项目七由焦安红编写；项目四、项目八由李韩博编写，各项目中的知识拓展部分及附录由陈萌编写。全书由焦安红和代美泉修改定稿。

限于编者水平，书中难免存在不足之处，敬请广大读者提出宝贵的意见和建议。

本书提供有教学大纲、教学课件、电子教案、实操练习参考答案和模拟试卷，读者可扫下列二维码获取。

教学大纲　　　　教学课件　　　　电子教案　　　　实操练习　　　　模拟试卷
　　　　　　　　　　　　　　　　　　　　　　　　参考答案

编　者

2025 年 3 月于西安

目　　录

第一部分

刚体静力学

工程力学是人们"经久耐用、造价低廉"的要求和愿望的产物。怎样才能保证构件经久耐用呢？大家知道，构件的破坏是由力引起的。工程力学从研究构件的受力分析开始，研究构件的变形和破坏规律，为工程构件的设计和制造提供可靠的理论依据和实用的计算方法。

本书从解决问题的逻辑顺序出发，按照"刚体静力学→单一变形的强度和刚度问题分析→组合变形的强度设计"组织教学内容。其中，刚体静力学研究的是物体在力系作用下处于平衡状态的规律，不涉及物体的运动，其力学模型是刚体，具体学习内容参见刚体静力学学习思维导图。

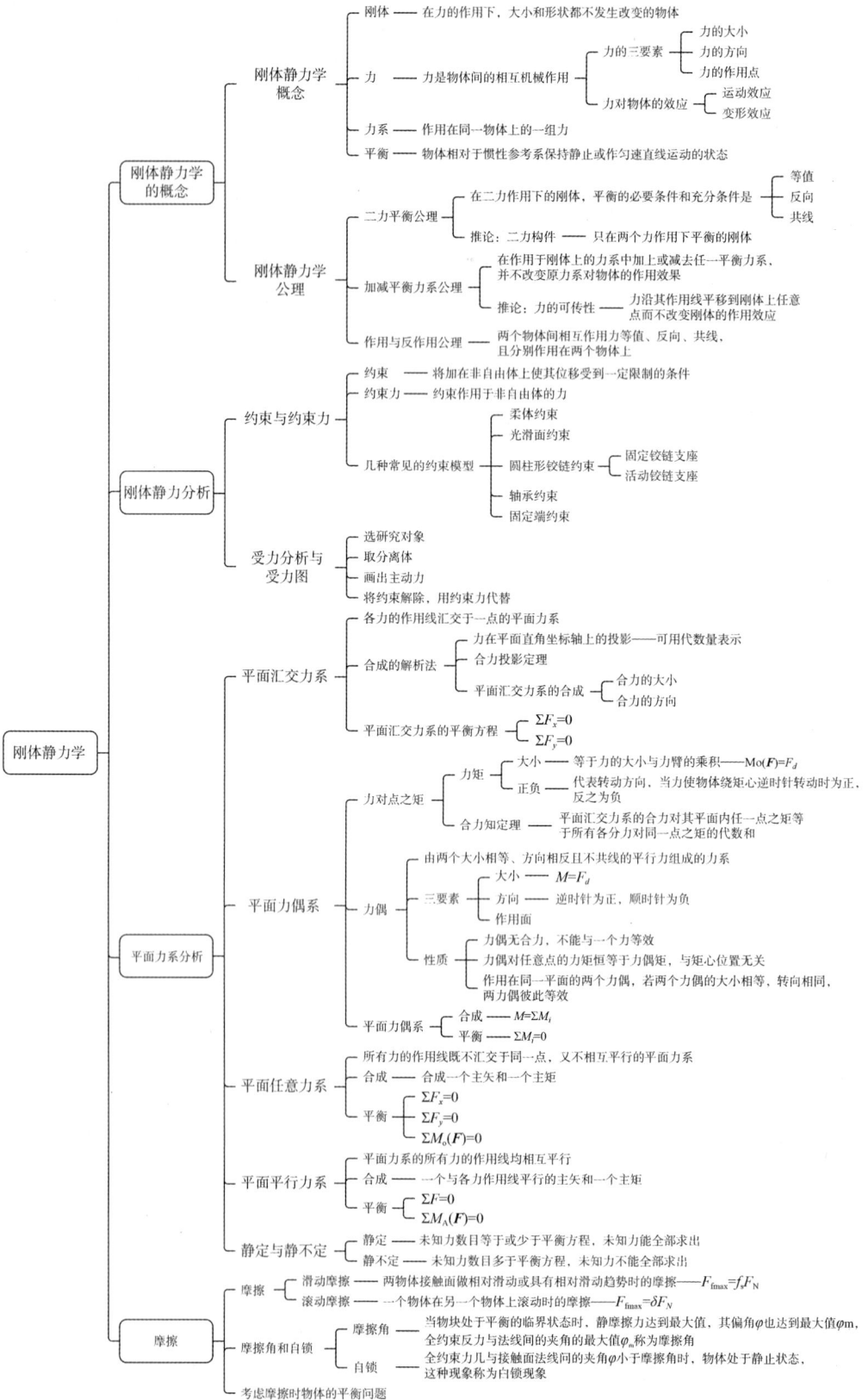

刚体静力学
- 刚体静力学的概念
  - 刚体静力学概念
    - 刚体 —— 在力的作用下，大小和形状都不发生改变的物体
    - 力 —— 力是物体间的相互机械作用
      - 力的三要素
        - 力的大小
        - 力的方向
        - 力的作用点
      - 力对物体的效应
        - 运动效应
        - 变形效应
    - 力系 —— 作用在同一物体上的一组力
    - 平衡 —— 物体相对于惯性参考系保持静止或作匀速直线运动的状态
  - 刚体静力学公理
    - 二力平衡公理 —— 在二力作用下的刚体，平衡的必要条件和充分条件是
      - 等值
      - 反向
      - 共线
      - 推论：二力构件 —— 只在两个力作用下平衡的刚体
    - 加减平衡力系公理 —— 在作用于刚体上的力系中加上或减去任一平衡力系，并不改变原力系对物体的作用效果
      - 推论：力的可传性 —— 力沿其作用线移到刚体上任意点而不改变刚体的作用效应
    - 作用与反作用公理 —— 两个物体间相互作用力等值、反向、共线，且分别作用在两个物体上
- 刚体静力分析
  - 约束与约束力
    - 约束 —— 将加在非自由体上使其位移受到一定限制的条件
    - 约束力 —— 约束作用于非自由体的力
    - 几种常见的约束模型
      - 柔体约束
      - 光滑面约束
      - 圆柱形铰链约束
        - 固定铰链支座
        - 活动铰链支座
      - 轴承约束
      - 固定端约束
  - 受力分析与受力图
    - 选研究对象
    - 取分离体
    - 画出主动力
    - 将约束解除，用约束力代替
- 平面力系分析
  - 平面汇交力系
    - 合成的解析法
      - 各力的作用线汇交于一点的平面力系
      - 力在平面直角坐标轴上的投影 —— 可用代数量表示
      - 合力投影定理
      - 平面汇交力系的合成
        - 合力的大小
        - 合力的方向
    - 平面汇交力系的平衡方程
      - $\sum F_x = 0$
      - $\sum F_y = 0$
  - 平面力偶系
    - 力对点之矩
      - 力矩
        - 大小 —— 等于力的大小与力臂的乘积 —— $M_O(F) = Fd$
        - 正负 —— 代表转动方向，当力使物体绕矩心逆时针转动时为正，反之为负
      - 合力矩定理 —— 平面汇交力系的合力对其平面内任一点之矩等于所有各分力对同一点之矩的代数和
    - 力偶 —— 由两个大小相等、方向相反且不共线的平行力组成的力系
      - 三要素
        - 大小 —— $M = Fd$
        - 方向 —— 逆时针为正，顺时针为负
        - 作用面
      - 性质
        - 力偶无合力，不能与一个力等效
        - 力偶对任意点的力矩恒等于力偶矩，与矩心位置无关
        - 作用在同一平面的两个力偶，若两个力偶的大小相等，转向相同，两力偶彼此等效
    - 平面力偶系
      - 合成 —— $M = \sum M_i$
      - 平衡 —— $\sum M_i = 0$
  - 平面任意力系
    - 所有力的作用线既不汇交于同一点，又不相互平行的平面力系
    - 合成 —— 合成一个主矢和一个主矩
    - 平衡
      - $\sum F_x = 0$
      - $\sum F_y = 0$
      - $\sum M_o(F) = 0$
  - 平面平行力系
    - 平面力系的所有力的作用线均相互平行
    - 合成 —— 一个与各力作用线平行的主矢和一个主矩
    - 平衡
      - $\sum F = 0$
      - $\sum M_A(F) = 0$
  - 静定与静不定
    - 静定 —— 未知力数目等于或少于平衡方程，未知力能全部求出
    - 静不定 —— 未知力数目多于平衡方程，未知力不能全部求出
  - 摩擦
    - 摩擦
      - 滑动摩擦 —— 两物体接触面做相对滑动或具有相对滑动趋势时的摩擦 —— $F_{fmax} = f F_N$
      - 滚动摩擦 —— 一个物体在另一个物体上滚动时的摩擦 —— $F_{fmax} = \delta F_N$
    - 摩擦角和自锁
      - 摩擦角 —— 当物块处于平衡的临界状态时，静摩擦力达到最大值，其偏角 φ 也达到最大值 φm，全约束反力与法线间的夹角的最大值 φ_m 称为摩擦角
      - 自锁 —— 全约束力几与接触面法线间的夹角 φ 小于摩擦角时，物体处于静止状态，这种现象称为自锁现象
    - 考虑摩擦时物体的平衡问题

项目一　刚体静力学的概念

一、任务情境

力的概念最初是人类在劳动过程中通过肌肉紧张的感觉而总结产生的。公元前 480—公元前 380 年，中国的墨翟(约公元前 478—公元前 392 年)及其弟子考察了人体对周围环境的作用，看到人们通过肌肉的动作，如举、持、掷、踢、蹬，可以使别的物体发生位置移动，从而总结出肌肉力的概念。《墨经》一书对运动和力有明确的定义，在力的概念及许多力学知识方面，走在同时代的前沿，闪耀着中华民族智慧的光辉。

刚体的概念出现在古希腊时期，亚里士多德提出了"天体本身就是刚体"的观点，欧多克索斯研究了刚体的平衡和静力学问题。古代人们由于缺乏科学的实验和精确的数学分析，对刚体力学的研究主要停留在经验和定性描述的阶段。直到 17 世纪，伽利略和开普勒的研究成果开启了近代科学的大门。18 世纪，欧拉、达朗贝尔和拉格朗日等科学家开始运用微积分和变分法来研究刚体力学问题，建立了刚体力学的数学模型。20 世纪初，爱因斯坦提出了相对论，进一步推动了刚体力学的发展。

刚体力学的发展历程充满了曲折和变化，但它对现代工程学的发展有着重要的贡献，刚体力学的理论和方法被广泛用于工程设计、机械制造、航空航天等领域。接下来，就让我们开始学习刚体静力学的概念吧。

二、任务学习目标

(一) 知识目标

(1) 理解力、刚体及平衡的基本概念。

(2) 掌握静力学公理和推论的内容。

(3) 会分析物系内每个物体的受力情况。

(二) 能力目标

(1) 能够判断二力杆。

(2) 能够区分作用与反作用公理和二力平衡公理。

(3) 能够注意作用力与反作用力公理的应用。

(三) 素养目标

(1) 能根据刚体的定义运用辩证唯物主义观点思考问题。

(2) 运用力及静力学公理逐步提高观察问题的能力。

应知应会

一、刚体

刚体是指在力的作用下，大小和形状都不发生改变的物体。静力学以刚体为研究对象，因此又称刚体静力学。刚体是对实际受力物体的力学抽象。自然界中的任何物体受力后都要发生变形。如果物体变形较小，在研究平衡或运动时不起主要作用，变形可以忽略不计。例如，图 1-1 所示的横梁在力 F 的作用下产生的弯曲变形仅为梁长度的千分之几，在考查横梁平衡时可以忽略，因为由此引起的梁长度的变化微小，仍用梁的原长进行计算。这样既不会引起显著的误差，使计算过程大为简化，又能满足工程精度要求。

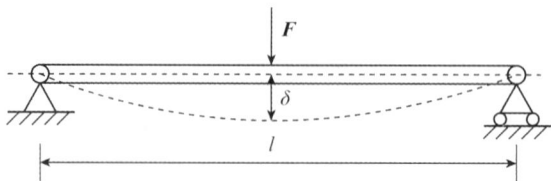

图 1-1 横梁弯曲变形

二、力和力系

(一) 力

力是物体间的相互机械作用。人们在长期的生活和大量的生产实践中逐步形成了对力的感性认识，这种感性认识再上升到理性，就建立起了抽象的力的概念。

物体间的相互机械作用大致分为两类：一类是物体直接接触的作用，如物体之间的挤压力、机车索引车厢的拉力等；另一类是场的作用，如地球引力场对物体的吸引力、电场对电荷的吸引力。

力对物体的作用使物体的运动状态和形状发生改变。力使物体运动状态发生变化的效应称为力的外效应，力使物体产生变形的效应称为力的内效应。静力学将物体抽象为刚体，只考虑力的运动效应；而对于变形体，则既需考虑力的运动效应又需考虑力的变形效应。

由实践经验可知，力对物体的作用效果取决于力的三要素，即力的大小、方向和作用点。力的三要素可用矢量表示。用线段的起点或终点表示力的作用点，用箭头表示力的方向，用线段的长度表示力的大小，如图 1-2 所示。

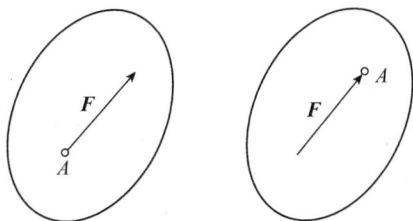

图 1-2　力的图示

力的国际制单位是牛(N)或千牛(kN)。目前在工程中，与国际单位制并用的还有工程单位制。力的工程制单位是千克力(kgf)。两者的换算关系是 1 千克力(kgf)=9.8 牛(N)。

(二) 分布力和集中力

力的作用点，实际上就是力作用位置的抽象化。物体受力一般是通过物体直接接触进行的。接触处多数情况下不是一个点，而是具有一定尺寸的面积。因此，其接触处所受的力都是作用在接触面积上的分布力，但分布力的分布规律比较复杂。例如，人的脚掌对地面的作用力以及脚掌上各点受到的地面的支撑力都是不均匀的。

当分布力作用面积很小时，为了分析计算方便起见，可以将分布力简化为作用于一点的合力，称为集中力。如果物体间的接触面积比较大，那么力在整个接触面积上的作用强度应用单位面积上的力的大小(载荷集度)来表示。面分布力载荷集度的单位为 N/m^2。

在实际工程中常遇到一种沿狭长面积分布的力，往往将其简化为沿长度分布的力，称为线分布力。例如，图 1-3 所示的桥式起重机横梁，横梁上电葫芦与横梁接触面积较小，即可视为集中力；而横梁的自重则为分布力。

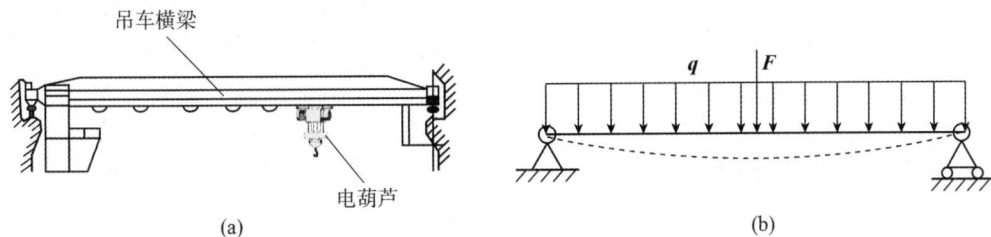

图 1-3　桥式起重机横梁

线分布力的分布载荷集度的单位为 N/m。如图 1-4 所示，若线分布力是沿梁的长度均匀分布的，在运算时往往将其等效地替换为一集中力 F_q，即 $F_q=ql$，作用点在梁的中点处。

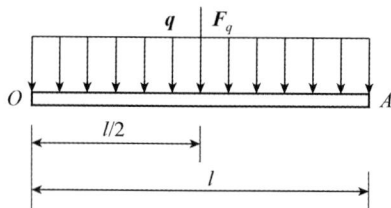

图 1-4　线分布力的简化

(三) 力系

力系是指作用在同一物体上的一组力。如图 1-5(a)、图 1-5(b)所示，作用于物体的两个共点力是一个力系；如图 1-5(c)所示，作用于物体的若干个力也是一个力系。

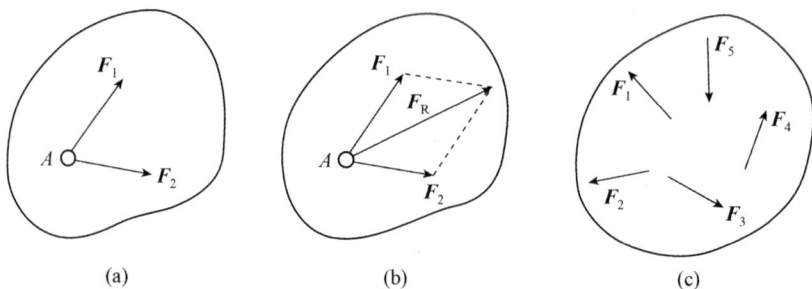

图 1-5　力系

使同一刚体产生相同作用效应的力系称为等效力系。

如果某力对物体的作用效应与一个力系相同，则称此力为该力系的合力，该力系中各力称为该合力的分力。如图 1-5(b)所示，我们可由力的平行四边形法则求出它的合力 F_R，F_R 是 F_1 和 F_2 的合力，F_1 和 F_2 是 F_R 的分力。对于这种把一个较复杂的力系变成一个与其等效的简单力系的过程，称为力系的简化。

根据力系中各力作用线的分布情况，通常将力系加以分类：若各力作用线在同一平面内，称为平面力系；若各力作用线不在同一平面内，称为空间力系；若各力作用线汇交于一点，称为汇交力系；若各力作用线相互平行，称为平行力系；若各力作用线既不相交于一点也不完全平行，称为任意力系；若各力作用线在同一平面并汇交于一点的力系，称为平面汇交力系。还有一些其他类型的力系，可依此类推。

三、平衡与平衡力系

(一) 平衡

平衡是指物体在力的作用下相对于惯性参考系保持静止或匀速直线运动状态。在一般工程技术问题中，把固连于地球上的参考系视为惯性参考系，也就是说，物体的平衡是相对于地球而言的。例如，静止在地面上的机床、桥梁以及在直线轨道上做匀速运动的火车等物体都是在各种力系的作用下处于平衡状态的。

（二）平衡力系

平衡力系是指作用于物体并使物体处于平衡状态的力系。

力系的平衡条件是指作用在处于平衡状态物体上的力系所应满足的条件。

满足平衡条件的力系是平衡力系。运用力系的平衡条件可以解决受力系作用的杆件和杆件结构的平衡问题。它是设计结构构件或机械零件时进行静力计算的基础。

四、刚体静力学的基本公理

公理是人类从反复的实践中总结出来的客观规律，它的正确性已被人们所公认。刚体静力学公理是研究静力学的基础和解决静力学问题的关键。

公理一　二力平衡公理

内容：作用在同一刚体上的两个力使刚体处于平衡的充分条件与必要条件是：这两个力大小相等、方向相反，且作用在同一条直线上(简称等值、反向、共线)。其数学表达式为

$$F_1 = -F_2$$

注意：对于变形体，二力等值、反向、共线只是其平衡的必要条件。例如，图 1-6(a)所示的绳子受到一对等值、反向、共线的拉力作用时处于平衡状态，但若绳子受到两个等值、反向、共线的压力作用，绳子就会因其原有位置和几何形状发生改变而失去平衡，如图 1-6(b)所示。因此，二力平衡公理只适用于刚体。

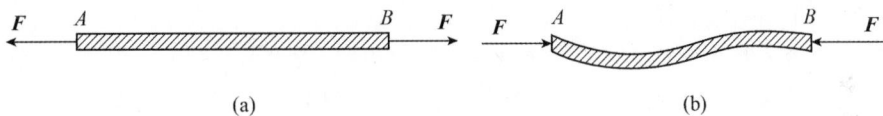

图 1-6　作用于变形体上的二力

应用：分析图 1-7(a)中 AB 杆的受力，不计自重。根据力及二力平衡公理，AB 杆只在 A 点和 B 点两处与其他物体相互作用产生力，而且在这两个力作用下处于平衡，这两个力必然满足二力平衡公理。因此，AB 杆两端处力的表示形式也清楚了，其受力图如图 1-7(b)所示。

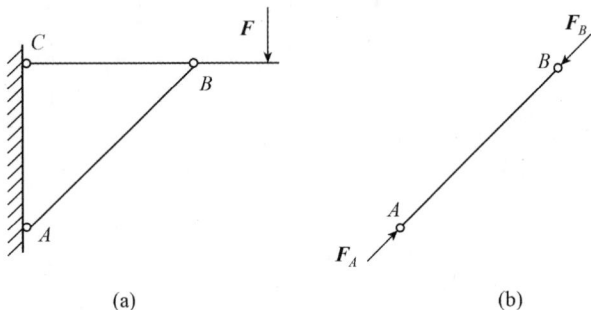

图 1-7　二力构件与二力杆

一般来说，只受两个力作用而平衡的构件，都称为二力构件，若该构件为杆件则称为二力杆。二力杆可以是直杆，也可以是不考虑变形的曲杆或折杆。在实际工程中，杆类零

件通常不计自重。二力构件概念的定义大大简化了工程力学构件的受力分析和计算，它是工程力学的一个重要概念。

公理二　加减平衡力系公理

内容： 作用在刚体上的任何一个力系加上或减去任何一个平衡力系，并不改变原力系对刚体的作用。

这是显而易见的，因为平衡力系对于刚体的平衡或运动状态没有影响。该公理是力系简化的重要理论依据。注意：加减平衡力系公理仅适用于刚体。由该公理我们可以得到一个重要的推论，即力的可传性。

推论　力的可传性原理

内容： 刚体上的力可沿其作用线移动到该刚体上任一点而不改变此力对刚体的作用效应。这一推论说明作用在刚体上的力是一个滑移矢量，该力三要素为大小、方向和作用线。

在图 1-8(b)所示刚体上，如果令力 $F = F' = F''$，则 F' 和 F 也是一对平衡力，减去这对平衡力后，刚体的受力情况如图 1-8(c)所示，这时物体的运动状态并没有任何改变。

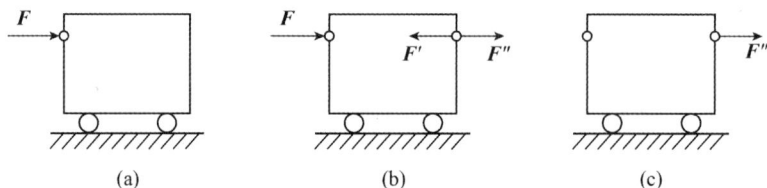

(a)　　　　　　　　　(b)　　　　　　　　　(c)

图 1-8　力的可传性

公理三　作用与反作用公理

内容： 两物体间相互作用力总是同时存在，并且二力等值、反向、共线，分别作用在两个物体上。这两个力互为作用与反作用的关系。如图 1-9(b)所示，将作用力用 F_N 表示，反作用力用 F'_N 表示，以此表明作用力与反作用力之间的联系与区别。

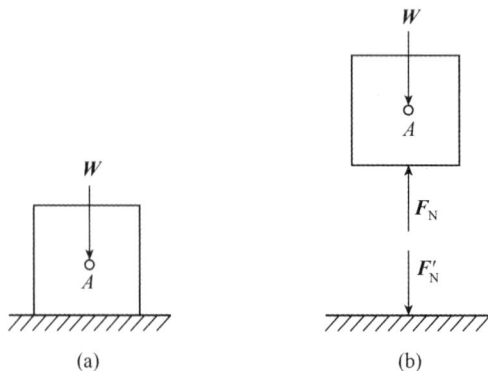

(a)　　　　　　　　　　　(b)

图 1-9　作用力与反作用力

作用力和反作用力是力学中普遍存在的一对矛盾，它们既互相对立，又互相依存，同时出现，同时消失，这是矛盾同一性的体现。

作用与反作用公理概括了自然界中物体间相互作用关系，表明一切力总是成对出现的，揭示了力的存在形式和力在物体间的传递方式。

注意：必须把作用与反作用公理、二力平衡公理严格地区分开来。作用与反作用公理是表明两个物体相互作用的力学性质，而二力平衡公理则说明一个刚体在两个力作用下处于平衡时两个力满足的条件。

素养园地

墨子——中国古代力学学者及其贡献

生平：墨子，名翟，春秋末期战国初期宋国人，宋国贵族目夷的后裔，曾担任宋国大夫。中国古代思想家、教育家、科学家、军事家，墨家学派创始人和主要代表人物。

贡献：墨子给出了力的定义："力，刑(形)之所以奋也。"(摘自《墨经上》)也就是说，力是使物体运动的原因，即使物体运动的作用叫作力。

墨子认为，"动"是力推送的缘故。更为重要的是，墨子提出了"止，以久也，无久之不止，当牛非马也"的观点，意思是物体运动的停止来自阻力阻抗的作用，如果没有阻力，物体会永远运动下去。

墨子指出，称重物时秤杆之所以会平衡，是因为"本"短"标"长。用现代的科学语言来说，"本"即阻力臂，"标"即动力臂，写成力学公式就是动力×动力臂("标")=阻力×阻力臂("本")。

此外，墨子还对杠杆、斜面、重心、滚动摩擦等力学问题进行了一系列的研究。

实操练习

一、填空题

1. 力的可传性原理只适用于_____。

2. 作用在刚体上的力可沿其作用线任意移动，而_____力对刚体的作用效果。所以，在静力学中，力是_____的矢量。

3. 力对物体的作用效果一般分为_____效应和_____效应。

二、判断题

1. 如物体相对于地面保持静止或匀速运动状态，则物体处于平衡。　　　　　　（　　）

2. 作用在同一物体上的两个力，使物体处于平衡的必要条件和充分条件是：这两个力大小相等、方向相反、在同一条直线上。　　　　　　　　　　　　　　　　　　（　　）

3. 在静力学公理中，二力平衡公理和加减平衡力系公理适用于刚体。　　　　　（　　）

4. 在静力学公理中，作用力与反作用力公理和力的平行四边形公理适用于任何物体。（　　）

问题归纳

问题 1：_____

_____

问题 2：_____

_____

问题 3：_____

_____

学习评价

项目一　　刚体静力学的概念					
序号	考核内容	考核标准	分值	学生自评 (30%)	学生互评 (30%)	教师评价 (40%)
1	理解力、刚体及平衡的基本概念，掌握静力学公理和推论的内容，会分析物系内每个物体的受力情况	准确回答力的概念	10			
2		准确回答刚体的概念	10			
3		准确回答平衡的概念	10			
4		清楚描述二力平衡公理	10			
5		清楚描述加减平衡公理	10			
6		清楚描述作用与反作用公理	10			
7	能够判断二力杆；能够区分作用与反作用公理和二力平衡公理；能够注意作用力与反作用公理的应用	能够运用二力平衡公理，准确判断二力杆	7			
8		能够正确理解并运用作用与反作用公理和二力平衡公理	7			
9		能够注意作用力与反作用力的应用	6			
10	能根据刚体的定义，运用辩证唯物主义观点思考问题，能运用力及静力学公理逐步提高分析问题的能力	能够用辩证唯物主义观点正确理解刚体模型，注意分析问题时抓住主要因素	10			
11		能够通过学习静力学概念，从力学体系形成中学习科学家的精神	10			
学生自评得分						
学生互评得分						
教师评价得分						

项目二　刚体静力分析

任务描述

一、任务情境

如图2-1(a)所示，内燃机包含活塞、连杆、曲柄等工程构件，该图也可以看作内燃机的写实图，写实图有利于分析机构工作原理，却不利于研究机构受力情况。因此，我们需要把工程图抽象成平面力学简图，才能便于受力分析。图2-1(b)所示为内燃机的平面力学简图，也可以看作内燃机的表意图，这里将构件的连接形式通过各种约束表达出来。约束是力学中的重要概念，接下来，就让我们开始学习各类约束模型及其特点吧。

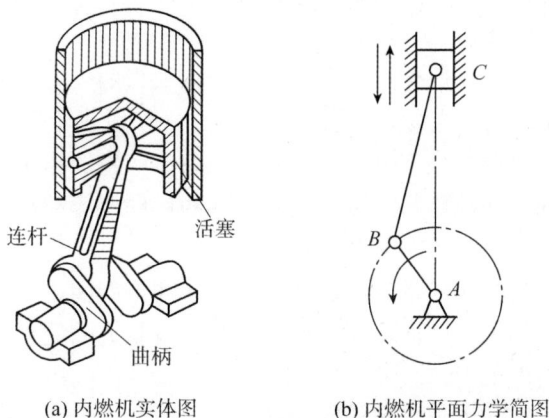

(a) 内燃机实体图　　　　　(b) 内燃机平面力学简图

图 2-1　内燃机的平面力学简图

二、任务学习目标

(一) 知识目标

(1) 理解约束和约束反力的概念。

(2) 掌握常见的各类约束模型及其特点。

(3) 掌握画平面力学简图的基本步骤。

(二) 能力目标

(1) 能够正确理解约束的概念。

(2) 能够辨别区分各类约束模型。

(3) 能够把工程图简化成力学简图。

(三) 素养目标

(1) 能够通过工程图熟悉工程，培养工程意识。

(2) 能够通过工程图到力学简图的抽象简化过程，掌握实践到抽象的研究方法。

应知应会

一、 约束和约束反力

工程中的机器和结构都是由若干零件和构件通过相互接触和相互连接而成的。每个构件的运动都被与它相连接的其他构件所限制。我们把对与之相连接构件的运动起限制作用的其他构件称为约束。

物体的运动如果受到其他物体的直接约束，如列车受到钢轨的约束、悬吊重物受到钢索的约束、各种机械中的轴受到轴承孔的约束等，我们把这类物体称为非自由体或受约束体。物体的运动如果没有受到其他物体的直接约束，如飞行中的飞机、火箭、人造卫星等，我们把这类物体称为自由体。

在工程力学中，物体上一般作用有主动力和约束反力两类力。能够促使物体运动或产生运动趋势的力称为主动力。这类力有物体重力或一些作用载荷等。主动力往往是给定的，当物体的运动或运动趋势受到约束时，约束对受约束体产生的作用力，称为约束反力，简称约束力。约束反力的方向总是与约束所限制物体的运动或运动趋势的方向相反，约束反力的作用点在约束与被约束物体的接触处。

一般情况下约束反力是由主动力引起的，其大小和方向因主动力的大小和作用线的不同而不确定，是一个未知力。因此，对约束反力的分析就成为受力分析的重点。其大小在静力学中可通过平衡条件求得。

二、约束模型

在实际工程中，构件间相互连接的形式多种多样，把这些相互连接形式，按其限制构件运动的特性抽象为理想化的力学模型，称为约束模型。

常见约束的约束模型有柔体、光滑面、光滑铰链、轴承等。实际工程中的约束与约束模型，有些比较相近，有些差异很大。因此，我们必须善于观察，正确认识约束模型及其意义。

(一) 柔体约束

(1) 组成：工程上常用的钢丝绳、皮带、链条等柔性物体。

(2) 约束特点：限制物体沿着柔索中心线伸长方向的运动。

(3) 约束反力方向：柔索的约束反力作用在柔索与物体的连接点上，其方向一定是沿着柔索中心线，背离物体，即必为拉力。通常用 F_T 表示。

(4) 应用举例：在图 2-2 所示的带轮传动机构中，带有紧边和松边之分，但两边的带所产生的约束反力都是拉力，只不过紧边的拉力要大于松边的拉力。

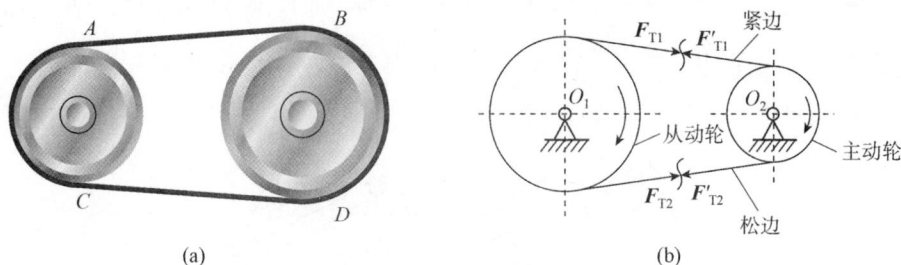

(a)　　　　　　　　　　　　(b)

图 2-2　带轮传动机构

(二) 光滑面约束

(1) 组成：由光滑接触面构成的约束。当两物体接触面之间的摩擦力小到可以忽略不计时，可将接触面视为理想光滑的约束，如支承物体的固定面、啮合齿轮的齿面等。

(2) 约束特点：不论接触面是平面还是曲面，都不能限制物体沿接触面切线方向的运动，而只能限制物体沿着接触面的公法线指向约束物体方向的运动。

(3) 约束反力方向：通过接触点，沿着接触面公法线方向，指向被约束的物体，通常用 F_N 表示。

(4) 应用举例：如图 2-3 所示的齿轮传动机构中轮齿的约束反力。

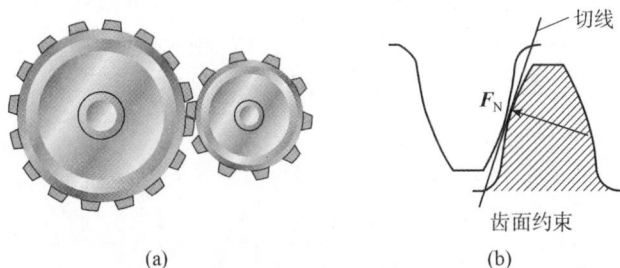

(a)　　　　　　　　(b)

图 2-3　齿轮传动机构

(三) 光滑圆柱形铰链约束

(1) 组成：两物体分别钻有直径相同的圆柱形孔，用一圆柱形销钉连接起来，在不计摩擦时，即构成光滑圆柱形铰链约束，简称铰链约束。例如，图 2-4 所示剪刀和订书机，它们中间连接的销钉就是铰链约束。在机构简图中，光滑圆柱形铰链通常用一个小圆圈表示。

(a)　　　　　　　　　　　　　　　　(b)

图 2-4　剪刀和订书机

(2) 约束特点及其约束反力：如图 2-5 所示，这类约束的本质为光滑接触面约束，因为其接触点位置未定，所以只能确定铰链的约束反力为一通过销钉中心的大小和方向均无法预先确定的未知力。通常此力用两个大小未知的正交分力(F_{Ax}，F_{Ay})来表示。

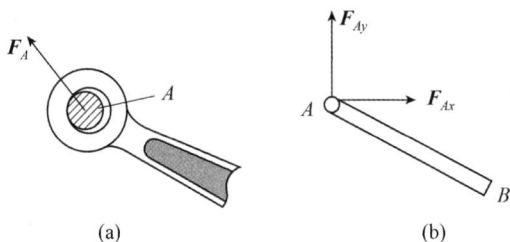

(a)　　　　　　　　　　　　(b)

图 2-5　光滑圆柱形铰链的约束反力

(3) 铰链约束分类：铰链约束是工程上常见的一种约束。铰链约束有中间铰链、固定铰链支座、活动铰链支座等。

① 中间铰链。

结构特点：两构件都能绕销钉轴线自由转动，如图 2-6 所示的剪刀的结构及其约束反力。

说明：一般不必分析销钉受力，当要分析时，必须把销钉单独取出。

② 固定铰链支座。

结构特点：一个构件被固定为支座。支座是指能将物体连接在地、墙或机架等支承物上的装置。

固定铰链支座是在连接物体和支座上各开一直径相同的圆孔，然后使两圆孔重叠，再用一圆柱形销钉将其连接而成。其结构及力学简图如图 2-7 所示。

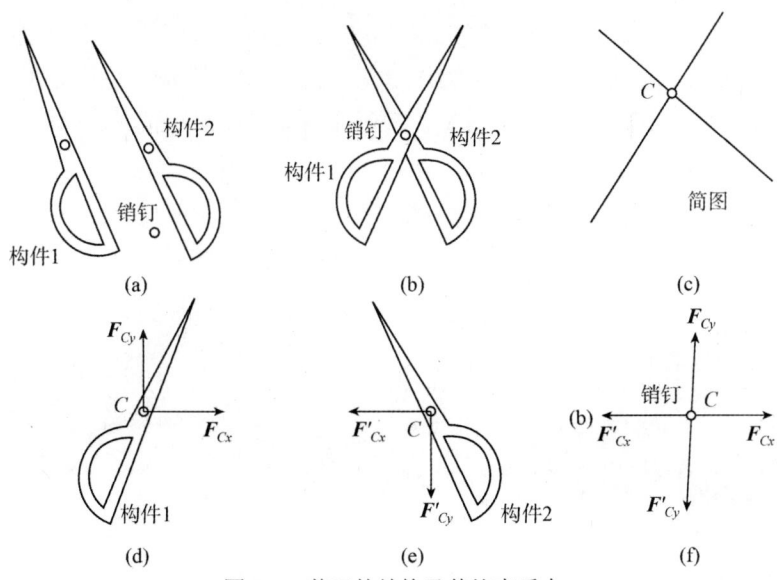

图 2-6　剪刀的结构及其约束反力

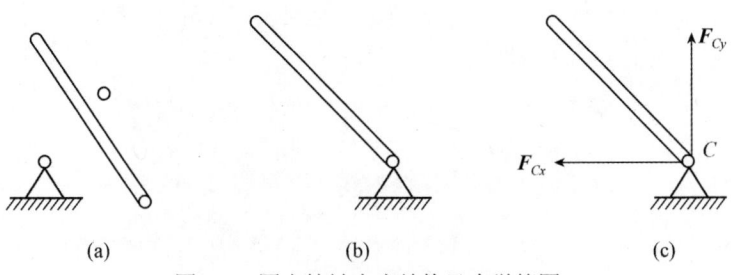

图 2-7　固定铰链支座结构及力学简图

③ 活动铰链支座。

结构特点：这种约束的支座没有固定在地、墙或机架上，而是在支座底座与支承面之间装有几个可滚动的辊轴，这样即构成活动铰链支座，又称辊轴支座。其结构及力学简图如图 2-8 所示。

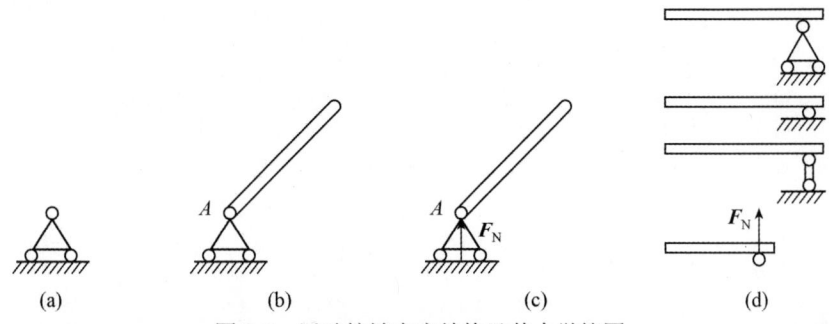

图 2-8　活动铰链支座结构及其力学简图

活动铰链支座只能限制被约束物体沿支座支承面法线方向的移动。活动铰链支座的约束反力作用线垂直于支承面且过铰心。

活动铰链支座常用在桥梁、屋架等工程结构中。这是因为这种约束只限制所支承物体沿垂直于支承面方向的移动，而不限制物体沿支承面方向的移动和绕铰链销钉的转动。因此，当温度变化引起桥梁、屋架等工程结构物在跨度方向伸缩，则允许活动铰链支座沿支承方向移动。

(4) 应用举例：例如，图 2-9(a)所示为翻斗车的车箱，车箱与撑杆之间的连接为铰链连接，其平面力学简图及受力图如图 2-9(b)、图 2-9(c)所示。

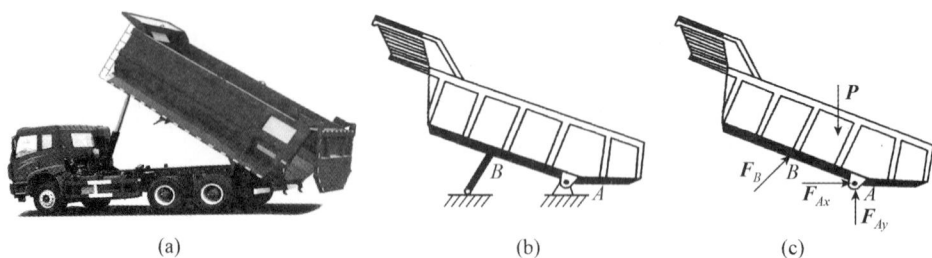

(a)　　　　　　　　(b)　　　　　　　　(c)

图 2-9　翻斗车的车箱

又如，图 2-10(a)所示为桥梁桁架，各杆之间通常采用铆接或焊接的方法连接，力学上抽象为铰链连接，平面力学简图及受力图如图 2-10(b)所示。

(a)

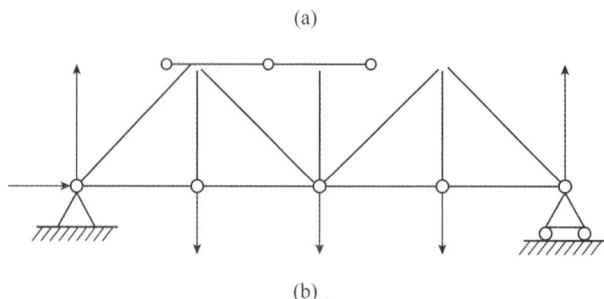

(b)

图 2-10　桥梁桁架

(四) 轴承

(1) 组成：图 2-11(a)所示为径向轴承结构与力学简图，轴承由外圈、内圈、滚珠等构成。轴承是用来支承旋转轴的组件。

(2) 约束特点：只允许轴在轴承孔内转动，而不允许轴移动。

(3) 轴承分类：轴承按其承受载荷方向的不同可分为径向轴承和推力轴承两类。

① 径向轴承：径向轴承的约束特点与光滑铰链相同，即约束反力应在与轴线垂直的平面内，通过圆轴中心。其结构及平面力学简图如图 2-11(b)、图 2-11(c)所示。

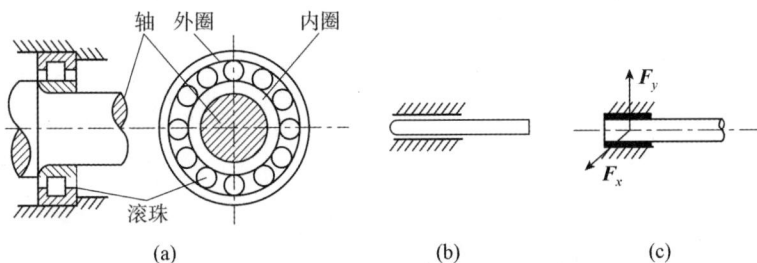

图 2-11　径向轴承结构与平面力学简图

② 推力轴承：如图 2-12 所示，推力轴承除了与径向轴承一样具有作用线不定的径向约束反力外，由于限制了轴的轴向运动，还有沿轴线方向的约束反力。

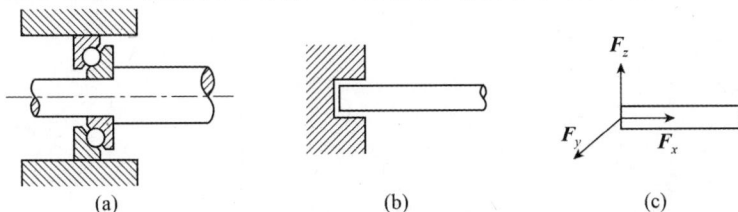

图 2-12　推力轴承结构与平面力学简图

三、构件的平面力学简图

在对工程构件进行受力分析时，必须把真实的工程结构或构件的形状及其连接方式进行合理的抽象，简化成能够进行分析计算的平面图形。

作平面力学简图时，首先要在结构或构件上选择合适的简化平面，画出其轮廓线(若是杆件可用其轴线代替)，然后按约束特性把约束简化为约束模型，最后简化结构上的作用载荷。

【例 2-1】桥式起重机大梁如图 2-13(a)所示。试画出其平面力学简图。

解：(1) 构件的简化。为了考查桥式吊车的承载能力，需要对其横梁进行受力分析。为此取横梁为分离体，把它简化为一根直杆。

(2) 约束的简化。四季温度的变化将使两端固定的横梁受到很大的轴向载荷，故一般将其支座制成一端固定，另一端可移动，以便横梁能自由地热胀冷缩。因此，在忽略摩擦的情形下，可把横梁两端的约束简化为一个固定铰链支座和一个活动铰链支座。

(3) 载荷的简化。首先是重物和吊车的重量，通过小车的滚轮作用在横梁上可简化为两个集中力 F，各等于 $P/2$。其次是桥梁的自重，可看作均布载荷。

(4) 桥式起重机大梁的平面力学简图如图 2-13(b)所示。

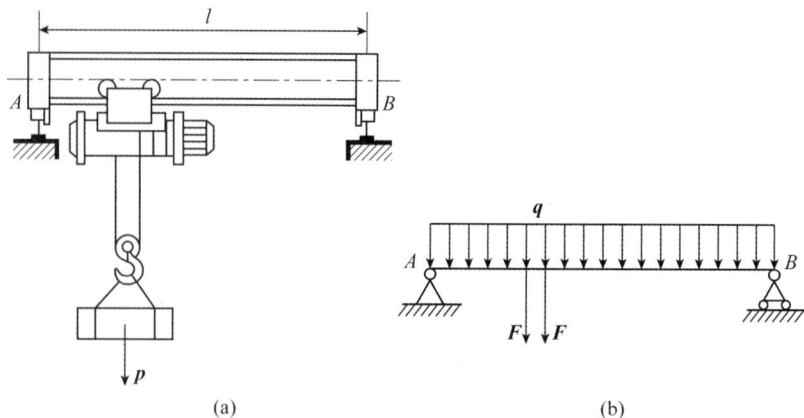

图 2-13 桥式起重机大梁的平面力学简图

素养园地

约瑟夫·拉格朗日——法国力学学者及其贡献

生平：法国著名数学家、物理学家。1736 年 1 月 25 日生于意大利都灵，1813 年 4 月 10 日卒于巴黎。他在数学、力学和天文学三个学科领域都有历史性的贡献，其中尤以数学方面的成就最为突出。

贡献：拉格朗日是分析力学的创立者。拉格朗日在其名著《分析力学》中，在总结历史上各种力学基本原理的基础上，发展了达朗贝尔、欧拉等人的研究成果，引入了势和等势面的概念，进一步把数学分析应用于质点和刚体力学，提出了运用于静力学和动力学的普遍方程，引进了广义坐标的概念，建立了拉格朗日方程，把力学体系的运动方程从以力为基本概念的牛顿形式，改变为以能量为基本概念的分析力学形式，奠定了分析力学的基础，为把力学理论推广应用到物理学其他领域开辟了道路。

实操练习

1. 对非自由体的运动所附加的限制条件为_____。

2. 约束反力的方向总是与约束所能阻止的物体的运动趋势的方向_____。

3. 约束反力由_____力引起，且随_____力的改变而改变。

4. 图 2-14 所示为齿轮减速箱中传动轴力学简图，由于齿轮只受径向力，所以所用轴承为径向轴承。试画出齿轮轴的平面力学简图。

图 2-14　齿轮减速箱中传动轴力学简图

问题归纳

问题 1：

问题 2：

问题 3：

学习评价

		项目二　刚体静力分析				
		任务一　认识约束模型				
序号	考核内容	考核标准	分值	学生自评(30%)	学生互评(30%)	教师评价(40%)
1	理解约束和约束反力的概念，掌握常见的各类约束模型及其特点，掌握画平面力学简图的基本步骤	准确回答约束的概念	10			
2		准确回答约束反力的概念	10			
3		准确回答约束模型的概念	10			
4		清楚描述常见的各类约束模型组成及特点	10			
5		清楚描述画平面力学简图的基本步骤	10			
6	能够正确理解约束的概念，能够辨别区分各类约束模型，能够把工程图简化成力学简图	能够掌握工程中常见的约束类型及确定约束反力的方法	10			
7		能够根据构件特性画出约束模型	10			
8		能够根据真实的工程结构简化出平面力学简图	10			
9	能够通过工程图熟悉工程，培养工程意识；能够通过工程图到力学简图的抽象简化过程，掌握实践到抽象的研究方法	能够通过对工程图的深入理解和分析，增强对工程的整体认识和理解，培养系统思维	10			
10		能够通过简化工程图为力学简图的过程，学习如何将复杂问题化解为更易于管理和解决的问题。这种能力有助于在面对复杂问题时，迅速找到解决问题的关键因素	10			
	学生自评得分					
	学生互评得分					
	教师评价得分					

任务二 ｜ 画构件的受力图

任务描述

一、任务情境

　　受力图是为了方便对构件进行受力分析、计算、设计及应用所画的一种力学图形。画构件受力图前，我们必须先明确研究对象及其所受的主动力和约束，然后考虑解除约束后，如何定性地画出研究对象可能受到的全部主动力和约束反力。任务一中，我们完成了内燃机结构从工程图到力学简图的学习，本任务需要我们进一步分析内燃机力学简图中滑块、曲柄和连杆的受力分析，如图 2-15 所示。

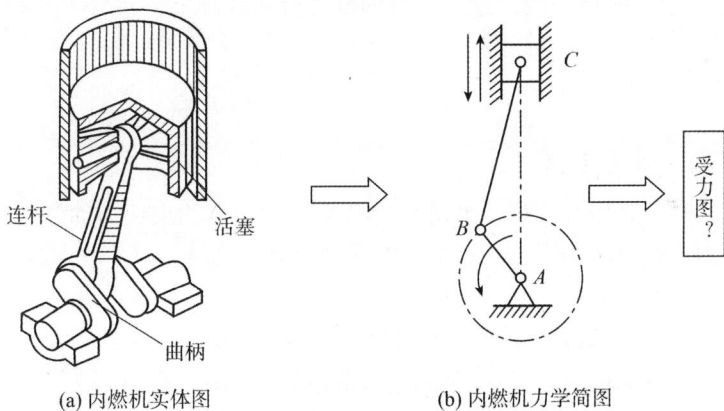

(a) 内燃机实体图　　　　　　　(b) 内燃机力学简图

图 2-15　内燃机的平面力学简图

二、任务学习目标

（一）知识目标

(1) 理解受力分析的概念。

(2) 理解物系的概念。

(3) 掌握画受力图的基本步骤。

（二）能力目标

(1) 能够区分主动力和约束反力。

(2) 能够分析单个物体的受力图。

(3) 能够分析简单物系的受力图。

(三) 素养目标

(1) 能够通过受力分析，培养独自分析、解决问题的能力。

(2) 能够通过校核受力图，培养耐心细致的做事态度。

应知应会

一、受力分析

在构件的平面力学简图的基础上分析静力学问题时，往往首先必须根据问题的性质、已知量和所要求的未知量，选择某一物体(若干个物体组成的物体系统)作为分析研究对象，并假想地将所研究的物体从与之接触或连接的物体中分离出来，即解除其所受的约束而代之以相应的约束反力。

解除约束后的物体，称为**分离体**。分析作用在分离体上的全部主动力和约束反力，画出分离体的受力简图，即**受力图**。这一过程即**受力分析**。

二、画受力图

(一) 画受力图的基本步骤

(1) 确定研究对象。取分离体，并分析哪些物体对它有约束反力的作用。

(2) 画主动力。在分离体上画出研究对象所受到的全部主动力，如重力、载荷、风力、浮力、电磁力等。

(3) 画约束反力。在解除约束处，根据约束的不同类型，画出约束反力。

(4) 校核。检查受力图画得是否正确，是否错画、多画、漏画。

(二) 单个物体的受力

单个物体，可以是除与约束有联系外不与其他物体相接触的一个物体，也可以是由若干个物体所组成的物体系统中的某个物体。

【**例 2-2**】设小球重量为 Q，在 A 处用绳索系在墙上，如图 2-16(a)所示。试画出小球的受力图。

解：(1) 将小球分离出来，如图 2-16(b)所示。

(2) 画主动力。主动力为重力 Q，垂直向下，作用点为小球质心 O。

(3) 画约束反力。约束反力有两个：一个是绳索的反力 F_T，作用于 A 点，沿绳索离开小球；另一个是墙面的反力 F_N，属于光滑接触面约束，作用点为接触点 B，因此，约束反力 F_N 垂直墙面指向小球。

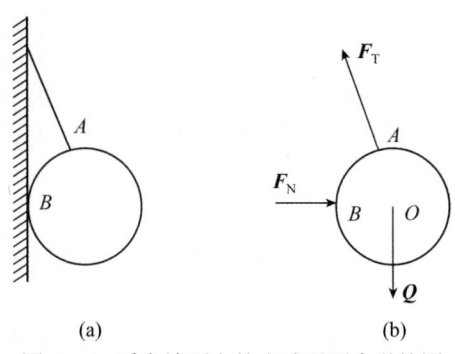

图 2-16 系在墙面上的小球平面力学简图

【**例 2-3**】构件 *AB* 左端为固定铰链支座,右端为活动铰链支座,如图 2-17(a)所示,假设不计构件的重量,*C* 处作用一力 *P*,试画出其受力图。

解:(1) 将 *AB* 杆分离出来,如图 2-17(b)所示。

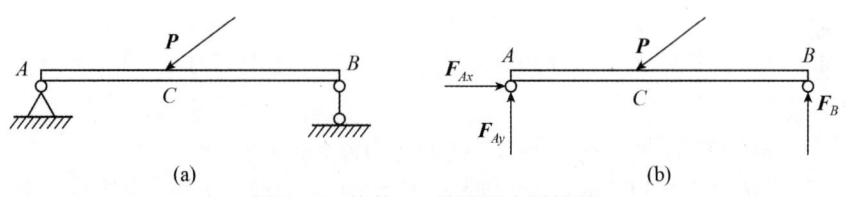

图 2-17 构件 *AB* 的平面力学简图

(2) 画主动力。主动力为已知力 *P*,作用点在 *C* 点。

(3) 画约束反力。约束反力有 3 个。其中,*A* 端为固定铰链支座,有两个约束反力,分别为水平方向 F_{Ax} 和垂直方向 F_{Ay};*B* 端为活动铰链支座,有一个垂直方向的约束反力 F_B。

【**例 2-4**】刹车机构的平面力学简图如图 2-18(a)所示。其曲杆 *AB* 可绕 *A* 点处转动,当仅考虑 *AB* 受力时,连接其他刹车部件的液压构件可视为在 *D* 点处铰接。试画出曲杆 *AB* 的受力图。

解:(1) 选取曲杆 *AB* 为研究对象,画出其分离体图,如图 2-18(b)所示。

(2) 画出主动力。主动力为已知力 F_p。

(3) 画出约束反力。如图 2-18(b)所示,*A* 点处为固定铰链支座,约束反力用 F_{Ax}、F_{Ay} 表示,指向假定;*CD* 为二力杆,F_C 沿 *CD* 轴线,假设为压力。

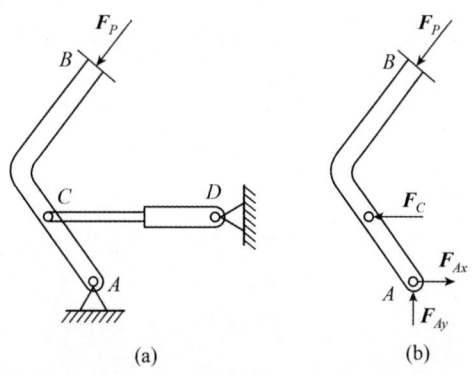

图 2-18 刹车机构的平面力学简图

(三) 物系的受力图

物系是若干个物体通过一定的约束(其他方式)联结而成的物体系统。作用于物系的力可分为两类：一类是外力，即系统外物体作用在系统内物体上的力；另一类是内力，即系统内物体间的相互作用力。内力和外力的区分不是绝对的，它们是可以相互转化的。

作物系整体受力图必须注意以下两点：

(1) 作整个物系的受力图时，由于内力成对出现，自成平衡系统，在受力图上不必画出内力，只需画出全部外力。

(2) 作物系中单个物体的受力图时，被物系内约束所联系的物体间相互作用力应符合作用与反作用公理。它们应该作用线平行、大小相等、方向相反。若符号一致，在其中一个符号上加一撇。

【例 2-5】如图 2-19(a)所示，构架的销钉 A 上受重为 W 的重力作用，杆 AB、AC 的自重不计，试作构架整体及杆 AB、AC 的受力图。

解：(1) 作构架整体的受力图，如图 2-19(b)所示。其中，因杆 AB、AC 的两端均为铰接，杆的自重不计，杆中未受任何外力作用，故此二杆均为二力杆，它们对构架的约束反力 F_{BA}、F_{CA} 如图 2-19(b)所示。

(2) 作杆 AB、AC 的受力图。作此二杆的受力图有三种方法：

方法一：设销钉在杆 AC 的 A 端，此时杆 AB 为二力杆，其受力图如图 2-19(c)所示。杆 AC 也是二力杆，其 C 端约束反力 F_{CA} 的方向与该杆的轴线重合，A 端受重力 W 和二力杆 AB 的约束反力 F_{AB} 共同作用，F_{AB} 与 F'_{AB} 为作用与反作用关系。杆 AC 受力图如图 2-19(d)所示。

方法二：设销钉在杆 AB 的 A 端，则杆 AC 为二力杆；杆 AB 的 A 端受重力 W 和杆 AC 的约束反力作用，B 端受与杆轴线重合的约束反力作用。

方法三：将销钉单独作为研究对象取出，则杆 AB、AC 均为二力杆，它们的受力图分别如图 2-19(e)～图 2-19(g)所示，其中 F_{AB} 与 F'_{AB}、F_{AC} 与 F'_{AC} 是作用与反作用关系。

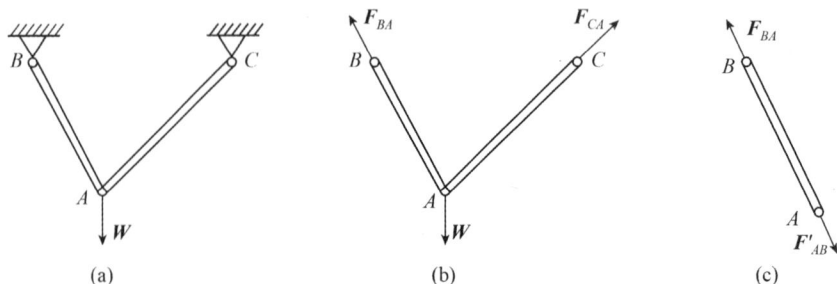

图 2-19　构架平面力学简图

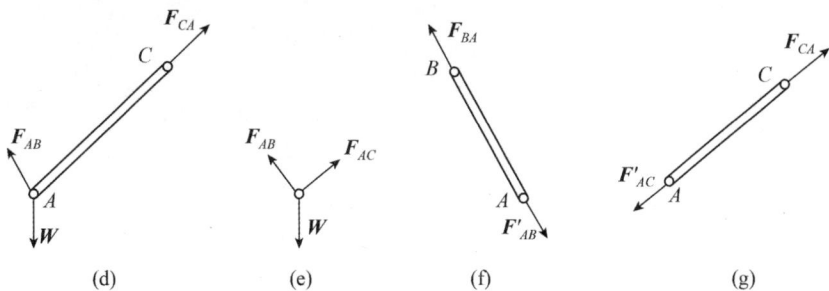

图 2-19 构架平面力学简图(续)

【例 2-6】 图 2-20(a)所示的结构由杆 AC、CD 与滑轮 B 铰接而成。物体重为 G，用绳子挂在滑轮上。如杆、滑轮及绳子的自重不计，并忽略各处的摩擦，试分别画出滑轮 B(包括绳索)、杆 AC、CD 及整个系统的受力图。

解: (1) 滑轮及绳索的受力图。在 B 处受中间铰链支座约束，在 E 处受柔索约束，在 H 处受柔索约束。在解除约束的 B 处所受的力可用两个正交分力 F_{Bx}、F_{By} 来表示，在 E 处画上沿绳索中心线背离滑轮的拉力 F_{TE}，在 H 处画上沿绳索中心线背离滑轮的拉力 F_{TH}。滑轮及绳索受力图如图 2-20(b)所示。

(2) 杆 CD 的受力图。杆 CD 为一个二力构件，由上可知，二力构件上的两个力为沿两个力作用点的连线，且等值、反向。假设杆 CD 受拉，在 C、D 处画上拉力 F_{CD}、F_{DC}，且 $F_{CD}=-F_{DC}$，杆 CD 受力图如图 2-20(c)所示。

(3) 杆 AC 的受力图。杆 AC 在 A 处受固定铰链支座约束，在 B、C 处受中间铰链约束。在解除约束的 A 处所受的力可用两个正交分力 F_{Ax}、F_{Ay} 来表示；在 B 处画上 F_{Bx}'、F_{By}'，它们分别与 F_{Bx}、F_{By} 互为作用力与反作用力；在 C 处画上 F_{CD}'，它与 F_{CD} 互为作用力与反作用力。杆 AC 的受力图如图 2-20(d)所示。

(4) 整个系统的受力图。在 A 处受固定铰链支座约束，在 E 处受柔索约束，在 D 处受固定铰链支座约束。系统中杆 AC 与杆 CD 在 C 处铰接不分开，滑轮与杆 AC 在 B 处铰接不分开，故这两处的约束反力互为作用力与反作用力，并成对出现，为系统的内力，不必画出。只需在解除约束的 A 处用两个正交分力 F_{Ax}、F_{Ay} 来表示；在 E 处画上与沿绳索中心线背离滑轮的拉力 F_{TE}；在 D 处画上拉力 F_{DC}。整个系统的受力图如图 2-20(e)所示。

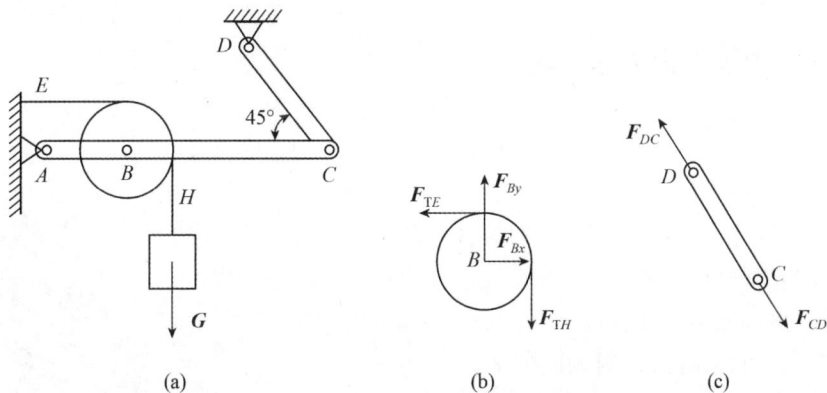

图 2-20 滑轮机构的平面力学简图

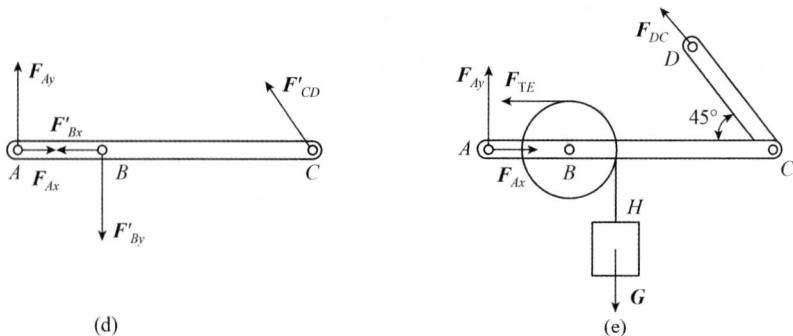

图 2-20　滑轮机构的平面力学简图(续)

小结:

正确地画出物体的受力图,是分析、解决力学问题的重要前提。画受力图时必须注意以下几点:

(1) 必须明确研究对象。根据求解需要,可以取单个物体或由若干个物体组成的系统为研究对象。不同的研究对象,其受力图是不同的。

(2) 正确确定研究对象受力的数目。受力图上必须画出全部的主动力和约束反力。一般可先画已知的主动力,再画约束反力。为了避免漏画某些约束反力,需要注意:分离体在哪几处被解除约束,则在这几处必作用着相应的约束反力。

(3) 正确地画出约束反力的方向。约束反力的方向只能根据约束的类型及性质来判断,切忌单凭直观感觉去画。

(4) 当分析两物体间相互的作用力时,应遵循作用力和反作用力的关系。作用力的方向一经假定,反作用力的方向应与之相反。当画整个系统的受力图时,由于内力成对出现,自成平衡系统,在受力图上不必画出内力,只需画出全部外力。

(5) 注意观察判断是否有二力杆,根据二力杆的特点画出二力杆上的力。

(6) 注意部分与整体受力图中,同一约束处反力假设指向的一致性。

素养园地

张衡——中国古代力学学者

生平:张衡(78—139 年),字平子。汉族,南阳西鄂(今河南南阳市石桥镇)人,"南阳五圣"之一,与司马相如、扬雄、班固并称汉赋四大家。中国东汉时期伟大的天文学家、数学家、发明家、地理学家、文学家,在东汉历任郎中、太史令、侍中、河间相等职。晚年入朝任尚书,因病于永和四年(139 年)逝世,享年 62 岁。北宋时被追封为西鄂伯。

贡献:张衡为中国天文学、机械技术、地震学的发展作出

了杰出的贡献，发明了浑天仪、地动仪，是东汉中期浑天说的代表人物之一。曾被后人誉为"木圣"。

实操练习

1. 图 2-21 所示的各物体的受力图是否有错误？应如何改正？

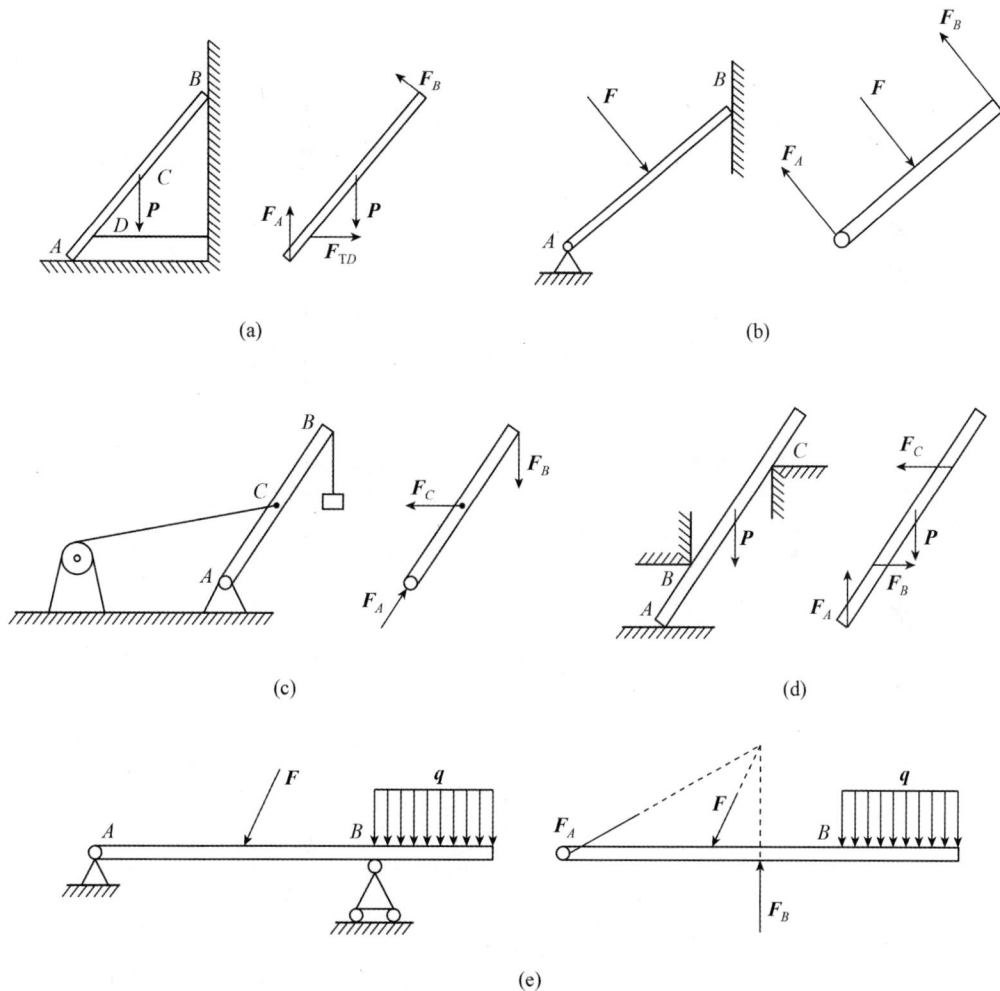

(a)

(b)

(c)

(d)

(e)

图 2-21　题 1 图

2. 试画出图 2-22 所示各个物体系统中每个物体的受力图。

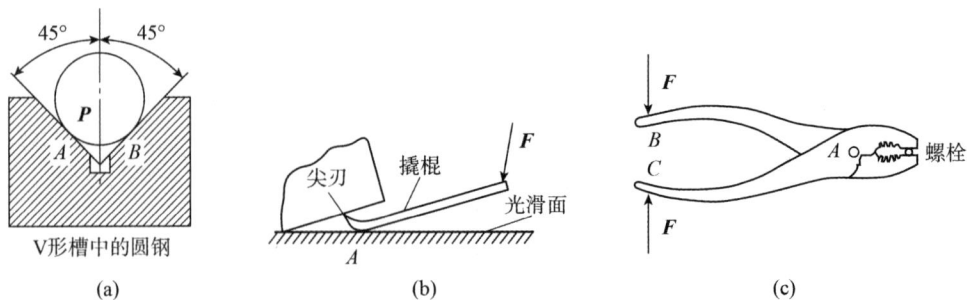

45° 45°

P

A B

V形槽中的圆钢

(a)

尖刃 撬棍 F

光滑面

A

(b)

F

B

C

A 螺栓

F

(c)

图 2-22 题 2 图

3. 画出图 2-23 所示各个构件及整个刚架的受力图。

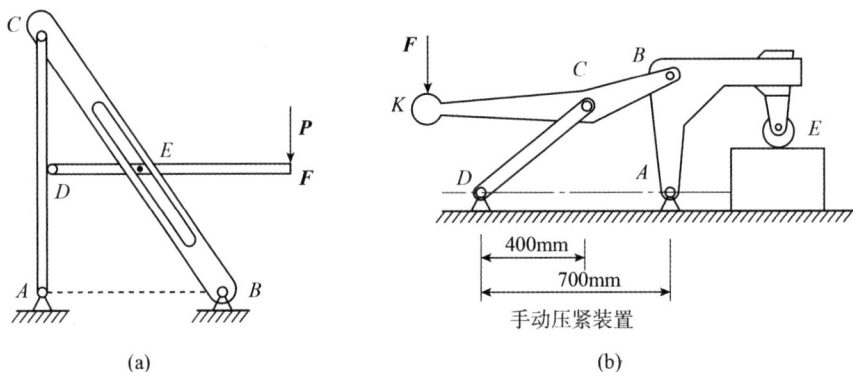

C

E

D

P

F

A B

(a)

F

K

D

C B

A

E

400mm

700mm

手动压紧装置

(b)

图 2-23 题 3 图

问题归纳

问题 **1**：

问题 **2**：

问题 **3**：

学习评价

项目二　刚体静力分析						
任务二　画构件的受力图						
序号	考核内容	考核标准	分值	学生自评 (30%)	学生互评 (30%)	教师评价 (40%)
1	理解受力分析的概念，理解物系的概念，掌握画受力图的基本步骤	准确回答受力分析的概念	10			
2		准确回答物系的概念	10			
3		准确回答外力的概念	10			
4		准确回答内力的概念	10			
5		清楚描述画受力图的基本步骤	10			
6	能够区分主动力和约束反力，能够分析单个物体的受力图，能够分析简单物系的受力图	能够区分主动力和约束反力	10			
7		能够画出单个物体的受力图	10			
8		能够画出简单物系的受力图	10			
9	能够通过受力分析，培养独自分析、解决问题的能力；能够通过校核受力图，培养耐心细致的做事态度	在进行受力分析和解决问题的过程中，能够运用批判性思维，学习对不同信息进行深入的分析，识别假设和偏见，并做出合理的判断和决策	10			
10		能够在校核受力图的过程中保持耐心，面对复杂或烦琐的任务时能够坚持不懈，不轻易放弃	10			
学生自评得分						
学生互评得分						
教师评价得分						

项目三　平面力系分析

力学史上，图解静力学是一种完全依靠几何作图，不通过计算求解的力学分析方法。利用图例求解力学问题，大概可追溯到阿基米德(Archimedes，约公元前 287—公元前 212 年)。在《论平面图形的平衡》中，阿基米德用代数加图例的方式解释了杠杆原理的各种应用。20 世纪以后，随着力学理论的不断发展，许多力学框架不再适合用图形的方式展现，图解法也逐渐走向衰落。近年来，随着计算机视觉呈现能力的发展，图解法又出现了复兴迹象，而且图解法所具有的形象、直观特性，对于力学初学者在理解静力学基本原理方面仍具有较强的吸引力。

1788 年，拉格朗日在所著的《分析力学》中吸收并发展了欧拉、达朗贝尔等的研究成果，应用数学分析解决质点和质点系的力学问题。本项目将采用解析法解决平面力系的合成与平衡问题。

作用在物体上的力系是多种多样的，为了更好地研究这些复杂力系，应将力系进行分类。将力系按其作用线是否在同一平面内分类，当力的作用线在同一平面内时，将此力系称为平面力系，否则为空间力系。将力系按作用线是否汇交或者平行分类，可分为汇交力系、力偶系、平行力系和任意力系。在此，我们主要研究平面力系中的平面汇交力系、平面力偶系、平面平行力系和平面任意力系。

任务一　平面汇交力系的合成与平衡

任务描述

一、任务情境

任务一：如图 3-1 所示，固定环上连接着 3 根钢索，已知 3 根钢索上的拉力分别为

F_1=500N、F_2=1000N、F_3=2000N。试用解析法求 3 根钢索在环上作用的合力。

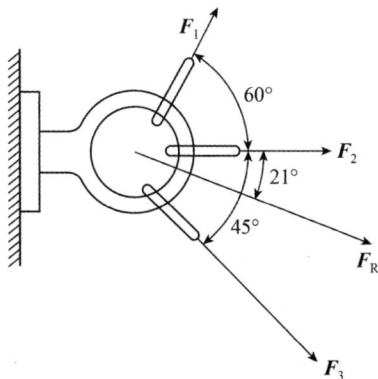

图 3-1　合成钢索拉力

二、任务学习目标

(一) 知识目标

(1) 掌握力在平面直角坐标轴上的投影。

(2) 掌握合力投影定理。

(3) 掌握平面汇交力系的平衡方程。

(二) 能力目标

(1) 能够熟练进行力的投影计算。

(2) 能够利用合力投影定理求解合力。

(3) 能够运用平面汇交力系平衡方程求解未知力。

(三) 素养目标

(1) 能够通过力的投影分析，培养解决矢量问题的数学思维。

(2) 能够与时俱进，用发展的思维理解工程问题的解决方法。

应知应会

一、力在平面直角坐标轴上的投影

设在直角坐标 Oxy 平面内，有一已知力 F，此力与 x 轴所夹的锐角为 α，如图 3-2 所示。从力 F 的两端 A 和 B 分别向 x、y 轴作垂线，垂足分别为 a、b 和 a'、b'，其中线段 ab 称为力 F 在 x 轴上的投影，用 F_x 表示；线段 $a'b'$ 称为力 F 在 y 轴上的投影，用 F_y 表示。

力在坐标轴上的投影是代数量，若投影由始端(a、a')到末端(b、b')的指向与坐标轴的正向一致，投影值为正；反之为负。

如图 3-2 所示，力 $\boldsymbol{F}$ 在 x 轴和 y 轴的投影分别为

$$\begin{cases} F_x = F\cos\alpha \\ F_y = -F\sin\alpha \end{cases} \tag{3-1}$$

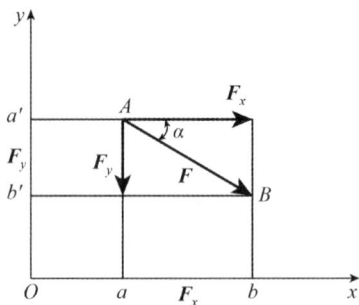

图 3-2　力在坐标轴上的投影

式中：α——力作用线与 x 轴之间所夹的锐角($0 \leqslant \alpha \leqslant 90°$)。

说明：

(1) 当力与投影轴平行时，力在该轴上的投影等于该力的大小。

(2) 当力与投影轴垂直时，力在此轴上的投影为零。

(3) 力沿其作用线移动时，其投影不变。

(4) 投影与分力是不同的概念，投影只有大小和正负，是个代数量。分力则是作用点确定的矢量。

【例 3-1】 分别计算图 3-3 所示坐标平面内各力在平面直角坐标轴上的投影。

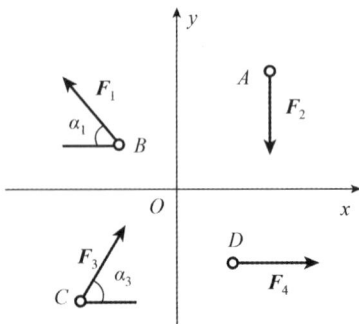

图 3-3　坐标平面内各力

解： 根据(1)分别计算各力在两坐标轴上的投影：

$$F_{1x} = -F_1\cos\alpha_1, \qquad F_{1y} = F_1\sin\alpha_1$$
$$F_{2x} = 0, \qquad\qquad F_{2y} = -F_2$$
$$F_{3x} = F_3\cos\alpha_3, \qquad F_{3y} = F_3\sin\alpha_3$$
$$F_{4x} = F_4, \qquad\qquad F_{4y} = 0$$

若已知力 $\boldsymbol{F}$ 在平面直角坐标轴上的投影 F_x 和 F_y，则该力的大小和方向为

$$\begin{cases} F = \sqrt{F_x^2 + F_y^2} \\ \tan \alpha = \left| \dfrac{F_y}{F_x} \right| \end{cases} \tag{3-2}$$

二、合力投影定理

有一平面汇交力系，如图 3-4 所示，在由几何法所得的力多边形 *ABCDE* 的平面内建立直角坐标系 *Oxy*，封闭边 *AE* 表示该力系合力矢 $\boldsymbol{F}_\mathrm{R}$，在力的多边形所在位置将所有的力矢都投影到 *x* 轴和 *y* 轴上，得

$$F_{Rx}=ae, \quad F_{1x}=-ba, \quad F_{2x}=bc, \quad F_{3x}=cd, \quad F_{4x}=de$$

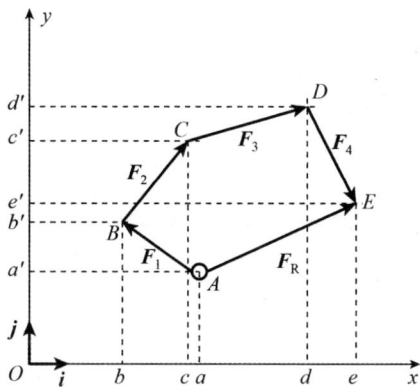

图 3-4　各分力在直角坐标轴上的投影

由图 3-4 可知

$$ae=-ba+bc+cd+de$$

即

$$F_{Rx}=F_{1x}+F_{2x}+F_{3x}+F_{4x}$$

同理

$$F_{Ry}=F_{1y}+F_{2y}+F_{3y}+F_{4y}$$

将上述关系式推广到任意平面汇交力系的情形，得

$$\begin{cases} F_{Rx} = F_{1x} + F_{2x} + \cdots + F_{nx} = \sum F_x \\ F_{Ry} = F_{1y} + F_{2y} + \cdots + F_{ny} = \sum F_y \end{cases} \tag{3-3}$$

合力投影定理：合力在某坐标轴上的投影等于各分力在同一坐标轴上投影的代数和。该定理阐明了力系合力的投影与其各分力投影之间的关系。利用这种关系，我们可以通过计算力系合力的投影来解决力系合力的求解问题。

三、平面汇交力系的合成

当物体受到平面汇交力系 $\boldsymbol{F}_1$、$\boldsymbol{F}_2$、…、$\boldsymbol{F}_n$ 作用时，该系的合力 $\boldsymbol{F}_\mathrm{R}$ 的大小和方位角

由式(3-2)确定：

合力的大小：

$$F_z = \sqrt{\left(\sum F_x\right)^2 + \left(\sum F_y\right)^2} \qquad (3\text{-}4)$$

合力的方向：

$$\alpha = \arctan\left|\frac{F_y}{F_x}\right| \qquad (3\text{-}5)$$

合力的作用点为力的汇交点。

合力矢量在力系中的象限位置由其投影 F_{Rx} 和 F_{Ry} 的正负号来判定。

【例 3-2】 试用解析法重解任务一。

解：(1)在力系汇交点处建立直角坐标系 xOy，根据合力投影定理，有

$$F_{Rx} = F_{1x} + F_{2x} + F_{3x} = F_1 \cos 60° + F_2 + F_3 \cos 45° = 2664(\text{N})$$
$$F_{Ry} = F_{1y} + F_{2y} + F_{3y} = F_1 \sin 60° - F_3 \sin 45° = -981(\text{N})$$

(2) 求解合力。

由式(3-4)得合力的大小 $F_R = \sqrt{F_{Rx}^2 + F_{Ry}^2} = 2840(\text{N})$

由式(3-5)合力的方向为 $\cos\alpha = \left|\dfrac{F_{Rx}}{F_R}\right| = 0.938$

解得 $\alpha = 20.5°$

(3) 图示(图 3-5)。

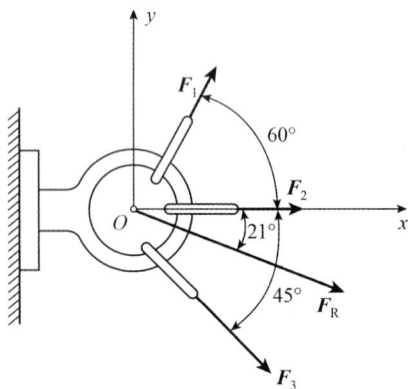

图 3-5　解析法合成钢索拉力

由以上可知，合力是作用在第四象限内与 x 轴成 20.5°角的力。

四、平面汇交力系的平衡方程及应用

平面汇交力系平衡的必要与充分条件是合力 $\boldsymbol{F}_R$ 等于零，即

$$F_R = \sqrt{F_{Rx}^2 + F_{Ry}^2} = \sqrt{\left(\sum F_x\right)^2 + \left(\sum F_y\right)^2} = 0 \qquad (3\text{-}6)$$

要使式(3-6)成立，必须同时满足

$$\begin{cases} \sum F_x = 0 \\ \sum F_y = 0 \end{cases} \qquad (3\text{-}7)$$

式(3-7)表明，平面汇交力系平衡的解析条件是：力系中各力在两个坐标轴上投影的代数和分别等于零。式(3-7)称为平面汇交力系的平衡方程。这是两个独立的方程，因而可以求解两个未知量。

用解析条件解平面汇交力系平衡问题的一般步骤如下：

(1) 作出物体的受力图。

(2) 建立平面直角坐标系，列出力系的平衡方程式。

(3) 解方程，求出未知力。

一般情况下，受力图中的未知量是约束反力。在几种常见约束的约束反力中，除柔性约束的约束反力和光滑面约束的约束反力的方向不能假设外，其他约束的约束反力的方向通常是可以假设的。如果求出的约束反力为负值，则表明该约束反力的实际方向与受力图中的假设方向相反。

实例分析

【例3-3】如图 3-6(a)所示，圆球重 $G=100\text{N}$，放在倾角为 $\alpha=30°$ 的光滑斜面上，并用绳子 AB 系住，绳子 AB 与斜面平行。试求绳子 AB 的拉力和斜面对球的约束反力。

解1：(1) 选圆球为研究对象，取分离体画受力图，如图 3-6(b)所示。

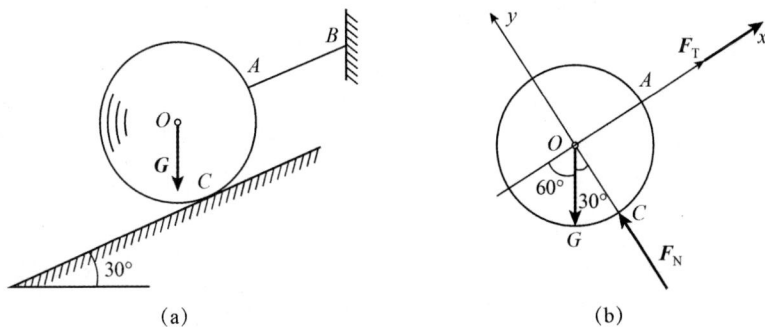

图 3-6　斜面上小球平面受力简图

(2) 此为平面汇交力系，建立直角坐标系 Oxy，列平衡方程并求解。

$$\sum F_x = 0 ，\quad F_T - G\sin 30° = 0$$

$$\sum F_y = 0 ，\quad F_T = 50\text{N} \quad (\text{方向如图 3-6 所示})$$

$$F_N - G\cos 30° = 0$$

$$F_N = 86.6N \quad (方向如图3-6所示)$$

说明：应用平衡方程时，由于坐标轴可以任意选取，所以可以列出无数个平衡方程。但为简化计算，坐标轴应尽量选在与未知力垂直的方向上。

【例3-4】 如图3-7(a)所示，三角支架由杆 AB、杆 BC 组成，A、B、C 处均为光滑铰链，在销钉 B 上悬挂一重物，已知重物的重量 $G=10$kN，杆件自重不计。试求：杆 AB、杆 BC 所受的力。

解：(1) 取销钉 B 为研究对象，画受力图如图3-7(b)所示。

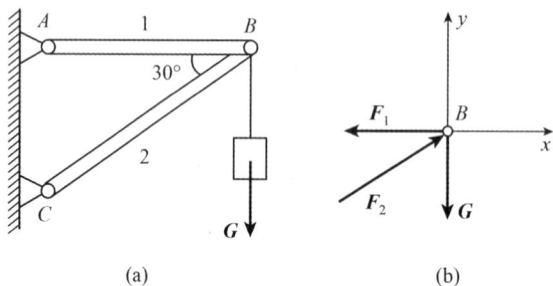

(a)　　　　　　　　　　　(b)

图3-7　三角支架的平面受力简图

(2) 此为平面汇交力系，建立直角坐标系 B_{xy}，列平衡方程并求解。

$$F_2 = 20kN$$
$$F_1 = 17.32kN$$

素养园地

潘索——法国著名数学家、物理学家

　　生平：1777年1月3日生于巴黎，1859年12月5日卒于巴黎。1794年底，潘索从路易大帝学院转入巴黎综合工科学校，因自感代数学知识不足，1797年又转入桥梁公路学校学习。但潘索对工程技术不感兴趣，最后转而致力于数学和力学研究。

　　贡献：潘索充分发展了几何静力学，于1803年写成《静力学原理》，首次提出力偶的概念，提出了任意力系的简化和平衡理论、约束的定义以及解除约束原理。1806年，他发表了《动量合成和面积合成》和《系统运动和平衡的一般理论》。1809年他又发表了《多边形和多面体》。由于这些成就，巴黎综合工科学校在1809年任命潘索为分析学和力学的辅助教授。科学院在1813年将他选入数学部，以接替去世的拉格朗日。

实操练习

1. 平面汇交力系平衡的几何条件是_____。

2. 平衡的解析条件是_____。

3. 已知一刚体在 5 个力作用下处于平衡状态，如其中 4 个力的作用线汇交于 O 点，则第五个力的作用线必过 O 点。   （   ）

4. 一钢结构节点如图 3-8 所示，在沿 OA、OB、OC 的方向受到 3 个力的作用，已知：F_1=1kN，F_2=1.41kN，F_3=2kN。试求这 3 个力的合力。

5. 如图 3-9 所示，圆柱形容器放在两个滚子上，滚子 A 和 B 处于同一水平线。已知：容器重 G=30kN，半径 R=500mm，滚子半径 r=50mm，两滚子中心距离 l=750mm。试求滚子 A 和 B 所受的压力。

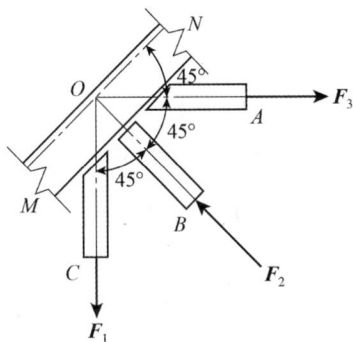

图 3-8　题 4 图

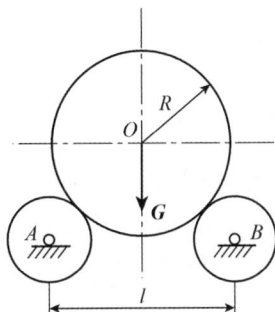

图 3-9　题 5 图

6. 飞机沿与水平线夹角为 θ 的直线匀速飞行，已知：发动机的推力为 F_1，飞机的重力为 P。试求图 3-10 所示飞机的升力 F_2 和迎面阻力 F_Q 的大小。

7. 如图 3-11 所示，输电线 ACB 架在两电线杆之间，形成一下垂曲线。已知：下垂距离 CD=f=1m，两电线杆间距离 AB=40m。电线 ACB 段重 P=400N，可近似认为沿 AB 连线均匀分布。试求电线的中点和两端的压力。

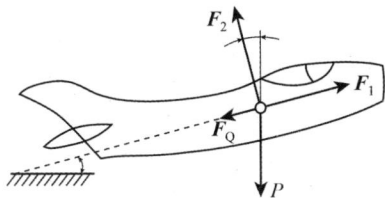

图 3-10　题 6 图

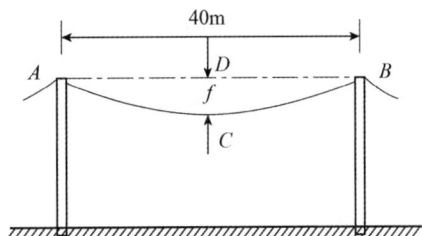

图 3-11　题 7 图

8. 图 3-12 所示的均质杆 AB 重 P=50N，两端分别放在与水平面成 30°和 50°角的光滑斜面上。试求平衡时这两斜面对杆的反力以及杆与水平面间的夹角 α 。

9. 压路碾磙如图 3-13 所示。已知：R=600mm，h=100mm，不计拉杆 OB 的自重及各处的摩擦。

试求：(1) 将碾碌拉过物块时水平力 F 的大小、

(2) 将碾碌拉过物块时所需的最小拉力 F_{min} 的大小和方向。

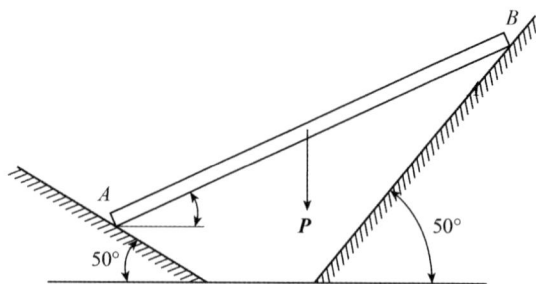

图 3-12　题 8 图

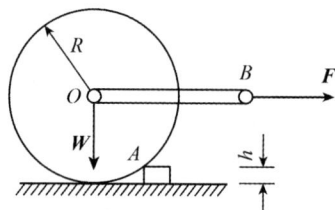

图 3-13　题 9 图

问题归纳

问题 **1**：

问题 **2**：

问题 **3**：

学习评价

	项目三　平面力系分析					
	任务一　平面汇交力系的合成与平衡					
序号	考核内容	考核标准	分值	学生自评 (30%)	学生互评 (30%)	教师评价 (40%)
1	掌握力在平面直角坐标轴上的投影，掌握合力投影定理，掌握平面汇交力系的平衡方程	准确回答力的投影的基本概念	10			
2		准确回答力的投影性质	10			
3		准确描述合力投影定理	10			
4		准确回答平面汇交力系平衡的充分必要条件	10			
5		清楚描述平面汇交力系的平衡方程求解一般问题的步骤	10			
6	能够熟练进行力的投影计算，能够利用合力投影定理求解合力，能够运用平面汇交力系平衡方程求解未知力	能够将平面内各力正确投影在直角坐标轴上	10			
7		能够正确运用合力投影定理求解合力	10			
8		能够正确运用平面汇交力系平衡方程求解未知力	10			
9	能够通过力的投影分析，培养解决矢量问题的数学思维；能够与时俱进，用发展的思维理解工程问题的解决方法	培养自主学习能力，能够主动寻找和学习新的矢量分析方法和数学工具，提升创新意识	10			
10		培养批判性思维，能够客观地分析问题的本质和影响因素，不盲从、不偏见	10			
	学生自评得分					
	学生互评得分					
	教师评价得分					

任务二 平面力偶系的合成与平衡

任务描述

一、任务情境

如图 3-14 所示，为了测定飞机螺旋桨所受的空气阻力偶，可将飞机水平放置，其一轮放在地秤上。当螺旋桨未转动时，测得地秤所受的压力为 4.6kN；当螺旋桨转动时，测得地秤所受的压力为 6.4kN。已知：两轮间距离 $l = 2.5m$。试求螺旋桨所受的空气阻力偶矩 M。

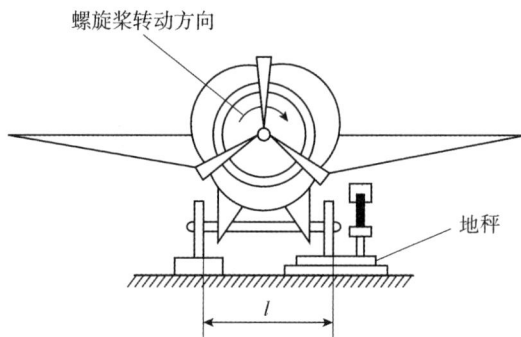

图 3-14 测定飞机所受空气阻力偶装置

二、任务学习目标

(一) 知识目标

(1) 理解力矩和力偶的概念。

(2) 理解力偶的性质。

(3) 掌握平面力偶系的平衡方程。

(二) 能力目标

(1) 能够熟练进行力矩的计算。

(2) 能够利用合力矩定理求解合力矩。

(3) 能够运用平面力偶系的平衡方程求解未知力。

(三) 素养目标

(1) 能够通过力矩和力偶的概念，培养深层次理解问题的能力。

(2) 能够与时俱进，用发展的思维理解和解决工程实际问题。

应知应会

力对物体可以产生移动效应和转动效应。移动效应取决于力的大小和方向，转动效应取决于力矩或力偶的大小和方向。下面我们来学习力矩和力偶的基本知识。

一、力对点的矩

(一) 力矩的概念和性质

如图 3-15(a)所示，以扳手旋转螺母为例，设螺母能绕点 O 转动。

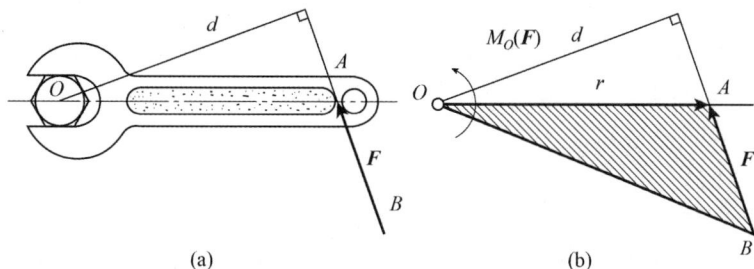

图 3-15　用扳手拧螺母

由经验可知，螺母能否旋动，不仅取决于作用在扳手上的力 F 的大小，还与点 O 到 F 的作用线的垂直距离 d 有关。因此，用 F 与 d 的乘积作为力 F 使螺母绕点 O 转动效应的量度。其中，距离 d 称为 F 对 O 点的力臂，点 O 称为矩心。由于转动时只有逆时针和顺时针两个转动方向，一般用正负号表示转动方向。因此，在平面问题中，力对点的矩定义如下：

力对点的矩是一个代数量，它的绝对值等于力的大小与力臂的乘积。力使物体绕矩心逆时针转向时为正，反之为负。

力对点的矩以符号 $M_O(F)$ 表示，记为

$$M_O(F) = \pm Fd \tag{3-8}$$

由图 3-15(b)可知，力 F 对 O 点的矩的大小也可以用三角形 OAB 的面积的两倍来表示，即

$$M_O(F) = \pm 2A_{\triangle OAB} \tag{3-9}$$

力矩的国际制单位常用的是牛顿·米(N·m)，在工程单位制中常用千克力·米(kgf·m)。

由以上力对点的矩的概念可知，力对点的矩有如下特性：

(1) 力 F 对 O 点的矩不仅取决于力 F 的大小，还与矩心的位置有关。

(2) 力 F 对任一点的矩不会因该力沿其作用线移动而改变，因为此时力和力臂的大小均未改变。

(3) 力的作用线通过矩心时，力矩等于零。

(4) 互成平衡的二力对同一点的矩的代数和等于零。

(二) 合力矩定理

在计算力系的合力矩时，常用到合力矩定理：平面汇交力系的合力对其平面内任一点的矩等于所有各分力对同一点的矩的代数和，即

$$M_O(\boldsymbol{F}_R) = M_O(\boldsymbol{F}_1) + M_O(\boldsymbol{F}_2) + \cdots + M_O(\boldsymbol{F}_n) = \sum_{i=1}^{n} M_O(\boldsymbol{F}_i) \tag{3-10}$$

(三) 力矩的求解

求平面内力对某点的力矩，一般采用以下两种方法：

(1) 直接计算力臂，由定义求力矩。

(2) 应用合力矩定理求力矩。

注意： ① 将一个力恰当地分解为两个相互垂直的分力，利用分力取矩，并注意取矩方向；② 刚体上的力可沿其作用线移动，故力可在作用线上任一点分解，而具体选择哪一点，其原则是使分解后的两个分力取矩比较方便。

实例分析

【例 3-5】一齿轮受到与它啮合的另一齿轮的法向压力 F_n=1400N 的作用，如图 3-16 所示。已知：压力角 α=20°，节圆直径 D=0.12m。试求法向压力 $\boldsymbol{F}_n$ 对齿轮轴心 O 的矩。

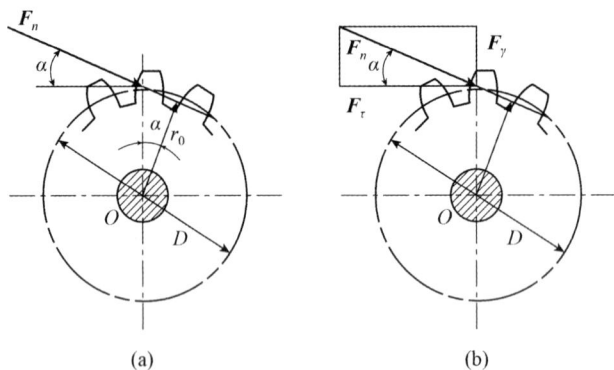

图 3-16 齿轮啮合的平面受力简图

解： 用两种方法计算。

(1) 用力矩定义求解，如图 3-16(a)所示。

$$M_O(\boldsymbol{F}_n) = -F_n r_O = -F_n \cdot \frac{D}{2} \cdot \cos\alpha$$

$$= -1400 \times \frac{0.12}{2} \times \cos 20°$$

$$= -78.93(\text{N} \cdot \text{m})$$

(2) 用合力矩定理求解，如图 3-16(b)所示。

将力 $\boldsymbol{F}_n$ 在啮合点处分解为圆周力 $\boldsymbol{F}_\tau$=$F_n\cos$ 和径向力 $\boldsymbol{F}_\gamma$=$F_n\sin$，由合力矩定理，得

$$M_O(\boldsymbol{F}_x) = M_O(\boldsymbol{F}_\tau) + M_O(\boldsymbol{F}_\tau) = F_\tau \cdot \frac{D}{2}$$

$$= -1400 \times \cos 20° \times \frac{0.12}{2}$$

$$= -78.93 (\text{N} \cdot \text{m})$$

二、力偶

(一) 力偶的概念

在日常生活和实际工程中，我们往往同时施加两个等值、反向且不共线的平行力来使物体转动,如汽车司机用双手转动转向盘[图 3-17(a)]、工人用扳手和丝锥攻螺纹[图 3-17(b)]、用两个手指拧动水龙头[图 3-17(c)]等。等值、反向且平行力的矢量和显然等于零，但是由于它们不共线而不能相互平衡，它们能使物体改变转动状态。

这种由两个大小相等、方向相反且不共线的平行力组成的力系，称为**力偶**，如图 3-17(d)所示，记作($\boldsymbol{F}$, $\boldsymbol{F}'$)。力偶的两力之间的垂直距离 d 称为**力偶臂**，力偶所在的平面称为**力偶的作用面**。力偶的三要素为力偶的大小、力偶的转向、力偶的作用面。

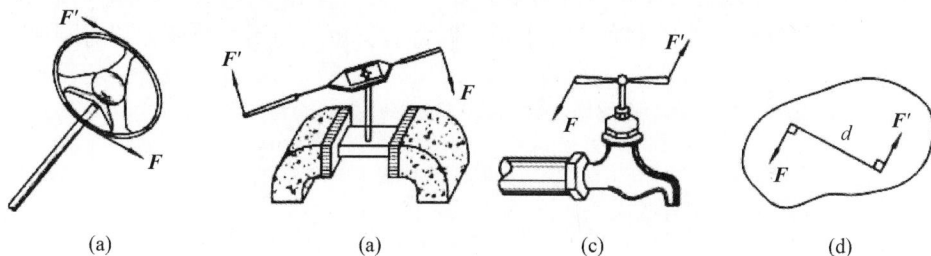

图 3-17　方向盘、丝锥、水龙头受力示意图

实践证明，力偶只能使物体产生转动效应。力偶对物体的转动效应的量度可用力偶矩来度量，即

$$M = \pm F \cdot d \tag{3-11}$$

式中，正负号表示力偶的转向，即作逆时针方向转动为正，反之为负。力偶矩也是一代数量。力偶矩的单位与力矩的单位相同。

(二) 力偶和性质

根据力偶的定义，力偶具有以下性质。

性质 1　力偶无合力，既力偶不能与一个力等效。

由于力偶中两个力的大小相等、方向相反，它们在任意坐标轴上的代数和恒等于零，如图 3-18(a)所示。这表明力偶对刚体在任何方向都没有使其移动的力，因此，力偶不能简化为一力，即力偶无合力。力偶对刚体只有转动效应，而无移动效应。力偶是最简单的力系，力和力偶是静力分析的两个基本要素。

性质2 力偶对任意点的力矩都等于力偶矩。

如图 3-18(b) 所示力偶(F，F')，在其作用平面内任意取一点 O 作为力矩中心，设 O 点与 F 和 F' 作用线之间的垂直距离分别为 $x+d$ 和 x，d 为力偶臂。若用 $M_O(F，F')$ 表示力偶对 O 点的力矩，则有

$$M_O(F，F') = M_O(F) + M_O(F') = F(x+d) - F'(x) = Fd$$

这个结果表明：力偶中的两个力对其作用平面内任意一点的力矩的代数和恒等于力偶矩，而与力矩中心无关。

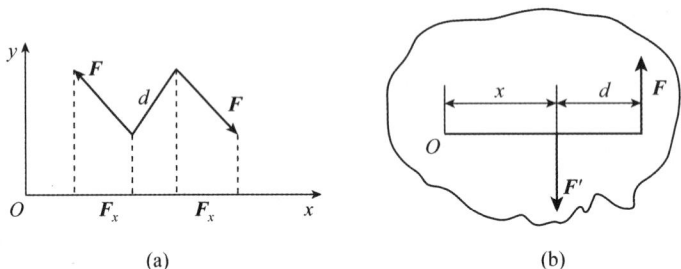

图 3-18 力偶的力偶矩

性质3 只要保持力偶的转向和力偶矩的大小不变，力偶就可以在其作用面内任意转动和移动，且可以同时改变力偶中力的大小和力偶臂的长短，而不会改变力偶对刚体的作用效应，如图 3-19 所示。

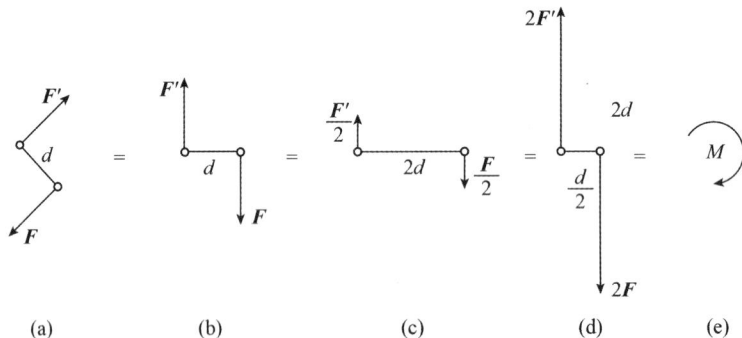

图 3-19 力偶的等效

由此可见，力偶中力的大小和力偶臂的长短都不是力偶的特征量，力偶矩才是力偶作用效果的唯一度量。因此，常用图 3-19(e) 所示的符号表示力偶，其中 M 表示力偶矩的大小，带箭头的圆弧表示力偶的转向。

通过前面所学知识，下面我们将力和力偶、力矩和力偶矩做一下比较，见表 3-1、表 3-2。

表 3-1 力和力偶的比较

力	力偶
力的作用是使物体沿其作用线移动	力偶的作用是使物体在其作用面内转动
力矢量是滑移矢	力偶矩矢量是自由矢，平面力偶矩是代数量
力的三要素是其大小、方向与作用线	力偶的三要素是其大小、方向与作用面

表 3-2　力矩和力偶矩的比较

不同点	相同点
力偶矩是力偶使刚体转动效应的度量；力对点的矩是力使刚体绕该点做转动时转动效应的度量	对于平面力偶系的各力偶矩与平面力系的各力对其作用面上的任一点之矩都可视为代数量，且通常对其正、负号规定相同
力偶矩与矩心无关；力对点的矩随矩心的改变而改变	
力偶矩可以完全描述一个力偶，而力对点之矩却不能完全描述一个力	单位相同，国际单位都为 N·m

三、平面力偶系的合成与平衡

(一) 平面力偶系的概念和合成

平面力偶系是指作用在物体同一平面内的若干力偶组成的力系。

假设在刚体的同一平面内作用有两个力偶 M_1 和 M_2，$M_1 = F_1 \cdot d_1$，$M_2 = F_2 \cdot d_2$，如图 3-20(a)所示，试求它们的合成结果。根据上述力偶的性质，在力偶作用面内任取一线段 $AB = d$，将这两个力偶都等效地变换为以 d 为力偶臂的新力偶(F_3，F_3')和(F_4，F_4')，经变换后力偶中的力可由 $F_3 d = F_1 d_1 = M_1$，$F_4 d = F_2 d_2 = M_2$ 算出。然后移转各力偶，使它们的力偶臂都与 AB 重合，则原平面力偶系变换为作用于点 A、B 的两个共线力系，如图 3-20(b)所示。将这两个共线力系分别合成(设 $F_3 > F_4$)，得 $F = F_3 - F_4$，$F' = F_3' - F_4'$。

综上，力 F 与 F' 等值、反向、作用线平行而不共线，构成了与原力偶系等效的合力偶(F，F')，如图 3-20(c)所示。以 M 表示此合力偶矩，得

$$M = Fd = (F_3 - F_4)d = F_3 d - F_4 d = M_1 + M_2$$

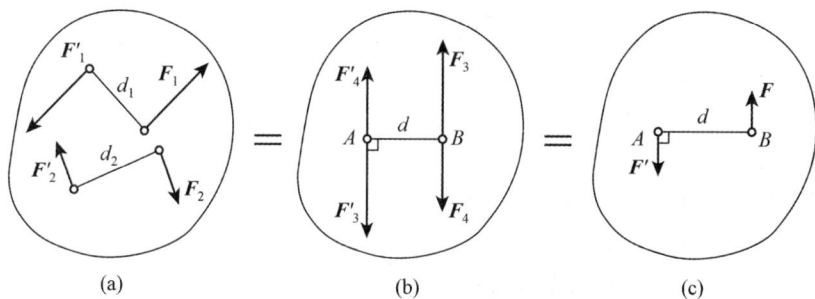

图 3-20　同平面中两力偶的合成

如果有两个以上的平面力偶，同样可以按照上述方法合成，即平面力偶系可以合成一个合力偶，合力偶矩等于力偶系中各个力偶矩的代数和，可写为

$$M = M_1 + M_2 + \cdots + M_n = \sum_{i=1}^{n} M_i \tag{3-12}$$

【例 3-6】如图 3-21 所示，用多轴钻床在一工件上同时钻出 4 个直径相同的孔。每一钻头作用于工件的钻削力偶，其矩估值为 $M = 15\text{N·m}$。试求作用于工件总的钻削力偶矩。

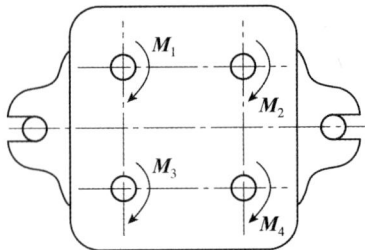

图 3-21　水平放置的工件

解：作用于工件上的 4 个力偶，各力偶矩的大小相等、转向相同且在同一平面，根据式(3-12)可求出合力偶矩(总的钻削力偶矩)：

$$M = M_1 + M_2 + M_3 + M_4$$
$$= 4 \times (-15)$$
$$= -60(\text{N} \cdot \text{m})$$

负号表示合力偶矩沿顺时针方向转动。知道总切削力偶矩之后，即可考虑夹紧措施，设计夹具。

(二) 平面力偶系的平衡与应用

平面力偶系可以用它的合力偶等效代替，因此，若合力偶矩等于零，则原力系必定平衡；反之，若原力偶系平衡，则合力偶矩必等于零。由此可以得到平面力偶系平衡的必要条件与充分条件：所有各力偶矩的代数和等于零，即

$$\sum_{i=1}^{n} M_i = 0 \tag{3-13}$$

平面力偶系有一个平衡方程，可以求解一个未知量。

实例分析

【例 3-7】电动机轴通过联轴器与工作轴相连，联轴器上 4 个螺栓 *A*、*B*、*C*、*D* 的孔心均匀地分布在同一圆周上，如图 3-22 所示。此圆的直径 *d*=150mm，电动机轴传给联轴器的力偶矩 *M*=2.5kN·m。试求每个螺栓所受的力。

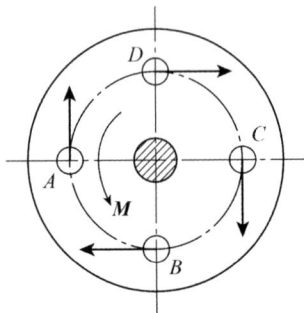

图 3-22　联轴器

解：(1) 以联轴器为研究对象，画受力图。

分析：作用在联轴器上的力有电动机传给联轴器的力偶，每个螺栓的反力，受力图如图 3-22 所示。因为主动力为一力偶，平衡时螺栓的反力必构成反力偶。设 4 个螺栓的受力均匀，即 $F_1=F_2=F_3=F_4=F$，则组成两个力偶并与电动机传给联轴器的力偶平衡。

(2) 列平衡方程并求解。

由
$$\sum M = 0, M - F \cdot AC - F \cdot BD = M - 2Fd = 0$$

解得

$$F = \frac{M}{2d} = \frac{2.5}{2 \times 0.15} = 8.33 \text{(kN)} \quad \text{（方向如图 3-22 所示）}$$

【例 3-8】 如图 3-23(a)所示，多轴(头)钻床在水平工件上同时由 4 个钻头沿同一方向钻 4 个孔，每个钻头的主切削力在水平面内构成一个力偶，这 4 个力偶位于工件的同一平面内。为了不让工件在钻孔时发生转动，分别在工件 A 端和 B 端各开一个槽，并用圆柱销将其固定在工作台上。若 4 个力偶的力偶矩均为 $50 \text{N} \cdot \text{m}$，求圆柱销对工件的约束反力。

解：(1) 作工件的受力图如图 3-23(b)所示。

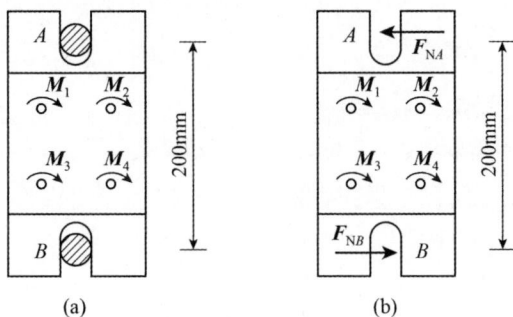

图 3-23 平放置的工件

(2) 根据力偶系的平衡条件，该力偶系的平衡方程式为

$$\sum M_i = 0, \quad -4M_1 + F_{\text{NA}} \times 0.2 = 0$$

解得

$$F_{\text{NA}} = 1000 \text{(N)}$$

由力偶性质知

$$F_{\text{NB}} = F_{\text{NA}} = 1000 \text{(N)}$$

【例 3-9】 梁 AB 受一主动力偶作用，受力如图 3-24(a)所示，其力偶矩 $M = 100 \text{N} \cdot \text{m}$，梁长 $l = 5 \text{ m}$，梁的自重忽略不计。试求两支座的约束反力。

解：(1) 以梁为研究对象，并画出受力图，如图 3-24(b)所示。F_A 必须与 F_B 大小相等、方向相反、作用线平行。

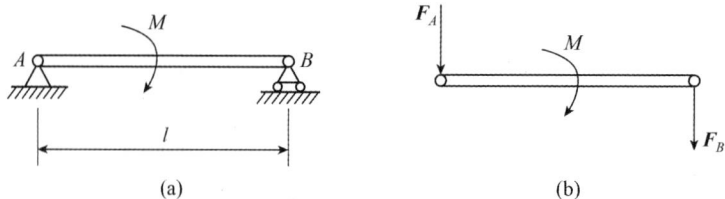

图 3-24 横梁平面受力简图

(2) 此为平面力偶系，列平衡方程

$$\sum M = 0$$
$$F_B l - M = 0$$

解得

$$F_A = F_B = \frac{M}{l} = \frac{100}{5} = 20(\text{N})$$

素养园地

伐利农——法国力学家、数学家

生平：1654 年生于法国卡昂，1722 年 12 月 22 日卒于巴黎。伐利农从 1688 年起开始担任马扎兰学院和法兰西学院教授，并当选为法国科学院院士。

贡献：伐利农在 1687 年出版的著作《新力学大纲》中第一次对力矩的概念和运算规则作出了科学的说明，并首次提出了"静力学"一词。他还分析了绳索的平衡。这种分析方法是后来图解静力学中索多边形法的基础。

实操练习

一、填空题

1. 平面内两个力偶等效的条件是这两个力偶的_____，平面力偶平衡的充要条件是_____。

2. 平衡的解析条件是_____。

3. 力偶的两个力 $F = -F'$，所以力偶的合力等于零。 　　　　　　（　　）

4. 当平面内一般力系对某点的主矩为零时，该力系向任一点简化的结果必为一个合力。

（　　）

5. 力偶对物体产生的运动效应为（　　）。

    A. 只能使物体转动

    B. 只能使物体移动

    C. 既能使物体转动，又能使物体移动

    D. 它与力对物体产生的运动效应有时相同，有时不同

6. 在图 3-25 所示的轮子受力图中，已知：$m_1 = F, m_2 = 3F$，其中（　　）图轮子处于平衡状态。

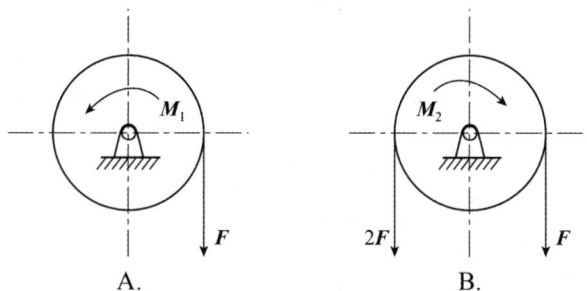

图 3-25　题 6 图

7. 力矩和力偶矩有什么相同点？又有什么区别？

8. 阿基米德说："如果给我一个支点，我就能撬起地球。"这句话的理论依据是什么？

9. 在如图 3-26 所示的各图中，力或力偶对点 A 之矩都相等，它们引起的支座反力是否相同？

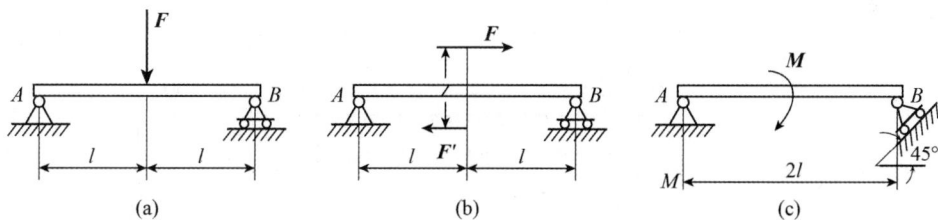

图 3-26　题 9 图

10. 四连杆机构如图 3-27 所示，作用于曲柄 O_1A 的力偶矩为 M_1，作用于摇杆 O_2B 的力偶矩为 M_2。若 $M_1 = -M_2$，此四连杆机构是否平衡？

11. 一矩形钢板放在水平地面上，其边长 $a = 3\text{m}$，$b = 2\text{m}$，如图 3-28 所示。按图示方向加力，转动钢板需要 $P = P' = 250\text{N}$。试问：如何加力才能使转动钢板所用的力最小？求这个最小力的大小。

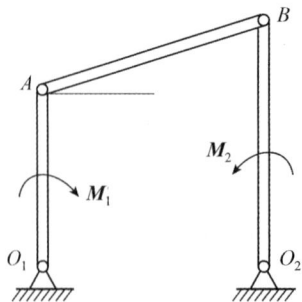

图 3-27 题 10 图

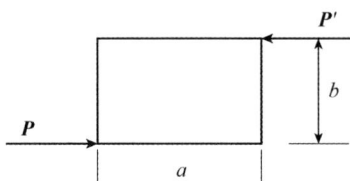

图 3-28 题 11 图

12. 如图 3-29 所示，作用在扳手上一力 F，其大小为 250N。试计算此力对螺栓中心 O 的力矩。

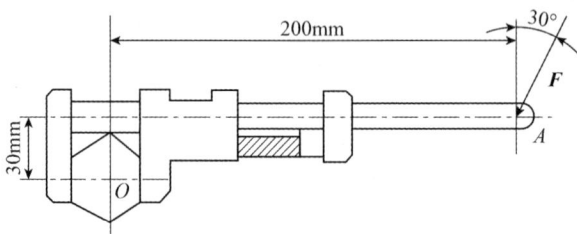

图 3-29 题 12 图

13. 齿轮箱的两个轴上作用的力偶如图 3-30 所示，它们的力偶矩的大小分别为 $M_1=500N \cdot m$，$M_2=125N \cdot m$。试求两螺栓处的铅垂约束反力。图中长度单位为 cm。

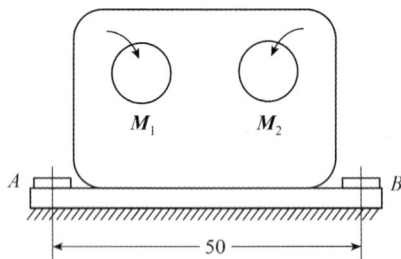

图 3-30 题 13 图

问题归纳

问题 1：

问题 2：

问题 3：

学习评价

		项目三 平面力系分析					
		任务二 平面力偶系的合成与平衡					
序号	考核内容	考核标准	分值	学生自评(30%)	学生互评(30%)	教师评价(40%)
1	理解力矩和力偶的概念,理解力偶的性质;掌握平面力偶系的平衡方程	准确回答力矩的概念	10			
2		准确描述力矩的性质	10			
3		准确回答力偶的概念	10			
4		准确描述力偶的性质	10			
5		准确描述平面力偶系的平衡方程内容	10			
6	能够熟练进行力矩的计算,能够利用合力矩定理求解合力矩,能够运用平面力偶系的平衡方程求解未知力	能够正确进行力矩求解计算	10			
7		能够运用合力矩定理求解计算力矩	10			
8		能够正确地理解和运用平面力偶系的平衡方程求解未知力	10			
9	能够通过力矩和力偶的概念,培养深层次理解问题的能力;能够与时俱进,用发展的思维理解和解决工程实际问题	在学习和理解力矩和力偶的过程中,学会与他人进行有效的合作和交流	10			
10		培养持续学习、不断更新的能力,以跟随时代发展的步伐,了解最新的工程技术和解决方案	10			
	学生自评得分					
	学生互评得分					
	教师评价得分					

任务描述

一、任务情境

图 3-31(a)所示为简易起吊机的平面力系简图。已知：横梁 AB 的自重 $G_1 = 4$kN，起吊总量 $G_2 = 20$kN，AB 的长度 $l = 2$m；斜拉杆 CD 的倾角 $\alpha = 30°$，自重不计；当电葫芦距 A 端距离 $a = 1.5$m 时，处于平衡状态。试求拉杆 CD 的拉力和 A 端固定铰链支座的约束反力。

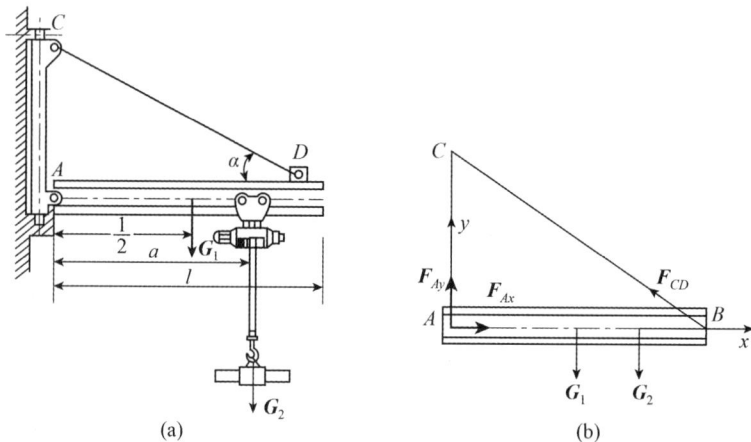

图 3-31 简易起吊机的平面力系简图

二、任务学习目标

(一) 知识目标

(1) 理解力的平移定理。

(2) 理解合力投影定理。

(3) 掌握平面任意力系的平衡方程。

(二) 能力目标

(1) 能够正确运用力的平移定理。

(2) 能够对平面任意力系进行正确简化。

(3) 能够运用平面任意力系平衡方程求解未知力。

(三) 素养目标

(1) 能够通过力的平移定理，掌握力系简化的方法。

(2) 能够与时俱进，用发展的思维理解和解决工程实际问题。

应知应会

我们知道，一般情况下可根据平行四边形法则将有 n 个力的平面任意力系依次合成一个力；但当合成过程中出现前面 $n-1$ 个力的合力与第 n 个力大小相等、方向相反且作用线不共线时，这一对力就构成了一力偶。所以平面任意力系的合成结果可能是一个力或一个力偶。这种合成方法只在理论上是可行的，实际应用起来非常不便，主要体现为两点：其一，当力的数目较多时太烦琐；其二，若二力的作用线接近平行，由于交点在较远处而难以作出其合力。为此，须采用一种较为简便且更具有普遍性的方法，即将平面任意力系向已知点简化的方法。而这个方法的理论依据就是力的平移定理。

一、力的平移定理

(一) 力的平移定理内容

如图 3-32(a)所示，在刚体的 A 点作用一个力 F，O 点为刚体上的任一指定点。现在讨论如何将作用于 A 点的力 F 平行移动到 O 点，而不改变其原来的作用效果。

根据加减平衡力系公理，我们在 O 点加上大小相等、方向相反且与力 F 平行的一对平衡力 F' 和 F''，并使 $F=F'=F''$，如图 3-32(b)所示。显然 F'' 和 F 组成一个力偶，称为附加力偶，其力偶臂为 d。于是作用于 A 点的力 F 可以用由作用于 O 点的力 F' 及附加力偶 $M(F'$, $F'')$ 来替代，如图 3-32(c)所示。

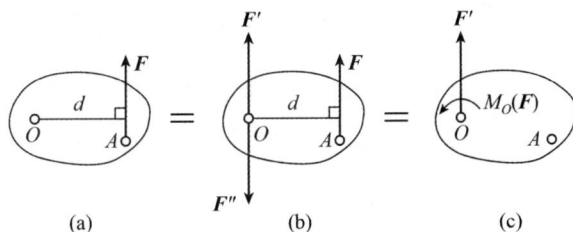

(a)　　　　(b)　　　　(c)

图 3-32　力的平移

其中，附加力偶矩为 $M = \pm Fd = M_O(F)$。

由此可知：作用在刚体上的力均可以从原来的作用位置平行移动至刚体内任一指定点。欲不改变该力对刚体的作用效应，则必须在该力与指定点所确定的平面内附加一个力偶，其力偶矩等于原力对指定点的矩。这就是力的平移定理。

说明：

(1) 该定理指出了力和力偶的关系，即一个力可以等效为一个力和一个力偶的联合作用，或者说一个力可以分解为作用在同一平面内的一个力和一个力偶。

(2) 该定理的逆定理也成立，即同一平面内的一个力和一个力偶可以合成一个合力。可以根据力的平移定理得到证明，这里不再赘述。

(3) 力的平移定理是力系向一点简化的理论基础。

(二) 力的平移定理的应用

根据力的平移定理，我们可以来分析和解决工程实际中的力学问题。

应用一：例如，图 3-33(a)中厂房柱子受偏心载荷 **F** 的作用，为观察 **F** 的作用效应，可将力 **F** 平移至柱的轴线上成为 **F'** 与矩为 **M** 的力偶[图 3-33(b)]，轴向力 **F'** 使柱子压缩，而 **M** 的力偶矩将使柱子弯曲。

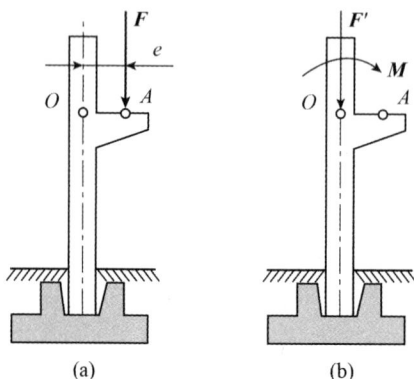

图 3-33　柱子受力示意图

应用二：如图 3-34 所示，用丝锥攻丝时，若仅用一只手加力，如图 3-34(a)所示，即只在 B 点有作用力 **F**，虽然扳手也能转动，但却容易使丝锥折断。这是因为：根据力的平移定理，将作用于扳手 B 点的力 **F** 平行移动到丝锥中心 O 点时，需附加一个力偶矩 $M=Fd$，如图 3-34(b)所示。这个力偶可使丝锥转动，而这个力却是使丝锥折断的主要原因。可以考虑：为什么用两手握扳手，而且用力相等时不会出现折断的现象？

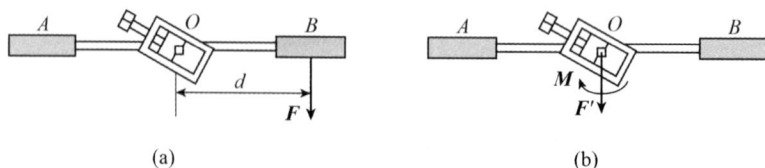

图 3-34　丝锥攻丝示意图

应用三：固定端约束的约束反力。

实际工程中，把使物体的一端既不能移动又不能转动的这类约束称为固定端约束。固定端约束是工程中较为常见的一种约束。例如，如图 3-35 所示，插入刚性墙的阳台挑梁、固定在车床卡盘上的车刀、夹紧在卡盘上的工件等，都是物体受到固定端约束的实例。

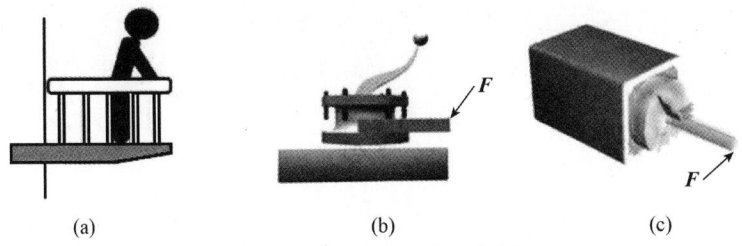

图 3-35　固定端约束的实例

　　固定端约束的特点是不仅限制物体沿空间任意方向的移动，还限制物体绕其固定端沿空间任何方向的转动。也就是说，被约束物体的约束端是完全固定不动的。固定端约束处的实际约束反力比较复杂，作受力分析时需要根据力的平移定理，求得这些力对约束处的简化结果。固定端约束可以阻止被约束物体发生任何移动和转动，两个正交分力 F_{Ax}、F_{By} 表示限制构件的移动的约束作用，一个约束反力偶矩 M 表示限制构件转动的约束作用 (图 3-36 示)。

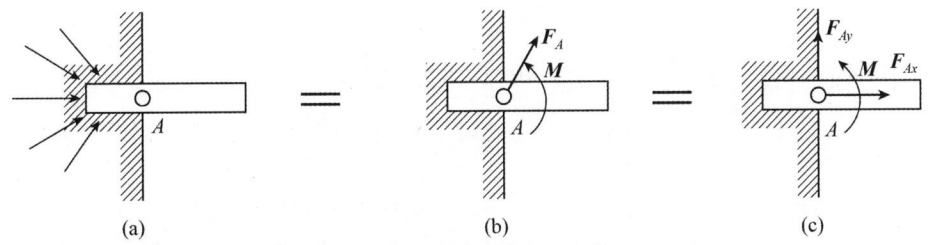

图 3-36　固定端约束反力的表示

二、平面任意力系的简化

(一) 力系向平面内任一点简化

　　平面任意力系是指所有力的作用线既不汇交于同一点，又不相互平行的平面力系。

　　如图 3-37(a)所示，设刚体受一平面任意力系 F_1、F_2、$\cdots$、F_n 的作用，各力的作用点分别为 A_1、A_2、$\cdots$、A_n。在力系所在的平面内任选一点 O，称为简化中心。试求该力系向 O 点简化的结果。

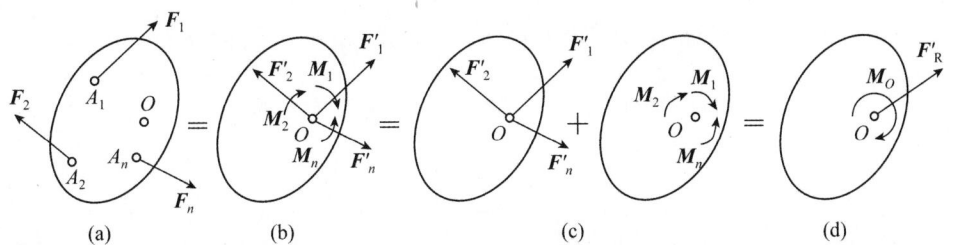

图 3-37　平面任意力系简化

　　应用力的平移定理，将各力平移至简化中心 O 点，同时加入相应的附加力偶。这样原力系就等效变换成作用在 O 点的平面汇交力系 F_1'、F_2'、$\cdots$、F_n' 和作用于汇交力系所在平

面内的力偶矩 M_1、M_2、$\cdots$、M_n 的附加平面力偶系，如图 3-37(b)所示。

这样，平面任意力系被分解成了两个力系：平面汇交力系和平面力偶系，然后分别合成这两个力系。

(二) 力系合成

1. 主矢 F_R'

图 3-37(c)中，平面汇交力系 F_1'、F_2'、$\cdots$、F_n' 可合成一个作用于简化中心 O 的力 F_R'，其大小和方向等于汇交力系的矢量和，即

$$F_R' = F_1' + F_2' + \cdots + F_n' = \sum F'$$

平面汇交力系中各力的大小和方向分别与原力系中对应的各力相同，即

$$F_1' = F_1, F_2' = F_2, \cdots, F_n' = F_n$$

所以

$$F_R' = \sum F' = \sum F$$

我们将平面任意力系中各力的矢量和称为该力系的主矢，用 F_R' 表示，即

$$F_R' = \sum F \tag{3-14}$$

因为原力系中各力的大小和方向是一定的，所以它们的矢量和也是一定的；当简化中心不同时，原力系的矢量和不会改变，即力系的主矢与简化中心的位置无关。

2. 主矩 M_O

图 3-37(c)中，平面附加力偶系可合成一个力偶，其力偶矩等于各附加力偶的力偶矩的代数和，用 M_O 表示，即

$$M_O = M_1 + M_2 + \cdots + M_n = \sum M$$

附加力偶的力偶矩分别等于原力系中各力对简化中心 O 点的矩，即

$$M_1 = \sum M_O(F_1), M_2 = \sum M_O(F_2), \cdots, M_n = \sum M_O(F_n)$$

所以

$$M_O = \sum M_O(F_1) + \sum M_O(F_2) + \cdots + \sum M_O(F_n) = \sum M_O(F)$$

我们将原力系中各力对简化中心之矩的代数和称为该力系对简化中心 O 的主矩，用 M_O 表示，则

$$M_O = \sum M_O(F) \tag{3-15}$$

当简化中心的位置改变时，原力系中各力对简化中心的矩是不同的，对不同的简化中心的矩的代数和一般也不相等，所以力系对简化中心的主矩一般与简化中心的位置有关。所以，说到简化中心的主矩时一般必须指出是力系对哪一点的主矩。

综上所述，平面任意力系向作用面内任意一点简化的结果一般可以得到一个力和一个

力偶。该力作用于简化中心，它的矢量等于原力系中各力的矢量和，即等于原力系的主矢；该力偶的矩等于原力系中各力对简化中心的矩的代数和，即等于原力系对简化中心的主矩。

(三) 简化结果的讨论

平面任意力系简化的最终结果见表 3-3。

表 3-3　平面任意力系简化的最终结果

情况分类	向 O 点简化的结果		力系简化的最终结果（与简化中心无关）
	主矢 F_R'	主矩 M_O	
1	$F_R' = 0$	$M_O=0$	平衡状态(力系对物体的移动和转动作用效果均为零)
2	$F_R' = 0$	$M_O≠0$	一个力偶(合力偶 M_R)，力偶矩 $M_R=M_O$
3	$F_R' ≠ 0$	$M_O=0$	一个力(合力 F_R)，合力 $F_R = F_R'$，作用线过 O 点
4	$F_R' ≠ 0$	$M_O≠0$	一个力(合力 F_R)，其大小为 $F_R=F_R'$，F_R 的作用线到 O 点的距离为 $d =|M_O|/ F_R$。F_R 作用在 O 点的哪一边，由 M_O 的符号决定

由表 3-3 可知，平面一般力系简化的最终结果只有三种可能：

(1) 合成一个力。

(2) 合成一个力偶。

(3) 为平衡力系。

三、平面任意力系的平衡与应用

平面任意力系平衡的必要充分条件是力系的主矢和对任意一点的主矩都等于零，即

$$\begin{cases} F_R' = \sqrt{\left(\sum F_x\right)^2 + \left(\sum F_y\right)^2} = 0 \\ M_O = \sum M_O(\boldsymbol{F}) = 0 \end{cases} \tag{3-16}$$

整理得出平面任意力系平衡方程的基本形式(也称一矩式)如下：

$$\begin{cases} \sum F_x = 0 \\ \sum F_y = 0 \\ \sum M_O(\boldsymbol{F}) = 0 \end{cases} \tag{3-17}$$

平面任意力系平衡方程基本形式的意义：力系中各力在任意坐标轴上投影的代数和等于零，力系中各力对力系作用平面内任意一点力矩的代数和等于零。前者是投影方程，后者为力矩方程。这是一组 3 个独立的方程，故只能求解出 3 个未知量。

实例分析

【例 3-10】 图 3-38 所示为一根不计自重的电线杆，A 端埋入地下，B 端作用有导线的最大拉力 F_1=15kN，α=5°，在 C 点处用钢丝绳拉紧，其拉力 F_2=18kN，β=45°。试求 A 端的约束反力。

解： (1) 以电杆为研究对象，取分离体画受力图，如图 3-38(b)所示。

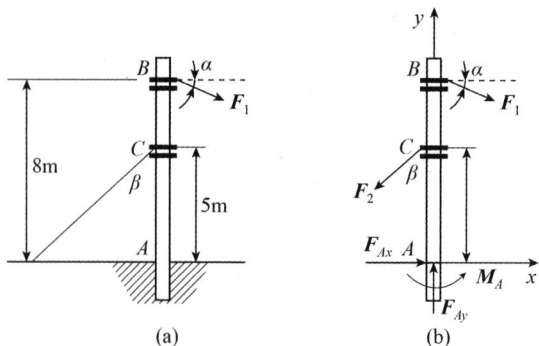

图 3-38 电线杆受力分析

(2) 此为平面任意力系，建立直角坐标系，列平衡方程。

$$\sum F_x = 0, \quad F_{Ax} + F_1\cos\alpha - F_2\sin\beta = 0$$

$$\sum F_y = 0, \quad F_{Ay} - F_1\sin\alpha - F_2\cos\beta = 0$$

$$\sum M_A(\boldsymbol{F}) = 0, \quad M_A - 8F_1\cos\alpha + 5F_2\sin\beta = 0$$

(3) 求解未知量。

$$F_{Ax} = -F_1\cos\alpha + F_2\sin\beta = -15\cos5° + 18\sin45° = -2.2(\text{kN})$$

$$F_{Ay} = F_1\sin\alpha + F_2\cos\beta = 15\sin5° + 18\cos45° = 14(\text{kN})$$

$$M_A = 8F_1\cos\alpha - 5F_2\sin\beta = 8\times15\sin5° - 5\times18\sin45° = 55.9(\text{kN}\cdot\text{m})$$

最后结果为正表示该力与假设方向相同，负号表示该力与假设方向相反。

【例 3-10】计算图 3-39(a)所示悬臂梁的支座约束反力。已知 F=8kN，q=3kN/m。

解：(1) 作梁的受力图，如图 3-39(b)所示。梁端 A 为固定端，故支座约束反力为两个相互垂直的约束反力和一个约束力偶。

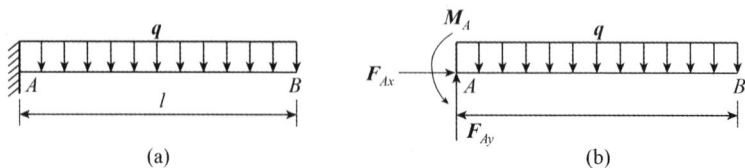

图 3-39 悬臂梁的受力图

(2) 采用默认坐标系(x 轴向右为正，y 轴向上为正，坐标原点为梁的左端 A 点)列方程求解。由

$$\sum F_x = 0, F_{Ax} = 0$$

$$\sum F_y = 0, F_{Ay} - ql = 0$$

$$\sum M_A(\boldsymbol{F}) = 0, M_A - ql\times\frac{l}{2} = 0$$

$$\text{解得} \quad F_{Ax} = 0, F_{Ay} = ql = 8(\text{kN}),$$

$$M_A = \frac{ql^2}{2} = \frac{32}{3} \approx 10.7(\text{kN} \cdot \text{m})$$

【例 3-11】图 3-40(a)所示为简易起吊机的平面力系简图。已知：横梁 AB 的自重 G_1=4kN，起吊总量 G_2=20kN，AB 的长度 l=2m；斜拉杆 CD 的倾角 α=30°，自重不计；当电葫芦距 A 端距离 a=1.5m 时，处于平衡状态。试求拉杆 CD 的拉力和 A 端固定铰链支座的约束反力。

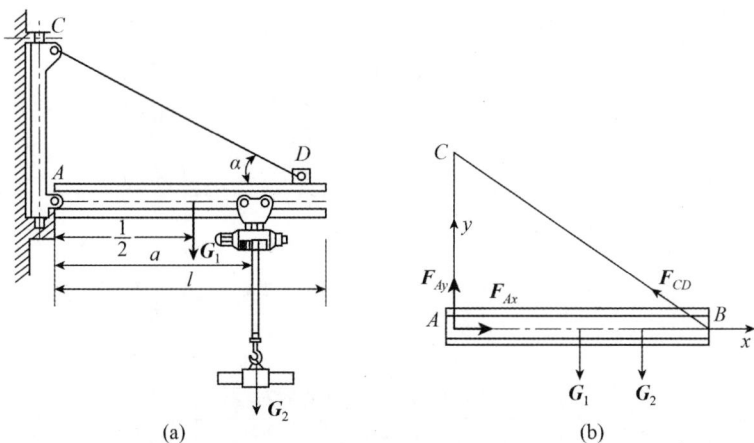

图 3-40　简易起吊机的受力分析

解： (1) 以横梁 AB 为研究对象，取分离体画受力图，如图 3-40(b)所示。

(2) 此为平面任意力系，建立直角坐标系，列平衡方程：

$$\sum M_A(\boldsymbol{F}) = 0 , \quad F_{CD}l\sin\alpha - G_1\frac{l}{2} - G_2a = 0$$

$$\sum F_x = 0 , \quad F_{Ax} - F_{CD}\cos\alpha = 0$$

$$\sum F_y = 0 , \quad F_{Ay} - G_1 - G_2 + F_{CD}\sin\alpha = 0$$

(3) 求解未知量。

$$F_{CD} = \frac{1}{l\sin\alpha}\left(G_1\frac{l}{2} + G_2a\right) = 34(\text{kN})$$

$$F_{Ax} = F_{CD}\cos\alpha = 29.44(\text{kN})$$

$$F_{Ay} = G_1 + G_2 - F_{CD}\sin\alpha = 7(\text{kN})$$

F_{CD}、F_{Ax}、F_{Ay} 都为正值，表示力的实际方向与假设方向相同；若为负值，则表示力的实际方向与假设方向相反。

讨论：本题若写出对 A、B 两点的力矩方程和对 x 轴的投影方程，则同样可求解，即由

$$\sum M_A(\boldsymbol{F}) = 0$$

$$F_{CD}l\sin\alpha - G_1\frac{l}{2} + G_2a = 0$$

$$\sum M_B(\boldsymbol{F}) = 0, \quad -F_{Ay}l + G_1\frac{l}{2} + G_2(l-a) = 0$$

$$\sum F_x = 0, \quad F_{Ax} - F_{CD}\cos\alpha = 0$$

解得

$$F_{CD} = 34(\text{kN}), \quad F_{Ax} = 29.44(\text{kN}), \quad F_{Ay} = 7(\text{kN})$$

若写出对 A、B、C 三点的力矩方程

$$\sum M_A(\boldsymbol{F}) = 0, \quad F_{CD}l\sin\alpha - G_1\frac{l}{2} - G_2a = 0$$

$$\sum M_B(\boldsymbol{F}) = 0, \quad -F_{Ay}l + G_1\frac{l}{2} + G_2(l-a) = 0$$

$$\sum M_C(\boldsymbol{F}) = 0, \quad F_{Ay}l\tan\alpha - G_1\frac{l}{2} - G_2a = 0$$

则可得出同样的结果。

由上面例题的讨论可知，平面任意力系的平衡方程除了式(3-17)所示的基本形式以外，还有二力矩式和三力矩式，其形式见表 3-4。

表 3-4 平面任意力系的平衡方程形式

基本形式	二力矩式	三力矩式
$\begin{cases}\sum F_x = 0 \\ \sum F_y = 0 \\ \sum M_O(\boldsymbol{F}) = 0\end{cases}$	$\begin{cases}\sum F_x = 0 \\ \sum F_A(\boldsymbol{F}) = 0 \\ \sum M_B(\boldsymbol{F}) = 0\end{cases}$	$\begin{cases}\sum M_A(\boldsymbol{F}) = 0 \\ \sum M_B(\boldsymbol{F}) = 0 \\ \sum M_C(\boldsymbol{F}) = 0\end{cases}$
此式由式(3-16)直接得到	应用条件：投影轴 x 不能与 A、B 两点的连线垂直	应用条件：A、B、C 三点不能在同一条直线上

说明： 在利用这三种形式的方程时，方程的次序可以随便调整。解题时，我们尽量保证列出一个方程，就能对应求出一个解，避免联立求解方程组。

【例 3-12】 求图 3-41(a)所示外伸梁的支座约束反力。

解： (1) 作梁的受力图，如图 3-41(b)所示。

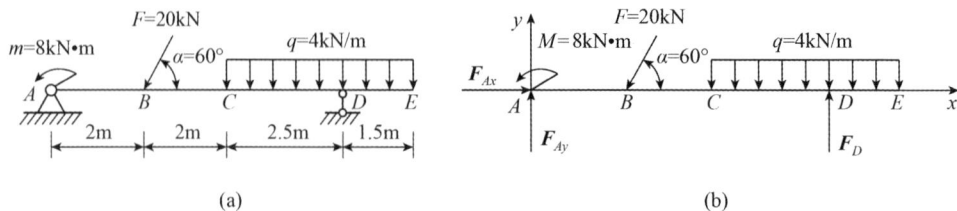

图 3-41 外伸梁的受力分析

分析： 梁的支座 D 为活动铰链支座，只有一个垂直方向的约束反力，用 $\boldsymbol{F}_D$ 表示；支座 A 为固定铰链支座，它有两个相互垂直的约束反力分量，分别用 $\boldsymbol{F}_{Ax}$、$\boldsymbol{F}_{Ay}$ 表示。另外，在计算约束反力时，可将 CE 段上作用的均匀分布载荷用其合力 $\boldsymbol{F}_q$ 表示，其大小 $F_q = q\times4 = 16(\text{kN})$，作用在 CE 段的中点处。由受力图可知，作用在梁上的力系为平面任意力系。

(2) 列平衡方程求解各支座约束反力。

由 $$\sum F_x = 0, \quad F_{Ax} - F\cos 60° = 0$$

解得 $$F_{Ax} = F\cos 60° = 20 \times 0.5 = 10(\text{kN})$$

由 $$\sum M_A = 0, \quad F_D \times 6.5 - F_q \times \left(4 + \frac{4}{2}\right) - F\sin 60° \times 2 + m = 0$$

解得
$$F_D = \frac{1}{6.5}(F_q \times 6 + F\sin 60° \times 2 - m)$$
$$= \frac{2}{13}(16 \times 6 + 20 \times 0.866 \times 2 - 8) = 18.87(\text{kN})$$

由 $$\sum F_y = 0, \quad F_{Ay} + F_D - F\sin 60° - F_q = 0$$

解得
$$F_{Ay} = F\sin 60° + F_q - F_D$$
$$= 20 \times 0.866 + 16 - 18.87 = 14.45(\text{kN})$$

还可以用其余两种方程形式求解。

素养园地

西蒙·斯蒂文——荷兰著名自然哲学家、科学家和工程师

生平：1548 年出生在佛兰德斯的布鲁吉，1620 年去世。由于他是早期哥白尼世界观的守卫者，所以在宗教界不受欢迎。作为哲学家，他是一名务实的理性主义者；对于每一种神秘的现象，他都试图给予科学的解释。因此，在他的著作封面上都印有他的名言：奇迹就是没有奇迹。

贡献：斯蒂文是一位自然哲学家、科学家和工程师。他是个非凡的、多才多艺的人，几乎涉猎所有学科。从他的出版著作来看，涉及算术学、会计学、几何学、力学、流体静力学、天文学、测量理论、土木工程、音乐理论和公民权等方面。斯蒂文在物理学上主要有三项贡献：

其一，在力学方面对伽利略产生了重要影响，解决了斜面上物体的平衡问题，给伽利略在实验斜面上论证惯性定律以一定的启示。

其二，他是落体运动定律的先驱。早在 1586 年，他和德·格罗特(De Groot)就在代尔夫特做了落体实验，否定了亚里士多德重物体比轻物体落得快的理论，早于伽利略的实验。

其三，他还研究了滑轮组的平衡和流体静力学的问题。他在《静力学原理》一书中使用了平行四边形定则，提出了永动机不可能原理。他在阿基米德的浮力原理以外加上一条定理，就是浮力在流体中平衡，其重心和浮体所排出流体

的重力中心(浮心)一定处在同一直线上，从而使自阿基米德以来几乎停滞的静力学发展起来。

实操练习

1. 平面一般力系平衡方程的二力矩式是＿＿＿＿，应满足的附加条件是＿＿＿＿。

2. 平面一般力系平衡方程的三力矩式是＿＿＿＿，应满足的附加条件是＿＿＿＿。

3. 已知一刚体在 5 个力作用下处于平衡状态，如果其中 4 个力的作用线汇交于 O 点，则第五个力的作用线必过 O 点。 （　　）

4. 当平面一般力系对某点的主矩为零时，该力系向任一点简化的结果必为一个合力。 （　　）

5. 图 3-42 所示为平面汇交 4 个力作出的力多边形，表示力系平衡的是(　　)。

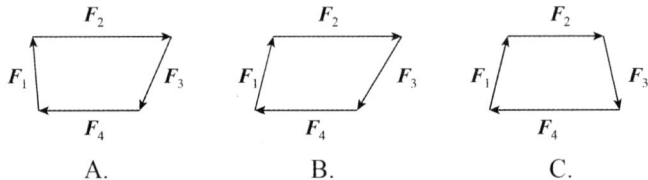

图 3-42　题 5 图

6. 图 3-43 所示的轮子受 $M_1 = F$，$M_2 = 3F$ 力，其中(　　)图中轮子处于平衡状态。

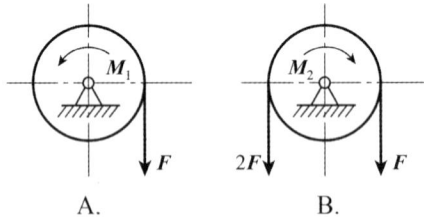

图 3-43　题 6 图

7. 如图 3-44 所示，由传动装置传来的力偶矩 $M = 4.65\text{kN} \cdot \text{m}$，紧边皮带张力 $F_{T1} = 19\text{kN}$，松边皮带张力 $F_{T2} = 4.7\text{kN}$，皮带包角为 $210°$。试将力系向点 O 简化。

8. 阳台一端砌入墙内，其自重为集度为 q 的均布载荷。受力如图 3-45 所示，q、F、l 均为已知，试求阳台固定端的约束反力。

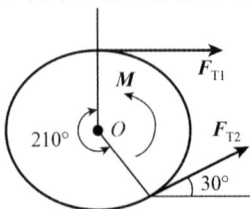

图 3-44　题 7 图

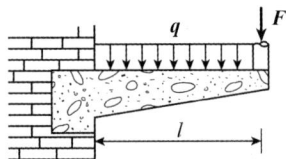

图 3-45　题 8 图

问题归纳

问题 1: _____

_____

问题 2: _____

_____

问题 3: _____

_____

学习评价

项目三　平面力系分析						
任务三　平面任意力系的合成与平衡						
序号	考核内容	考核标准	分值	学生自评 (30%)	学生互评 (30%)	教师评价 (40%)
1	理解力的平移定理, 理解合力投影定理, 掌握平面任意力系的平衡方程	准确描述力的平移定理内容	10			
2		准确回答主矢的概念	10			
3		准确回答主矩的概念	10			
4		清楚描述平面任意力系平衡的充分条件	10			
5		清楚描述平面任意力系的平衡方程的几种形式及应用条件	10			
6	能够正确运用力的平移定理, 能够对平面任意力系进行正确简化, 能够运用平面任意力系平衡方程求解未知力	能够正确运用力的平移定理解决工程实际中的力学问题	10			
7		能够对平面任意力系进行正确简化	10			
8		能够灵活运用平面任意力系平衡方程求解未知力	10			
9	能够通过力的平移定理, 掌握力系简化的方法, 能够与时俱进, 用发展的思维理解和解决工程实际问题	激发创新思维, 在解决力系问题时尝试新方法、新思路, 不拘泥于传统解法	10			
10		具备高度的责任心和职业道德, 对待工程问题认真负责, 遵循行业规范和标准	10			
学生自评得分						
学生互评得分						
教师评价得分						

任务四 / 平面平行力系的合成与平衡

任务描述

一、任务情境

塔式起重机的受力分析如图 3-46 所示。已知：机身自重 $W=300kN$，最大起重量 $W_1=180kN$，平衡重 $W_2=300kN$。试求满载和空载时轨道 A、B 的约束反力，并确定在使用过程中机身是否会翻倒。

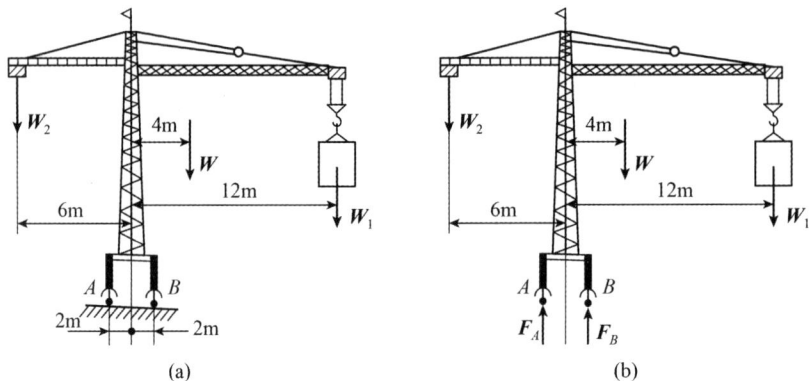

图 3-46 塔式起重机的受力分析

二、任务学习目标

（一）知识目标

(1) 理解平面平行力系的概念。

(2) 理解平面平行力系的合成推导。

(3) 掌握平面平行力系的平衡方程。

（二）能力目标

(1) 能够对平面平行力系进行正确简化。

(2) 能够区分平面平行力系平衡方程基本形式和二力矩式。

(3) 能够运用平面平行力系平衡方程求解未知力。

(三) 素养目标

(1) 能够通过平面平行力系和平面任意力系的对比学习，培养举一反三解决问题的能力。

(2) 能够与时俱进，用发展的思维理解和解决工程实际问题。

应知应会

平面平行力系是指平面力系的所有力的作用线均相互平行。显然，平面平行力系是平面任意力系的一种特殊形式。如图 3-47(a)所示。对于平面平行力系，其合成结果必定是与各力作用线平行的主矢量和一个位于力系作用平面内的主矩，如图 3-47(b)所示。所以，平面平行力系的平衡方程可由平面任意力系的平衡方程导出。

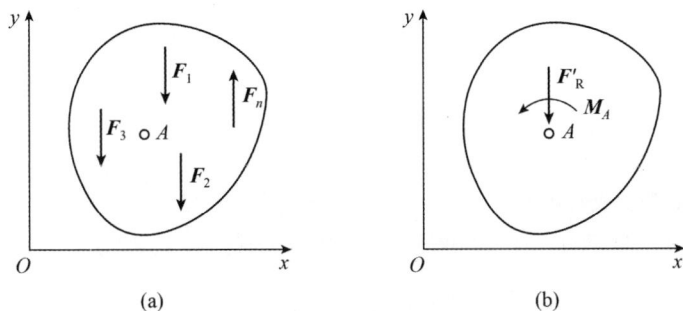

图 3-47　平面平行力系的简化

如图 3-47 所示，选取图示坐标轴，使刚体所受的平面平行力系与 x 轴垂直，则不论该力系是否平衡，各力在 x 轴上的投影恒等于零，即 $\sum F_x \equiv 0$。所以，平面平行力系的独立平衡方程的数目只有两个，即

$$\begin{cases} F_R' = \sum F_y = \sum F \\ M_A = \sum M_A(\boldsymbol{F}) \end{cases} \tag{3-18}$$

由式(3-18)得平面平行力系的平衡方程式：

基本形式
$$\begin{cases} \sum F_y = 0 \\ \sum M_A(\boldsymbol{F}) \end{cases}$$

二力矩式
$$\begin{cases} \sum M_A(\boldsymbol{F}) = 0 \\ \sum M_B(\boldsymbol{F}) = 0 \end{cases}$$

可见，平面平行力系只有两个独立的平衡方程，只能求解两个未知量。

实例分析

【例 3-13】塔式起重机的受力分析如图 3-46(a)所示。已知：机身自重 W=300kN，最大起重量 W_1=180kN，平衡重 W_2=300kN。试求满载和空载时轨道 A、B 的约束反力，并确定在使用过程中机身是否会翻倒。

解：(1) 以起重机为研究对象，画图 3-46(b)所示的平行力系。

(2) 建立平衡方程式：

$$\sum M_A(\boldsymbol{F}) = 0, F_B \times 4 + W_2 \times (6-2) - W \times (4+2) - W_1 \times (12+2) = 0$$

$$\sum F_y = 0, \quad F_A + F_B - W - W_1 - W_2 = 0$$

解得

$$\begin{cases} F_A = 2W_2 - 2.5W_1 - 0.5W & ① \\ F_B = 1.5W + 3.5W_1 - W_2 & ② \end{cases}$$

(3) 计算满载和空载时的约束反力：

满载时，将 W_1=180kN、W=300kN、W_2=300kN 代入①②式得

$$F_A = 0, \quad F_B = 780\text{(kN)}$$

空载时，将 $W_1 = 0$、W=300kN、W_2=300kN 代入①②式得

$$F_A = 450\text{kN}, \quad F_B = 150\text{(kN)}$$

由以上计算结果可知，无论是满载还是空载，机身均不会翻倒。但因满载时 F_A=0，机身属于极限平衡状态，若起重量稍有增加，机身就会向右翻倒。

【例 3-14】图 3-48(a)所示为一端固定的悬臂梁，梁上作用均布载荷，载荷集度为 q，在梁的自由端还受一集中力 $\boldsymbol{P}$ 和一力偶矩为 $\boldsymbol{M}$ 的力偶的作用。试求固定端 A 处的约束反力。

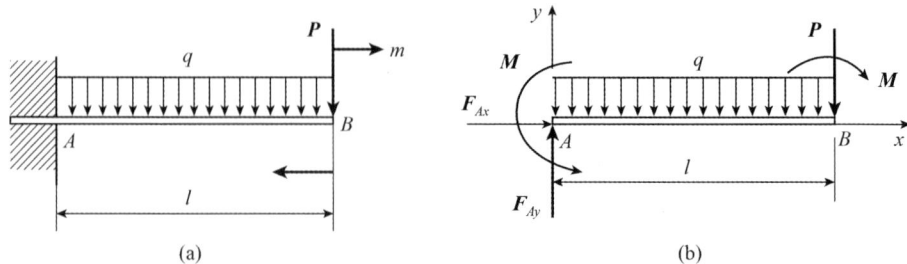

图 3-48 一端固定的悬臂梁

解：取梁 AB 为研究对象。受力图及坐标系的选取如图 3-48(b)所示。列平衡方程

$$\sum F_x = 0, \quad F_{Ax} = 0$$

$$\sum F_y = 0, \quad F_{Ay} - P - ql = 0$$

解得 $\qquad\qquad\qquad F_{Ay}=ql+P$

由 $\qquad\qquad\qquad \Sigma M_A(\boldsymbol{F})=0, \quad M_A-\dfrac{ql^2}{2}-Pl-M=0$

解得 $\qquad\qquad\qquad M_A=\dfrac{ql^2}{2}+Pl+M$

素养园地

达朗贝尔——法国著名物理学家、数学家和天文学家

生平：1717 年 11 月 17 日生于巴黎，1783 年 10 月 29 日卒于巴黎。一生研究了大量课题，完成了涉及多个科学领域的论文和专著，其中最著名的有 8 卷巨著《数学手册》、力学专著《动力学》、23 卷的《文集》《百科全书》的序言等。

贡献：《动力学》是达朗贝尔最伟大的物理学著作。在这部书里，他提出了三大运动定律：第一运动定律给出了几何证明的惯性定律，第二运动定律是力的分析的平行四边形法则的数学证明，第三运动定律是用动量守恒来表示平衡定律。书中还提出了达朗贝尔原理，它与牛顿第二定律相似，但它的发展在于可以把动力学问题转化为静力学问题处理，还可以用平面静力的方法分析刚体的平面运动。这一原理使一些力学问题的分析简单化，而且为分析力学的创立打下了基础。

实操练习

1. 如图 3-49 所示，炼钢炉的送料机由跑车 A 和可移动的桥 B 组成。跑车可沿桥上的轨道运动，两轮间距离为 2m，跑车与操作架 D、平臂 OC 以及料斗 C 相连，料斗每次装载物料重 $W=15\text{kN}$，平臂长 $OC=5\text{m}$。设跑车 A、操作架 D 和所有附件总重为 $\boldsymbol{P}$，作用于操作架的轴线，$\boldsymbol{P}$ 至少应多大才能使料斗在满载时跑车不致翻倒？

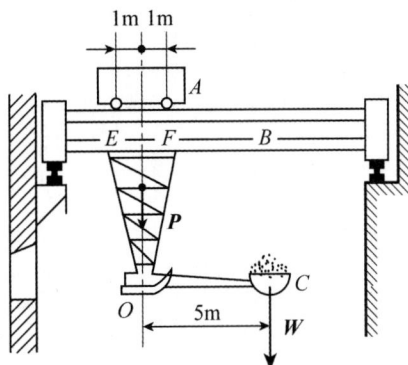

图 3-49　题 1 图

问题归纳

问题 1: _____

_____

问题 2: _____

_____

问题 3: _____

_____

学习评价

项目三　平面力系分析						
任务四　平面平行力系的合成与平衡						
序号	考核内容	考核标准	分值	学生自评 (30%)	学生互评 (30%)	教师评价 (40%)
1	理解平面平行力系的概念，理解平面平行力系的合成推导，掌握平面平行力系的平衡方程	准确回答平面平行力系的概念	10			
2		准确回答平面平行力系的合成推导过程	10			
3		准确回答平面平行力系的平衡方程的数目为什么只有两个	10			
4		准确描述平面平行力系的平衡方程基本形式	10			
5		准确描述平面平行力系的平衡方程二力矩式	10			
6	能够对平面平行力系进行正确简化，能够区分平面平行力系平衡方程基本形式和二力矩式，能够运用平面平行力系平衡方程求解未知力	能够对具体平面平行力系工程问题进行正确简化	10			
7		能够运用平面平行力系平衡方程基本形式和二力矩式解决实际工程问题	10			
8		能够运用平面平行力系平衡方程求解未知力	10			
9	能够通过平面平行力系和平面任意力系的对比学习，培养举一反三解决问题的能力；能够与时俱进，用发展的思维理解和解决工程实际问题	在解决问题的过程中，能够不断反思和总结，发现自身不足，并主动寻求新的学习资源和机会进行自我提升	10			
10		激发创新思维，能够预见未来技术趋势，并提前规划学习任务，形成独特见解	10			
学生自评得分						
学生互评得分						
教师评价得分						

任务五 物体系统的平衡问题

任务描述

一、任务情境

当整个系统平衡时，组成系统的每一个物体也都平衡。因此，研究物系平衡问题时，既可取系统中的某一个物体为分离体，也可以取几个物体的组合或取整个系统为分离体。

图 3-50 所示为静不定结构，是曲轴冲床简图，由轮 I 、连杆 AB 和冲头 B 组成。已知：$OA=R$，$AB=1$；忽略摩擦和自重，当 OA 在水平位置，冲压阻力为 F 时系统处于平衡状态。试求：

(1) 作用在轮 I 上的力偶矩 M 的大小。

(2) 轴承 O 处的约束反力。

(3) 连杆 AB 受的力。

(4) 冲头给导轨的侧压力。

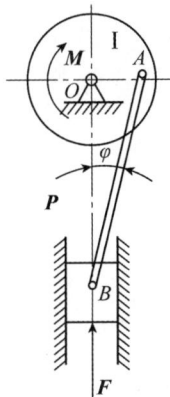

图 3-50 静不定结构

二、任务学习目标

(一) 知识目标

(1) 理解静定与静不定问题的概念。

(2) 理解多余约束的概念。

(3) 掌握解决物系平衡问题的基本思路。

(二) 能力目标

(1) 能够判断静定与静不定问题。

(2) 能够合理选取研究对象解决静定问题。

(3) 能够进行物系平衡问题的实例分析，正确求解约束反力。

(三) 素养目标

(1) 能够通过求解物系平衡问题，培养系统解决分析问题的能力。

(2) 能够通过理解静定与静不定问题，探究如何解决静不定问题。

应知应会

一、静定与静不定问题

　　一般而言，当物系平衡时，组成该物系的每一个物体也都处于平衡状态，即整体平衡，其局部也平衡。而对每一个受平面任意力系作用的物体，均可写出 3 个独立的平衡方程。若物系由 n 个物体组成，则有 $3n$ 个独立的平衡方程。若系统中未知量的数目与平衡方程的数目相等，则可由平衡方程求解出所有未知量，这样的问题称为**静定问题**。但是在实际工程中，为了减小结构的过大变形、提高其承载能力或增加其稳定性，往往要给结构增加支撑，这使结构产生了多于维持基本平衡的约束，称为多余约束。这样，未知量的数目将多于平衡方程的数目，从而仅由力系的平衡方程就不能将所有的未知量求出，这样的问题称为**静不定问题**，或称超静定问题。例如，图 3-51 所示的结构的平衡问题均为静定问题，图 3-52 所示的结构的平衡问题均为静不定问题。

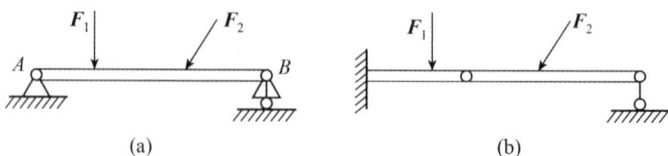

图 3-51　静定问题

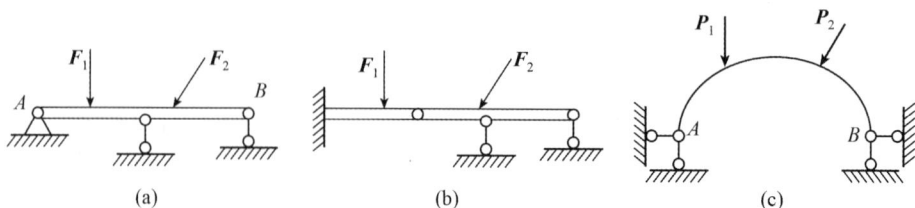

图 3-52　静不定问题

　　在静不定问题中将总未知量数与平衡方程数之差称为超静定次数。例如，图 3-52(a)、图 3-52(b)、图 3-52(c)中未知量数分别为 4 个、7 个、4 个，而独立平衡方程数分别为 3 个、

6 个、3 个，所以均为一次超静定问题。解决超静定问题，仅用静力学平衡方程是不够的，还需要考虑作用在物体上的外力和物体变形的关系，列出相应于静不定次数的补充方程并联立平衡方程。由于理论力学的研究对象是刚体，并不考虑物体的变形，所以，静不定问题已超出了本模块的研究范围，对其问题的解决将在后续课程中研究。

下面着重讨论静定的物体系统的平衡问题。

二、解决物系的平衡问题

解决物系平衡问题的方法和需要注意的问题如下：

(1) 灵活选取研究对象。由于物系是由若干个物体组成的系统，所以选择哪个物体作为研究对象是解决物系平衡问题的关键。具体如下：

① 如果整个系统外约束反力的全部或部分能够不拆开系统而求出，可先取整个系统作为研究对象。

② 选择受力情形最简单，有已知力和未知力同时作用的某一部分或几部分为研究对象。

③ 研究对象的选择应尽可能满足一个平衡方程解一个未知量的要求。

(2) 正确进行受力分析。求解物系平衡问题时，一般总要选择部分或单个物体为研究对象。物体间约束形式的复杂多样，必然给内约束反力的分析带来困难。因此，选择不同研究对象时，特别要分清约束与受约束体、内力和外力、作用力和反作用力的关系等。在整体、部分和单个物体受力图中，同一处约束反力前后所画要一致。

实例分析

【例 3-15】图 3-53(a)所示为人字梯的受力分析，求 DE 绳索的拉力。

解：(1) 先以整体为研究对象，画出受力图如图 3-53(b)所示。由平面平行力系的平衡条件求出光滑面约束反力：

$$\sum M_C(\boldsymbol{F}) = 0, -F_{NB} \cdot 2l\cos\alpha + F \cdot a\cos\alpha = 0$$

解得

$$F_{NB} = \frac{aF}{2l}$$

(2) 以 AB 杆为研究对象，作 AB 杆的受力图，如图 3-53(c)所示。由平面任意力系的平衡条件求出绳索拉力：

$$\sum M_A(\boldsymbol{F}) = 0, -F_{NB} \cdot l\cos\alpha + F_T \cdot h = 0$$

将 F_{NB} 代入后解得

$$F_T = \frac{aF}{2h}\cos\alpha$$

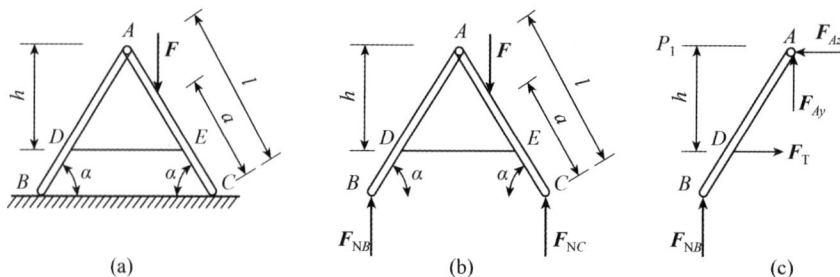

图 3-53 人字梯的受力分析

【例 3-16】多跨静定三铰拱每半拱重 $G=300\text{kN}$，跨长 $l=32 \text{ m}$，拱高 $h=10\text{m}$，如图 3-54(a)所示。试求铰链支座 A、B、C 的约束反力。

分析：

第一种解法：先取三铰拱整体为研究对象，再分别取半拱 AC、BC 为研究对象进行求解。

第二种解法：分别取半拱 AC、BC 为研究对象进行求解。

由于第一种解法比较简单，下面介绍第一种解法。

解：(1) 先取三铰拱整体为研究对象，画出受力图，如 3-54(b)所示。建立坐标系 Oxy，列平衡方程求解：

$$\sum M_A(\boldsymbol{F}) = 0 , \quad -G \times 4 - G \cdot (l-4) + F_{By} \cdot l = 0$$

$$F_{By} = 300(\text{kN})$$

$$\sum F_y = 0 , \quad F_{Ay} - G - G + F_{by} = 0$$

$$F_{Ay} = 300(\text{kN})$$

$$\sum F_x = 0 , \quad F_{Ax} - F_{Bx} = 0$$

$$F_{Ax} = F_{Bx}$$

(2) 取半拱 AC 为研究对象，画出受力图，如图 3-54(c)所示。建立坐标系 Oxy，列平衡方程求解：

$$\sum M_C(\boldsymbol{F}) = 0 , \quad F_{Ax} \cdot h - F_{Ay} \cdot \frac{l}{2} + G \cdot \left(\frac{l}{2} - 4\right) = 0$$

$$F_{Ax} = F_{Bx} = 120(\text{kN})$$

$$\sum F_x = 0 , \quad F_{Ax} - F_{Cx} = 0$$

$$F_{Cy} = 120(\text{kN})$$

$$\sum F_y = 0 , \quad F_{Ay} - G + F_{Cy} = 0$$

$$F_{Cy} = 0$$

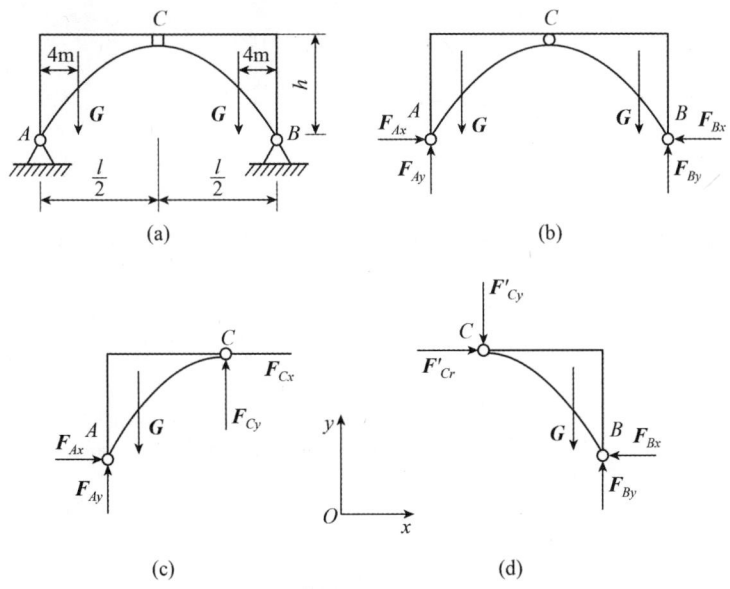

图 3-54　多跨静定三铰拱的受力分析

【例 3-17】 图 3-55(a)所示为曲轴冲床简图，由轮Ⅰ、连杆 AB 和冲头 B 组成。已知 $OA=R$，$AB=1$；忽略摩擦和自重，当 OA 在水平位置，冲压阻力为 F 时系统处于平衡状态。试求：

(1) 作用在轮/上的力偶矩 M 的大小。

(2) 轴承 O 处的约束反力。

(3) 连杆 AB 受的力。

(4) 冲头给导轨的侧压力。

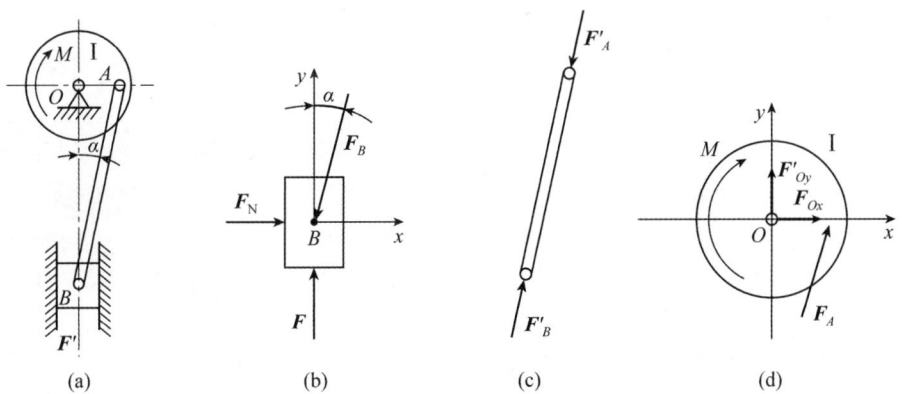

图 3-55　曲轴冲床简图

解：(1)以冲头为研究对象。画出受力图，如 3-55(b)所示。建立坐标系 B_{xy}，列平衡方程求解。

由

$$\sum F_y = 0, \quad F - F_B \cos\alpha = 0$$

解得

$$F_B = \frac{F}{\cos\alpha} = \frac{Fl}{\sqrt{l^2 - R^2}}$$

由 $\qquad \sum F_x = 0$ ， $F_{\mathrm{N}} - F_B \sin \alpha = 0$

解得 $\qquad F_{\mathrm{N}} = F \tan \alpha = \dfrac{FR}{\sqrt{l^2 - R^2}}$

所以连杆 AB 受力方向与 F_B 方向相反，大小等于 F_B；冲头给导轨的侧压力方向与导轨约束反力方向相反，大小等于 F_{N}。

(2) 以轮 I 为研究对象，画出受力图，如 3-55(c)所示。建立坐标系 Oxy，列平衡方程求解：

由 $\qquad \sum M_O(\boldsymbol{F}) = 0$ ， $F_A \cos \alpha \cdot R - M = 0$

$$\sum F_x = 0 ， F_{Ox} + F_A \sin \alpha = 0$$

$$\sum F_y = 0 ， F_{Oy} + F_A \cos \alpha = 0$$

解得，

$$M = FR$$

$$F_{Ox} = -F_A \sin \alpha = -F \tan \alpha = -\dfrac{FR}{\sqrt{l^2 - R^2}}$$

$$F_{Oy} = -F_A \cos \alpha = -F$$

素养园地

麦克斯韦——英国物理学家、数学家、经典电动力学创始人

生平：生于 1831 年 6 月 13 日，卒于 1879 年 11 月 5 日，1854 年从剑桥大学毕业后留校任职 2 年。1856 年被任命为苏格兰阿伯丁的马里沙尔学院自然哲学讲座教授，1860 年到伦敦国王学院任自然哲学和天文学教授，1861 年当选为英国皇家学会院士，1865 年春辞去教职回到家乡，1871 年受聘为剑桥大学新设立的卡文迪许试验物理学教授；1874 年担任卡文迪许实验室第一任主任。1879 年 11 月 5 日因病在剑桥逝世，年仅 48 岁。

贡献：麦克斯韦对许多学科作出了重要贡献，包括电磁学、光学、天文学和热力学等方面。其最主要的贡献是预言了电磁波的存在，提出了光的电磁说。在力学方面，他提出结构力学中桁架内力的图解法，指出桁架形状和内力图是一对互易图，并提出求解静不定桁架位移问题的单位载荷法。

实操练习

1. 静定与静不定问题应如何判断？如图 3-56 所示，哪些为静定问题，哪些为静不定问题？

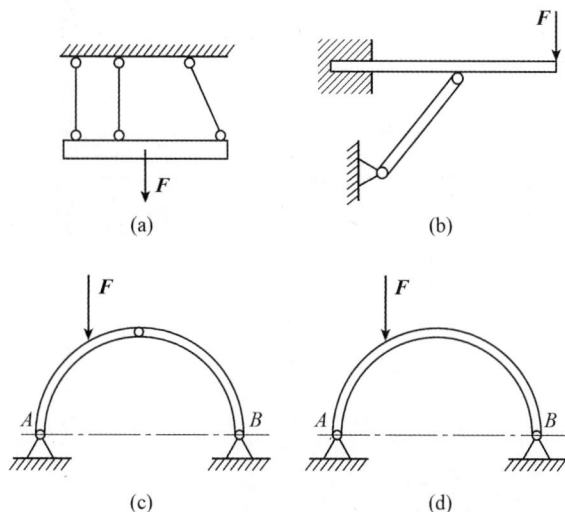

图 3-56 题 1 图

2. 曲柄滑块机构在图3-57所示位置平衡，已知：滑块上所受的力 F=400kN，如不计所有构件的重量，试求作用在曲柄 OA 上的力偶的力偶矩 M。

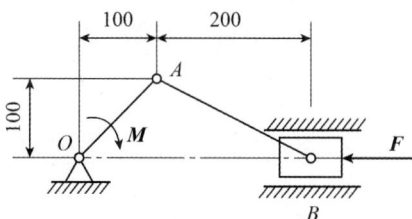

图 3-57 题 2 图

3. 图 3-58 所示为一构架，已知 F=1kN，不计各杆重量，杆 ABC 与杆 DEF 平行。试求铰链支座 A、D 处的约束反力。

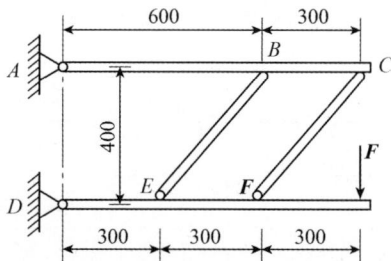

图 3-58 题 3 图

4. 在图 3-59 所示的直杆 DC 和杠杆 CAB 组成的机构中，已知力 F =10kN。试求杆 DC 所受的力以及铰链 A 的约束反力(各杆的自重均不计)。

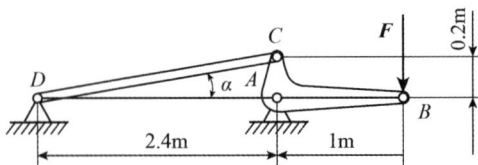

图 3-59 题 4 图

5. 图 3-60 所示为破碎机传动机构，活动夹板 AB 长为 600mm，假设破碎时矿石对活动夹板作用力沿垂直于 AB 方向的分力 P=1kN，$BC=CD=600$mm，$AG=400$ mm，$OE=100$mm，图示位置时，机构平衡。试求电动机对杆 OE 作用的力偶的力偶矩 M_O。

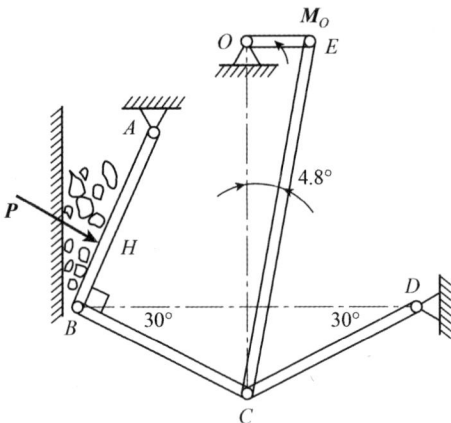

图 3-60 题 5 图

问题归纳

问题 1：————————————————————————————————

问题 2：————————————————————————————————

问题 3：————————————————————————————————

学习评价

	项目三　平面力系分析					
	任务五　物体系统的平衡问题					
序号	考核内容	考核标准	分值	学生自评 (30%)	学生互评 (30%)	教师评价 (40%)
1	理解静定问题与静不定问题的概念，理解多余约束的概念，掌握解决物系平衡问题的基本思路	准确回答静定问题的概念	10			
2		准确回答静不定问题的概念	10			
3		准确回答多余约束的概念	10			
4		准确回答超静定次数的概念	10			
5		清楚描述物系平衡问题的解决方法和需要注意的问题	10			
6	能够判断静定问题与静不定问题；能够合理选取研究对象解决静定问题；能够进行物系平衡问题的实例分析，正确求解约束反力	能够区分静定问题与静不定问题	10			
7		能够灵活选取研究对象解决物系平衡问题	10			
8		能够进行物系平衡问题的实例分析，正确求解约束反力	10			
9	能够通过求解物系平衡问题，培养系统解决分析问题的能力；能够通过理解静定问题与静不定问题，探究如何解决静不定问题	能够主动学习和探索物系平衡问题的相关知识和方法，进行独立思考，持续更新知识，提高解决系统问题的能力	10			
10		不拘泥于传统解法，尝试新的解题思路和方法，培养质疑和批判现有解决方案的能力，进而推动问题的深入研究和解决	10			
	学生自评得分					
	学生互评得分					
	教师评价得分					

项目四　摩　　擦

在前面研究物体平衡问题时，总是假定物体的接触面是完全光滑的，将摩擦忽略。实际上完全光滑的接触面并不存在。在许多工程问题中，摩擦对构件的平衡和运动起着主要作用，因此必须考虑。本项目将研究摩擦问题。

任务描述

一、任务情境

相互接触的物体或介质在相对运动(包括滑动和滚动)或有相对运动趋势的情形下，接触表面(接触层)会产生阻碍运动趋势的机械作用，这种现象称为摩擦；相应的阻碍运动的力称为摩擦力。

例如，图 4-1 所示为攀登电线杆时所用的脚套钩，已知：套钩尺寸为 b，电线杆的直径为 d，摩擦因数为 f_s。试问：人的脚踏处距杆中心的距离 l 至少为多少时，人才不致下滑？

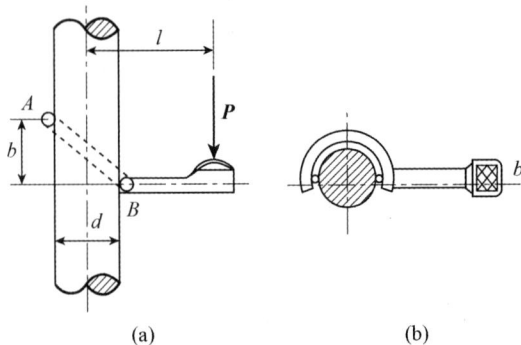

(a)　　　　　　　　　(b)

图 4-1　攀登电线杆时所用脚套钩

二、任务学习目标

(一) 知识目标

(1) 理解滑动摩擦和滚动摩擦的概念。

(2) 了解滑动摩擦力的特征。

(3) 掌握考虑摩擦时的简单物系的平衡问题的解法。

(二) 能力目标

(1) 能够通过摩擦力的分析，准确画出含摩擦力的受力图。

(2) 能够运用摩擦力的特征求解考虑摩擦时的平衡问题。

(三) 素养目标

(1) 能够从忽略摩擦到考虑摩擦，认识到研究问题要抓住问题的主要矛盾或矛盾的主要方面。

(2) 在学习摩擦力的作用时，认识到对于任何问题要一分为二辩证地看待它们产生的作用。

应知应会

一、摩擦的概念

摩擦是一种普遍存在于机械运动中的自然现象，如人行走，车行驶，机械运转无一不存在摩擦。例如，制动器靠摩擦制动、带轮靠摩擦传递动力、车床卡盘靠摩擦夹固工件等，这些都是摩擦有用的一面。摩擦也有其有害的一面，它会带来阻力、消耗能量、加剧磨损、缩短机器寿命等。因此，研究摩擦是为了掌握摩擦的一般规律，利用其有用的一面，而限制或消除其有害的一面。

二、摩擦的分类

摩擦按照物体表面相对运动情况，可分为滑动摩擦和滚动摩擦两类。

(一) 滑动摩擦

滑动摩擦是两物体接触面做相对滑动或具有相对滑动趋势时的摩擦。滑动摩擦又可以分为动滑动摩擦和静滑动摩擦两种。

1. 滑动摩擦力

滑动摩擦力作用于两物体相互接触处，其方向与相对滑动的趋势或相对滑动的方向相反，它的大小根据主动力作用的不同，可以分为三种情况，即静滑动摩擦力、最大静摩擦力和动滑动摩擦力。

进行图 4-2(a)所示的实验: 在粗糙的水平面上放置一个重 W 的物体, 在其左侧施加推力 F。

物体在主动力 W、F 的共同作用下, 在它与地表的接触面上会产生法向约束反力 F_N 和与 F 方向相反的滑动摩擦力 F_f, 此时物体会处于图 4-2(b)、图 4-2(c)、图 4-2 (d)三种状态之一:

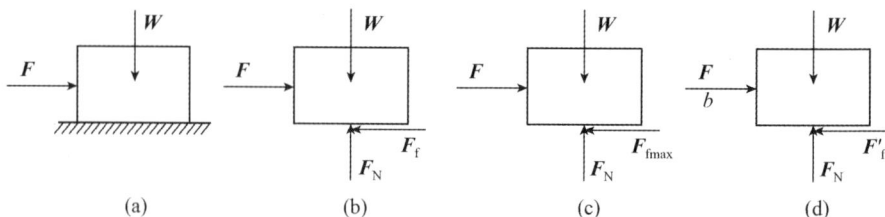

图 4-2　滑动摩擦

(1) 如图 4-2(b)所示, 当 F 由零值逐渐增加但不是很大时, 物体仍保持静止, 支承面对物体除有法向约束反力 F_N 外, 还有一个阻碍物体沿水平面向右滑动的切向力, 此力称为**静滑动摩擦力**(简称静摩擦力), 用 F_f 表示, 方向向左。可见, 静摩擦力就是接触面对物体作用的切向约束反力, 它的方向与物体相对滑动趋势相反, 它的大小需用平衡条件确定。此时有

$$\sum F_x = 0, \quad F_f = F$$

可见, 静摩擦力的大小随拉力 F 的增大而增大。这是静摩擦力和一般约束反力共同的性质。

(2) 如图 4-2(c)所示, 当力 F 的大小达到一定数值时物体处于将要滑动, 但尚未开始滑动的临界状态。这时, 力 F 再增大一点, 物体将开始滑动。当物体处于平衡的临界状态时, 静摩擦力达到最大值, 称为**最大静滑动摩擦力**(简称最大静摩擦力), 用 F_{fmax} 表示。此后, 如果 F 再继续增大, 静摩擦力不再随之增大, 物体将失去平衡而滑动。

静摩擦力的大小随主动力的情况而改变, 但介于零和最大值之间, 即

$$0 \leqslant F_f \leqslant F_{fmax} \tag{4-1}$$

试验证明: 最大静摩擦力大小与两种物体间的正压力(法向反力)成正比, 即

$$F_{fmax} = f_s F_N \tag{4-2}$$

式中: F_N——接触面间的正压力;

f_s——静滑动摩擦因数, 简称静摩擦因数, 它的大小与两物体接触面间的材料及表面情况(如表面粗糙度、干湿度、温度等)有关, 常用材料的静摩擦因数 f_s 可从一般工程手册中查得。

(3) 如图 4-2(d)所示, 当滑动摩擦力已达到最大值时, 主动力再继续增加, 接触面之间将出现相对滑动, 此时接触物体之间仍有阻碍相对滑动的阻力, 这种阻力称为**动滑动摩擦力**(简称动摩擦力), 用 F_f 表示。试验表明: 动摩擦力的大小与接触体间的正压力成正比, 即

$$F_f' = f F_N \tag{4-3}$$

式中: f——动摩擦系数, 它是无量纲数, 与接触物体材料和表面情况有关。

动摩擦力与静摩擦力不同, 没有变化范围。通常动摩擦系数小于静摩擦系数。

实际上动摩擦系数还与接触物体间相对滑动的速度大小有关。不同物体材料，动摩擦系数随相对滑动速度变化规律也不同。当滑动速度不大时，动摩擦系数可近似认为是个常数。

综上所述：

当 $F=0$ 时，$F_f=0$；

当 $0<F_f<F_{fmax}$ 时，物体平衡；

当 $F=F_{fmax}$ 时，物体处于临界平衡状态；

当 $F>F_{fmax}$ 时，物体滑动。

常用材料的摩擦系数见表 4-1。

表 4-1　常用材料的摩擦系数

材料名称	摩擦因数			
	静摩擦因数(f_s)		动摩擦因数(f)	
	无润滑剂	有润滑剂	无润滑剂	有润滑剂
钢-钢	0.15	0.1～0.12	0.15	0.05～0.10
钢-铸铁	0.3	—	0.18	0.05～0.15
钢-青铜	0.15	0.1～0.15	0.15	0.1～0.15
钢-橡胶	0.9	—	0.6～0.8	—
铸铁-铸铁	—	0.18	0.15	0.07～0.12
铸铁-青铜	—	—	0.15～0.2	0.07～0.15
铸铁-皮革	0.3～0.5	0.15	0.6	0.15
铸铁-橡胶	—	—	0.8	0.5
青铜-青铜	—	0.10	0.2	0.07～0.10
木-木	0.4～0.6	0.10	0.2～0.5	0.07～0.15

摩擦定律给我们指出了利用和减小摩擦的途径，即可从影响摩擦力的摩擦因数与正压力入手。例如，一般车辆以后轮为驱动轮，因此设计时应使重心靠近后轮，增大后轮的正压力。车胎压出各种纹路，是为了增大摩擦因数，提高车轮与路面的附着能力。再如，带传动中，用张紧轮或 V 形带增大正压力以增加摩擦力，通过减小接触表面粗糙度、加入润滑剂来减小摩擦因数以减小摩擦力等，都是合理利用静滑动摩擦的工程实例。

2. 摩擦角和自锁

(1) 摩擦角。考查图 4-3(a)所示物块的受力，物块重为 P。当物块有相对运动趋势时，支承面对物块的法向反力 F_N 和摩擦力 F_f 可合成一个合力 $F_{RA}=F_N+F_f$，称为支承面的**全反力**。全反力与接触面公法线所夹角度记为 φ。由于 $F_N=-P$ 为常量，F_R 与 φ 随摩擦力 F_f 的变化而变化。当物块处于平衡的临界状态时，静摩擦力达到最大值 F_{max}，夹角 φ 也达到最大值 φ_m，全反力与法线间夹角的最大值 φ_m 称为**摩擦角**，如图 4-3(b)所示。可见，摩擦角的正切值等于静摩擦因数，即

$$\tan \varphi_m = \frac{F_{max}}{F_N} = \frac{fF_N}{F_N} = f_s \tag{4-4}$$

因此，φ_m 与 f_s 都是表示材料摩擦性质的物理量。

由于物块可以在切平面上沿任意方向滑动,而每个方向的滑动都可以找到一条与摩擦角对应的全反力的作用线,所有方向的全反力作用线在空间形成一个锥形,称为**摩擦锥**。如图4-3(c)所示,若物块与支承面沿任何方向的静摩擦因数均相同,即摩擦角相同,则摩擦锥将是一个顶角为 $2\varphi_m$ 的正圆锥面。

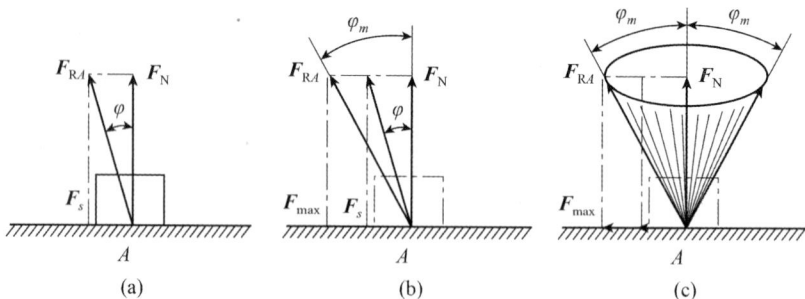

图 4-3　考查物块的受力情况

(2) 自锁。考查图 4-4(a)所示的物块在有摩擦力存在时其平衡与运动的可能性。设作用在物体上的各主动力的合力用 F_R 表示,F_R 与法线间夹角为 α。当物体处于平衡状态时,主动力合力 F_R 与全反力 F_{RA} 应等值、反向、共线,则有 $\alpha = \varphi$。而物体平衡时,全约束反力作用线不可能超出摩擦锥,即 $\varphi \leqslant \varphi_m$ [图 4-4(a)、图 4-4(b)]。因此,当物块平衡时必有 $\varphi \leqslant \varphi_m$,否则,物块将处于运动状态[图 4-4(c)]。

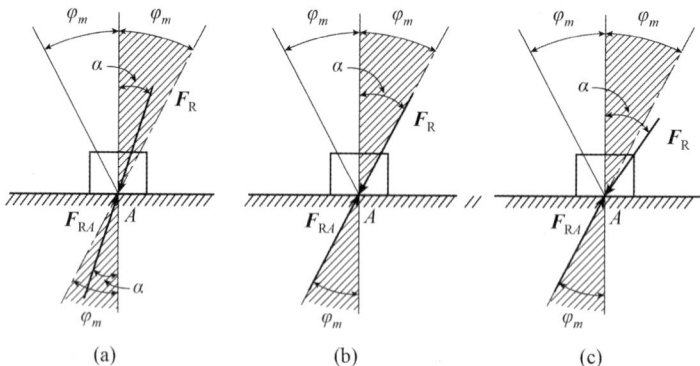

图 4-4　自锁与不自锁现象

上述讨论表明,当主动力合力的作用线落在摩擦角(锥)之内或与其边界重合时,则不论此合力有多大,总有全反力与之平衡,物块必保持静止。这种现象称为自锁。反之,当主动力合力的作用线落在摩擦角(锥)之外时,则不论此合力有多小,物块也必会运动。

自锁现象在实际工程中有重要的应用,如千斤顶、压榨机、圆锥销等机械和夹具就是利用自锁原理,使它们始终保持在平衡状态下工作。但有时却要避免自锁发生,如水闸门的自动启闭、变速机构中的齿轮滑移等,都不允许发生自锁(也称卡死)现象。需要注意的是,在静摩擦力达到最大值的所有问题中,都存在自锁或不自锁问题。

(二) 滚动摩擦

滚动摩擦是一个物体在另一个物体上滚动时的摩擦,如轮子在轨道上滚动。

由经验可知，当搬动重物时，若在重物下面垫上轴辊，比放在地面上推动要省力得多。这说明用滚动代替滑动所受到的阻力要小得多。车辆用车轮、机器中用滚动轴承代替滑动，就是这个道理。

滚动比滑动要省力得多，实际工程中也是如此。原因是滚动的阻力比滑动的阻力要小得多。我们考查图 4-5 中轮子的滚动，假设轮子重为 Q，半径为 r，与水平面的接触点为 A，轮子上作用一水平推力 P，当推力较小时，轮子不会滑动，也不会转动。对轮子做受力分析，如图 4-5(a)所示，接触面正反力 N 与重力 Q 等值反向，静摩擦力 F 与推力 P 也等值反向。但是，从图 4-5(a)中可以看出，光有这些力并不能使轮子达到平衡，因为这些力中，静摩擦力 F 与推力 P 构成了一对力偶，它们产生的转动效应需要一个反向力偶矩来平衡。这个力偶矩的产生可以这样分析：由于接触面并非理想光滑面，轮子在 F 与 P 构成的力偶作用下具有转动的趋势，粗糙的接触面由于轮子的压迫会产生一定的变形[图 4-5(b)]，此时轮子与接触面不是一个点接触，而是沿 AB 段圆弧接触，轮子在 AB 段承受的是平面任意力系，它们可以简化成一个主矢量 R，但是，该主矢量并不是作用在 A 点[图 4-5(c)]，主矢量 R 的两个分量就是正反力和静摩擦力，其中正反力与 A 点的距离设为 δ。如果我们将正反力和静摩擦力向 A 点简化，此时，就要增加一力偶矩 $M = N\delta$[图 4-5(d)]，这个力偶矩称为最大滚动摩擦力偶矩(简称滚阻力偶矩)。它的作用就是阻碍轮子的转动。

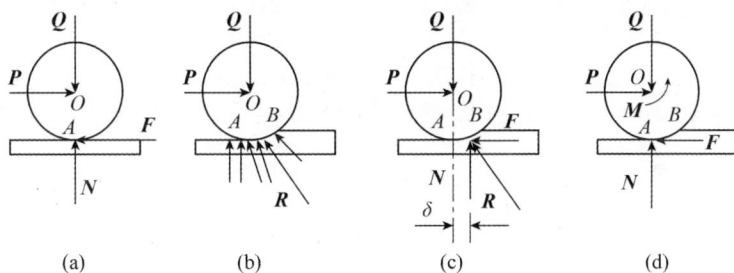

图 4-5　滚动摩擦

试验表明，最大滚阻力偶矩与法向反力成正比，即

$$M_{\mu\max} = \delta F_N \tag{4-5}$$

式中：δ——一个有长度单位的系数，称为滚动摩擦因数，其数值取决于两接触物表面材料的性质及表面状况。

式(4-5)称为滚动摩擦定律。

实验证明，最大滚阻力偶矩与法向反力成正比，即

$$M_{f\max} = F_N \tag{4-6}$$

显然，当推力 P 对接触点 A 的主动力矩超过最大滚动摩擦力偶矩时，轮子将开始转动。

三、考虑摩擦时物体的平衡

求解考虑摩擦时物体的平衡问题，与求解不考虑摩擦时物体的平衡问题大体相同。不同的是，求解考虑摩擦时物体的平衡问题在画受力图时要画出摩擦力，摩擦力的方向总是

与物体有相对滑动趋势的方向相反，它的大小又在一定的范围内变化。因此解决其平衡问题时，要按两类情况来考虑：

(1) 物体处于临界平衡状态，$F = F_{f\max}$。

(2) 物体处于静止状态，此时摩擦力在一定范围内变化，即 $0 < F_f < F_{f\max}$。

当物体处于不同状态时，应采用不同的分析方法。下面分别举例说明处于这两种情况的物体平衡问题的解法。

【例 4-1】 图 4-6(a)所示的梯子长 $AB = l$，重 $W_1 = 100\text{N}$，靠在光滑的墙壁上。梯脚与地面间的摩擦系数为 $f = 0.4$。试问：当梯子与地面间的夹角为多大时，重为 $W_2 = 700\text{N}$ 的人才能爬到梯顶而梯子不滑倒？

分析： 对于图示梯子来说，显然梯子与地面间的夹角越小，越容易向左滑动。依题意，是求使梯子不滑倒时的最小倾角 $\theta = \theta_{\min}$，这是一个考虑梯子处于临界平衡状态的平衡问题。

解： (1) 以梯子为研究对象，画受力图，如图 4-6(b)所示。

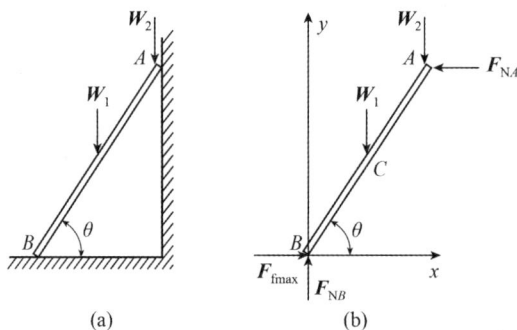

图 4-6　梯子的受力分析

(2) 建立图 4-6(b)所示的坐标系，列方程并写出静摩擦定律表达式：

由

$$\sum F_x = 0 , \quad F_{f\max} - F_{NA} = 0$$

$$\sum F_y = 0 , \quad F_{NB} - W_1 - W_2 = 0$$

$$\sum M_B(\boldsymbol{F}) = 0 , \quad F_{NA} \times l\sin\theta - W_1\cos\theta \cdot \frac{l}{2} - W_2 l\cos\theta = 0$$

解得

$$F_{f\max} = f \cdot F_{NB}$$

(3) 联解以上各式，求得 $\theta = \theta_{\min} = 66.89°$，即当 $\theta \geqslant 66.89°$ 时，梯子不会滑倒。

【例 4-2】 物体重 $P = 980\text{N}$，放在一倾角 $\alpha = 30°$ 的斜面上。已知：接触面间的静摩擦系数为 $f_s = 0.20$。有一大小为 $F = 588\text{N}$ 的力沿斜面推物体，如图 4-7(a)所示，试问物体在斜面上处于静止状态还是滑动状态？若静止，此时摩擦力多大？

分析： 对于判断物体的状态这一类问题，可先假设物体处于静止状态，然后由平衡方程求出物体处于静止状态时所需的静摩擦力 $\boldsymbol{F}_s$，并计算出可能产生的最大静摩擦力 $\boldsymbol{F}_{\max}$，将两者进行比较，确定力 $\boldsymbol{F}_s$ 是否满足 $\boldsymbol{F}_s \leqslant \boldsymbol{F}_{\max}$，从而断定物体是静止的还是滑动的。

解： (1) 设物体静止但沿斜面有下滑的趋势，则其受力图及坐标系如图 4-7(b)所示。

(2) 列平衡方程：

$$\sum F_x = 0, \quad F - P\sin\alpha + F_s = 0$$

$$\sum F_y = 0, \quad F_N - P\cos\alpha = 0$$

解得

$$F_s = P\sin\alpha - F = 980\sin 30° - 588 = -98(\text{N})$$

$$F_N = P\cos\alpha = 980\cos 30° = 848.7(\text{N})$$

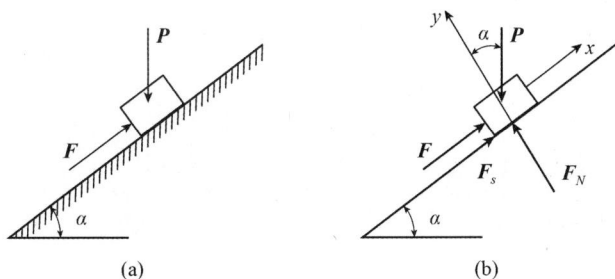

图 4-7　斜面上物体受力分析

(3) 根据静摩擦定律，可能产生的最大静摩擦力为

$$F_{max} = f_s F_N = 0.2 \times 848.7 = 169.7(\text{N})$$

将 F_s 与 F_{max} 进行比较得

$$|F_s| = 98\text{N} < 169.7\text{N} = F_{max}$$

结果说明，物体在斜面上保持静止，而此时静摩擦力 $F_s=-98$N，负号说明实际方向与假设方向相反，故物体沿斜面有上滑的趋势。

【例 4-3】攀登电线杆时所用的脚套钩如图 4-8(a)、4-8(b)所示。套钩与杆接触处 A、B 两点间的摩擦因数均为 f_s。已知：杆的直径为 d，套钩高度为 b。试问：人的脚踏处 C 距杆中心的距离 l 至少为多少时，人才不致下滑？

分析：本例只需要求解在平衡的临界状态下所对应的平衡位置(最小值)。

解：(1) 取脚套钩为研究对象，作受力图，如图 4-8(c)所示。由于在人的重力作用下套钩有下滑的趋势，所以 A、B 两点间的摩擦力方向均向上。在平衡的临界状态，两摩擦力同时达到最大静摩擦力的数值。

(2) 由平衡方程及摩擦定律得

$$\sum F_x = 0, \quad F_{NB} - F_{NA} = 0$$

$$\sum F_y = 0, \quad F_{max B} + F_{max A} - P = 0$$

$$F_{max A} = f_s F_{NA}, \quad F_{max B} = f_s F_{NB}$$

解得

$$F_{max A} = F_{max B} = \frac{P}{2}, \quad F_{N/A} = F_{NB} = \frac{P}{2f_s} \qquad ①$$

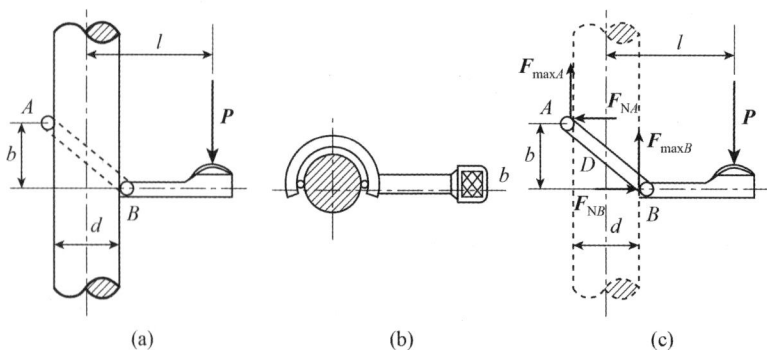

图 4-8　脚套钩的受力分析

由对 AB 中点 D 的矩为零，即

$$\sum M_D(\boldsymbol{F}) = 0, \quad \frac{1}{2}bF_{NA} + \frac{1}{2}bF_{NB} - \frac{1}{2}dF_{\max A} + \frac{1}{2}dF_{\max B} - Pl = 0,$$

解得

$$F_{NA} = F_{NB} = \frac{l}{b}P \qquad\qquad\qquad ②$$

(3) 由①②得

$$\frac{l}{b}P = \frac{P}{2f_s}$$

即

$$l = \frac{b}{2f_s}$$

(4) 由式②知，当 l 加大时 $F_{NA}(F_{NB})$ 也增大，从而 $B(A)$ 处的摩擦力也增大，平衡更安全。由此所得的临界平衡状态是 l 的下限，即

$$l_{\min} = \frac{b}{2f_s}$$

素养园地

查利·奥古斯丁·库仑——法国工程师、物理学家

生平：1736 年 6 月 14 日生于法国昂古莱姆，1806 年 8 月 23 日在巴黎逝世。1774 年当选为法国科学院院士。1784 年任供水委员会监督官，后任地图委员会监督官。1802 年，拿破仑任命他为教育委员会委员，1805 年升任教育监督主任。

贡献：库仑根据 1779 年对摩擦力的分析，提出了有关润滑剂的科学理论，并于 1781 年发现了摩擦力与压力的关系，表述了摩

擦定律、滚动定律和滑动定律，设计出水下作业法，类似现代的沉箱。1785—1789年，他利用扭秤测量静电力和磁力，得出著名的库仑定律。库仑定律使电磁学的研究从定性进入定量阶段，这是电磁学史上一块重要的里程碑。

实操练习

1. 重为 W 的物块放在图 4-9 所示的粗糙的水平面上，要使物块沿水平面向右滑动，可采用图 4-9(a)和图 4-9(b)所示两种施力方式。试问：在这两种方式中，哪种方式省力？

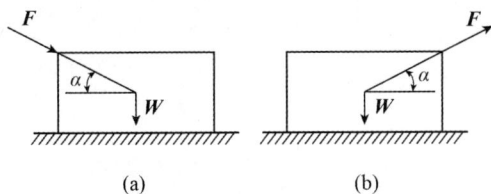

(a)   (b)

图 4-9 题 1 图

2. 如图 4-10 所示，物块重 $P=100\text{N}$，物块与接触面间的静摩擦系数均为 $f_s=0.3$，而作用力 F 分别为 20N、250N，当作用在物块上的水平力 $F=30\text{N}$ 时，在两种情况下的物块是否平衡？为什么？

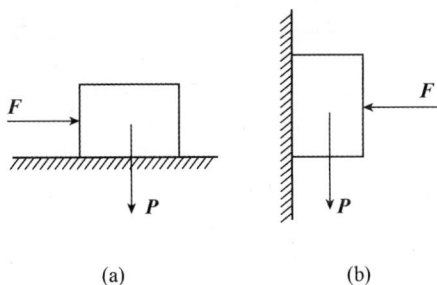

(a)   (b)

图 4-10 题 2 图

3. 骑自行车时，前后两轮的摩擦力各向什么方向？为什么？

4. 用钢楔劈物，如图 4-11 所示，设接触面间的摩擦角为 φ_m。劈入后欲使楔不滑出，钢楔两个平面间的夹角 α 应该为多大？楔重不计。

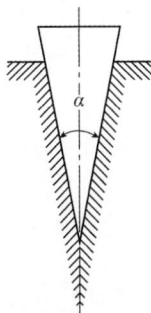

图 4-11 题 4 图

5. 如图4-12所示，试比较用同样材料、在相同的光洁度和相同的皮带压力 **F** 作用下，平皮带与三角皮带所能传递的最大拉力。

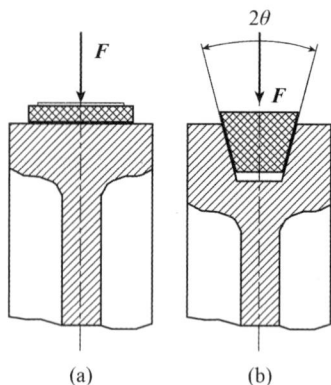

图4-12 题5图

6. 砖夹的宽度为25cm，直角曲杆 *AGB* 和 *GCED* 在点 *G* 铰接。砖的重量为 *W*，提砖的合力 F_R 作用在砖夹的对称中心线上，尺寸如图4-13所示。若砖夹与砖之间的静摩擦因数 f_s=0.5，试问：*b* 应为多大才能把砖夹起(*b* 是点 *G* 到砖块上所受正压力作用线的铅垂距离)？

7. 图4-14所示为一凸轮机构。已知：推杆(不计自重)与滑道间的摩擦因数为 f_s=0.4，滑道宽度为 *b*，设凸轮与推杆接触处的摩擦忽略不计。试问：*a* 为多大时，推杆才不致被卡住？

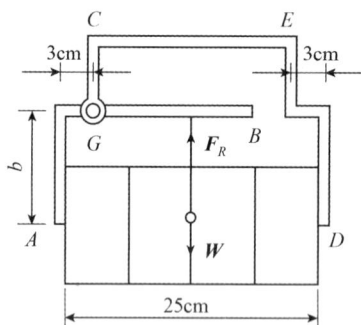

图4-13 题6图

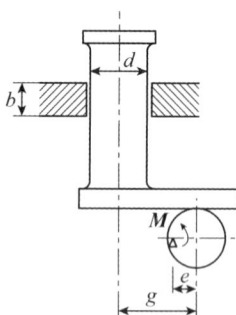

图4-14 题7图

8. 图4-15所示为夹钳夹住钢管，已知：钳口张角为20°，*F*=*F*′。试问：钢管与夹钳的静摩擦因数至少应为多少才夹得住钢管而不致滑脱？

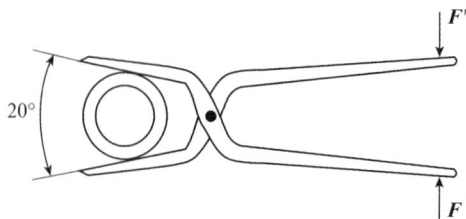

图4-15 题8图

9. 在闸块制动器的两个杠杆上，分别作用有大小相等的力 F_1 和 F_2，设力偶矩 *M*=160N·m，摩擦因数为 f_s，尺寸如图4-16所示。试问：F_1、F_2 为多大，方能使受到力偶作用的轴处于平衡状态？

10. 升降机安全装置的计算简图如图 4-17 所示。已知墙壁与滑块间的摩擦因数 f_s=0.5，构件自重不计。试问：机构的尺寸比例($l:L$)为多少方能确保安全制动？求 α 与摩擦角 φ_m 的关系。

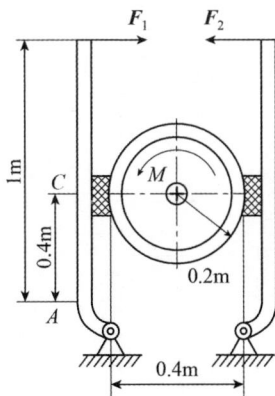

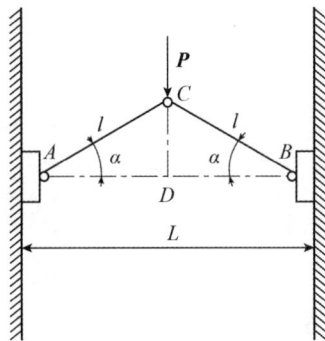

图 4-16　题 9 图　　　　　　　　　图 4-17　题 10 图

11. 机床上为了迅速装卸工件，常采用图 4-18 所示的偏心轮夹具。已知：偏心轮直径为 D，偏心轮与台面间的摩擦因数为 f_s。今欲使偏心轮手柄上的外力去掉后，偏心轮不会自动脱落，求偏心距 e。各铰链中的摩擦忽略不计。

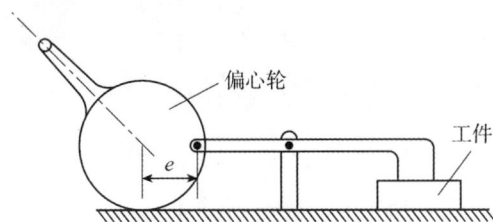

图 4-18　题 11 图

问题归纳

问题 1：

问题 2：

问题 3：

学习评价

项目四　摩擦						
序号	考核内容	考核标准	分值	学生自评 (30%)	学生互评 (30%)	教师评价 (40%)
1	理解滑动摩擦和滚动摩擦的概念，了解滑动摩擦力的特征，掌握考虑摩擦时的简单物系的平衡问题的解法	准确回答滑动摩擦的概念	10			
2		准确回答动摩擦力的大小与接触正压力之间的关系	10			
3		准确回答摩擦角的概念	10			
4		准确描述自锁现象	10			
5		清楚描述滚阻力偶矩的概念	10			
6		清楚区分考虑摩擦时解决平衡问题的两类状态	10			
7	能够通过摩擦力的分析，准确画出含摩擦力的受力图；能够运用摩擦力的特征求解考虑摩擦时的平衡问题	能够考虑摩擦力准确画出受力图	10			
8		能够运用摩擦力的特征求解考虑摩擦时的物体平衡问题	10			
9	能够从忽略摩擦到考虑摩擦，认识到研究问题要抓住问题的主要矛盾或矛盾的主要方面；在学习摩擦力的作用时，认识到任何问题要一分为二辩证地看待它们产生的作用	培养识别和分析问题的各个方面影响因素的能力，理解在不同情境下哪些因素是主要矛盾或矛盾的主要方面，对问题进行深入思考，不满足于表面的解释或简单的解决方案	10			
10		具备一分为二看待问题的辩证思维能力，理解事物具有两面性：既有积极的一面，也有消极的一面	10			
学生自评得分						
学生互评得分						
教师评价得分						

第二部分

构件的承载能力

　　各种机器设备和工程结构都是由若干个构件组成的。生产实践中，必须使组成机器或结构的构件安全可靠地工作，才能保证机器或结构的构件的安全性、可靠性。构件的安全性、可靠性通常是用构件承受载荷的能力（简称承载能力）来衡量的。把研究构件承载能力的科学称为材料力学。

　　研究构件承载能力的目的是在保证构件既安全又经济的前提下，为构件选择合适的材料，确定合理的截面形状和尺寸，提供必要的理论基础和实用的计算方法。具体学习内容参见本部分思维导图。

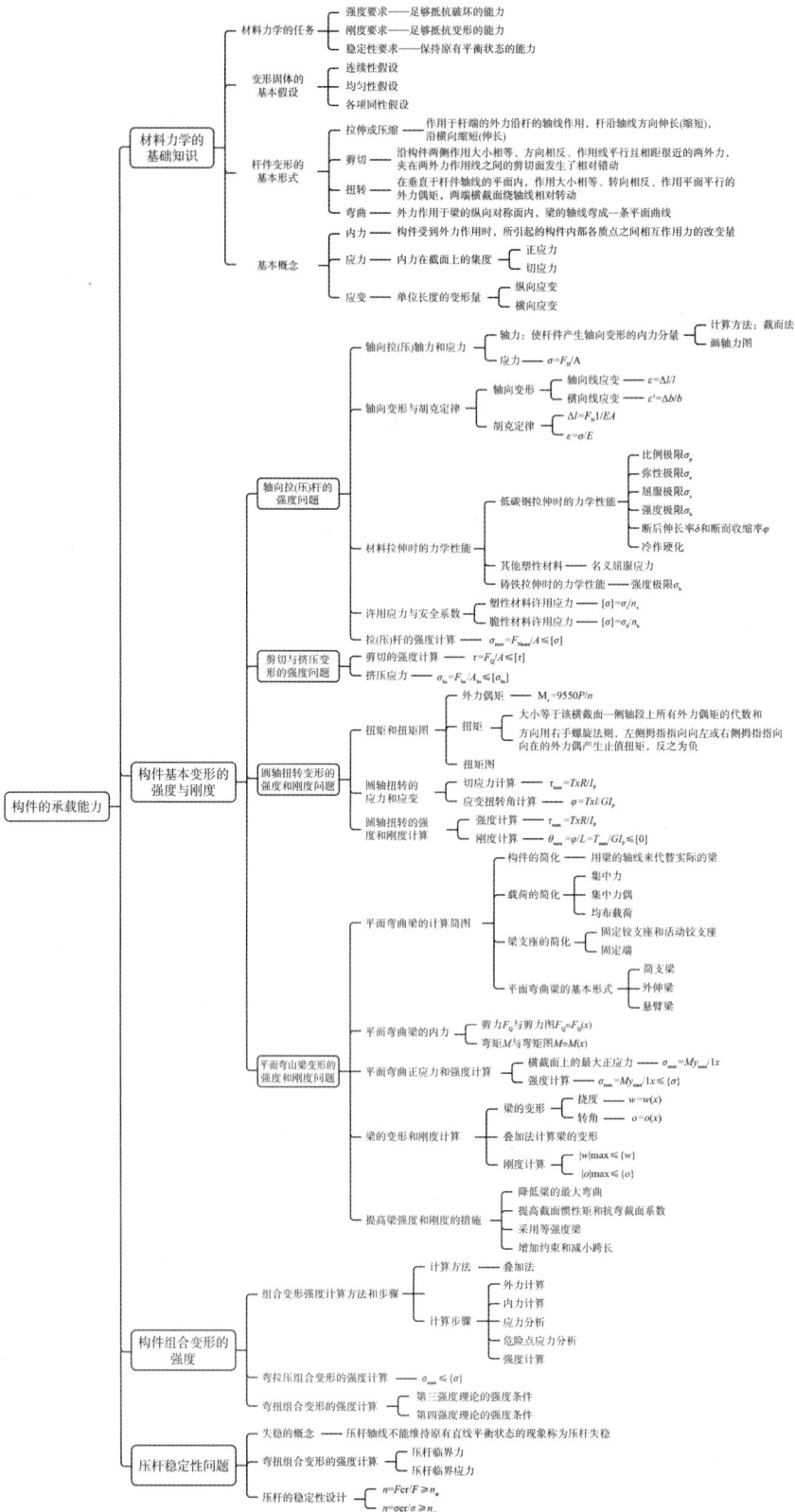

构件的承载能力

材料力学的基础知识

- 材料力学的任务
  - 强度要求——足够抵抗破坏的能力
  - 刚度要求——足够抵抗变形的能力
  - 稳定性要求——保持原有平衡状态的能力
- 变形固体的基本假设
  - 连续性假设
  - 均匀性假设
  - 各项同性假设
- 杆件变形的基本形式
  - 拉伸或压缩——作用于杆端的外力沿杆的轴线作用，杆沿轴线方向伸长(缩短)，沿横向缩短(伸长)
  - 剪切——沿构件两侧作用大小相等、方向相反、作用线平行且相距很近的两外力，夹在两外力作用线之间的剪切面发生了相对错动
  - 扭转——在垂直于杆件轴线的平面内，作用大小相等、转向相反、作用平面平行的外力偶矩，两端横截面绕轴线相对转动
  - 弯曲——外力作用于梁的纵向对称面内，梁的轴线弯曲成一条平面曲线
- 基本概念
  - 内力——构件受到外力作用时，所引起的构件内部各质点之间相互作用力的改变量
  - 应力——内力在截面上的集度
    - 正应力
    - 切应力
  - 应变——单位长度的变形量
    - 纵向应变
    - 横向应变

构件基本变形的强度与刚度

- 轴向拉(压)杆的强度问题
  - 轴向拉(压)轴力和应力
    - 轴力；使杆件产生轴向变形的内力分量
      - 计算方法；截面法
      - 画轴力图
    - 应力——$\sigma=F_N/A$
  - 轴向变形与胡克定律
    - 轴向变形
      - 轴向线应变——$\varepsilon=\Delta l/l$
      - 横向线应变——$\varepsilon'=\Delta b/b$
    - 胡克定律
      - $\Delta l=F_N l/EA$
      - $\varepsilon=\sigma/E$
  - 材料拉伸时的力学性能
    - 低碳钢拉伸时的力学性能
      - 比例极限σ_p
      - 弹性极限σ_e
      - 屈服极限σ_s
      - 强度极限σ_b
      - 断后伸长率δ和断面收缩率φ
      - 冷作硬化
    - 其他塑性材料——名义屈服应力
    - 铸铁拉伸时的力学性能——强度极限σ_b
  - 许用应力与安全系数
    - 塑性材料许用应力——$[\sigma]=\sigma_s/n_s$
    - 脆性材料许用应力——$[\sigma]=\sigma_b/n_b$
  - 拉(压)杆的强度计算——$\sigma_{max}=F_{Nmax}/A\leq[\sigma]$
- 剪切与挤压变形的强度问题
  - 剪切的强度计算——$\tau=F_Q/A\leq[\tau]$
  - 挤压应力——$\sigma_{bs}=F_{bs}/A_{bs}\leq[\sigma_{bs}]$
- 圆轴扭转变形的强度和刚度问题
  - 扭矩和扭矩图
    - 外力偶矩——$M_e=9550P/n$
    - 扭矩——大小等于该横截面一侧轴段上所有外力偶矩的代数和 方向用右手螺旋法则，左侧拇指指向向左或右侧拇指指向向内在的外力偶产生正值扭矩，反之为负
    - 扭矩图
  - 圆轴扭转的应力和应变
    - 切应力计算——$\tau_{max}=T\times R/I_p$
    - 应力扭转角计算——$\varphi=T\times l/GI_p$
  - 圆轴扭转的强度和刚度计算
    - 强度计算——$\tau_{max}=T\times R/I_p$
    - 刚度计算——$\theta_{max}=\varphi/L=T_{max}/GI_p\leq[\theta]$
- 平面弯曲梁变形的强度和刚度问题
  - 平面弯曲梁的计算简图
    - 构件的简化——用梁的轴线来代替实际的梁
    - 载荷的简化
      - 集中力
      - 集中力偶
      - 均布载荷
    - 梁支座的简化
      - 固定铰支座和活动铰支座
      - 固定端
    - 平面弯曲梁的基本形式
      - 简支梁
      - 外伸梁
      - 悬臂梁
  - 平面弯曲梁的内力
    - 剪力F_Q与剪力图$F_Q=F_Q(x)$
    - 弯矩M与弯矩图$M=M(x)$
  - 平面弯曲正应力和强度计算
    - 横截面上的最大正应力——$\sigma_{max}=My_{max}/Ix$
    - 强度计算——$\sigma_{max}=My_{max}/Ix\leq\{\sigma\}$
  - 梁的变形和刚度计算
    - 梁的变形
      - 挠度——$w=w(x)$
      - 转角——$o=o(x)$
    - 叠加法计算梁的变形
    - 刚度计算
      - $|w|max\leq\{w\}$
      - $|o|max\leq\{o\}$
  - 提高梁强度和刚度的措施
    - 降低梁的最大弯曲
    - 提高截面惯性矩和抗弯截面系数
    - 采用等强度梁
    - 增加约束和减小跨长

构件组合变形的强度

- 组合变形强度计算方法和步骤
  - 计算方法——叠加法
  - 计算步骤
    - 外力计算
    - 内力计算
    - 应力分析
    - 危险点应力分析
    - 强度计算
- 弯拉压组合变形的强度计算——$\sigma_{max}\leq\{\sigma\}$
- 弯扭组合变形的强度计算
  - 第三强度理论的强度条件
  - 第四强度理论的强度条件

压杆稳定性问题

- 失稳的概念——压杆轴线不能维持原有直线状态的现象称为压杆失稳
- 弯扭组合变形的强度计算
  - 压杆临界力
  - 压杆临界应力
- 压杆的稳定性设计
  - $n=Fcr/F\geq n_{st}$
  - $n=\sigma cr/\sigma\geq n_{st}$

项目五　材料力学的基础知识

一、任务情境

材料力学是一门研究各种构件的抗力性能的科学，其知识广泛应用于机械、建筑、航空等各个领域。图 5-1 所示为江阴长江大桥中的承力柱、拉杆，图 5-2 所示为海洋石油钻井平台，图 5-3 所示为齿轮传动轴，图 5-4 所示为房屋结构的柱、梁。这些构件的设计、材料形状的选择都是材料力学要解决的问题。

图 5-1　江阴长江大桥承力柱、拉杆

图 5-2　海洋石油钻井平台

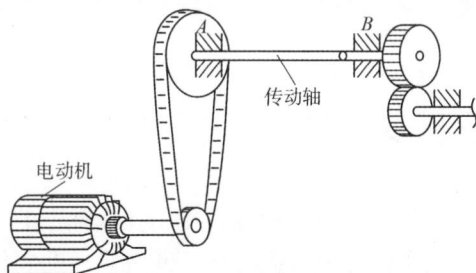

图 5-3　齿轮传动轴

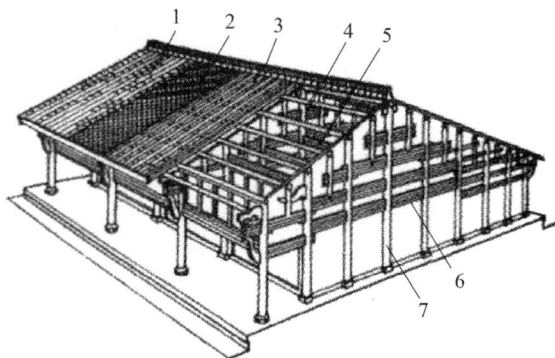

图 5-4　房屋结构的柱、梁

1-瓦；2-竹篾编辑物；3-椽；4-檩；5-斗枋；6-穿枋；7-柱

二、任务学习目标

（一）知识目标

(1) 了解材料力学的基本任务。

(2) 了解变形固体的基本假设。

(3) 掌握杆件变形的基本形式。

(4) 掌握内力和应力的基本概念。

（二）能力目标

(1) 能够正确区分并理解构件承载能力的强度、刚度和稳定性的概念。

(2) 能够根据杆件的受力特点分析其变形形式。

(3) 能够通过截面法分析构件的内力。

（三）素养目标

(1) 从工程事故案例中吸取教训，树立安全第一的工程意识。

(2) 通过力的作用效果的变形效应认识力与变形的关系，激发创新意识。

(3) 通过用截面法分析内力的过程，激发追根溯源的科学热情。

应知应会

一、构件正常工作的基本要求

　　机械或工程结构的基本组成部分统称构件。作用在构件上的外力通常称为载荷。在载荷的作用下，构件发生过大的塑性变形直到破坏，或者突然断裂等，丧失正常工作能力的情况称为失效。为了保证机械或工程结构的正常工作，就必须要求它的每个构件都能正常工作，也就是构件要有足够的承受载荷的能力(简称承载能力)。

构件的承载能力通常满足以下三个基本要求：

(1) 具有足够的强度。构件能够安全地承受所担负的载荷，不致发生断裂或产生严重的永久变形。例如，齿轮传动轴在压力作用下不应折断；桥梁在使用状态下，不应断裂；储气罐或氧气瓶，在规定压力下不应爆破；房屋在正常情况下不应倒塌。可见，强度是指构件在载荷作用下抵抗破坏的能力。

(2) 具有足够的刚度。在载荷作用下，构件的最大变形不超过实际使用中所允许的数值。如果变形过大，即使构件没有破坏，也不能正常工作。例如，机床的主轴，即使它有足够的强度，若变形过大[图 5-5(a)]，将使轴上的齿轮啮合不良，并引起轴承的不均匀磨损[图 5-5(b)]，会影响加工精度。因而，刚度是指构件在外力作用下抵抗变形的能力。

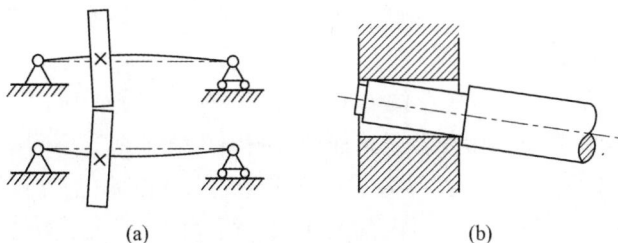

图 5-5 机床主轴

(3) 具有足够的稳定性。当受力时能够保持原有的平衡形式，不至于突然侧偏而丧失承载能力。有些细长杆，如内燃机中的挺杆(图 5-6)、千斤顶中的螺杆等(图 5-7)，在压力作用下，有被压弯的可能。为了保证其正常工作，要求这类杆件始终保持直线形态，也要求原有的直线平衡形态保持不变。所谓稳定性，是指构件保持其原有平衡状态的能力。

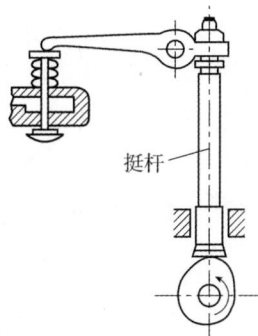

图 5-6 挺杆

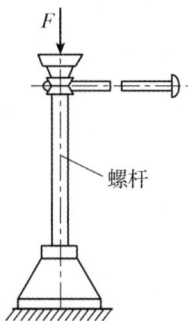

图 5-7 千斤顶

在工程设计中，构件不仅要满足强度、刚度和稳定性的要求，还必须符合经济方面的要求。前者往往要求加大构件的横截面，多用材料，用强度高的材料；而后者却要求节省材料，避免大材小用，优材劣用，尽可能降低成本。因此，安全与经济两者之间是存在矛盾的。

材料力学是研究构件强度、刚度和稳定性的学科。它的任务就是在满足强度、刚度和稳定性的前提下，从经济方面，为构件选择适宜的材料，确定合理的形状和尺寸；同时，为构件设计提供基本理论和计算方法。构件的强度、刚度和稳定性与其所用材料的力学性质有关，而材料的力学性质须通过试验来测定。此外，还有些单靠现有理论解决不了的问题，需借助试验来解决。因此理论分析和试验研究同样重要，它们都是完成材料力学研究的任务所必需的手段。

二、材料力学研究的对象

制造构件的材料，虽然其物质结构与性质是多种多样的，但是其有一个共同的特点，那就是它们都是固体，而且在力的作用下都会变形。因此，各种工程材料所制成的构件可统称为变形固体。变形固体的性质很多，研究的角度不同，侧重面也就不同。变形固体静力学是从宏观的角度来研究问题，因此固体材料微观上的差异便可忽略不计。为建立力学模型，对变形固体特做以下假设。

(1) 均匀连续性假设。假定变形体内部毫无空隙地充满了物质，且各点处的力学性能都是相同的。固体材料都是由微观粒子组成的，材料内部存在着不同程度的孔隙，而且各粒子的性能也不尽相同；同时，材料内部不可避免地存在缺陷(杂质和气孔)。但从宏观的角度研究构件的强度等问题时，材料内部的孔隙与构件的尺寸相比极其微小，且所有粒子的排列又是错综复杂的，所以整个变形体的力学性能从宏观角度看是这些粒子性能的统计平均值，呈均匀性。

(2) 各向同性假设。假定变形体材料内部各个方向的力学性能都是相同的。工程中使用的大部分材料具有各向同性的性能，如多数金属材料。但一些纤维性材料(如木材等)各个方向上的性能显示出各向异性，在此假设基础上得出的结论只能近似地被应用在这类各向异性的材料上。

(3) 弹性小变形。在载荷作用下，构件会产生变形。当载荷不超过一定限度时，卸载后变形就完全消失。这种卸载后能够完全消失的变形称为弹性变形。当卸载超过一定限度时，卸载后只能部分复原，而遗留下一部分不能消失的变形称为塑性变形。我们学习的材料力学主要研究微小的弹性变形问题，称为弹性小变形。由于弹性小变形与构件的原始尺寸相比较是微不足道的，所以在确定构件内力和计算变形时均略去不计，而按构件的原始尺寸进行分析计算。

三、构件的基本形式

实际工程中，构件的几何形状是多种多样的，可分为杆件、板件、块件等几大类。

(一) 杆件

凡长度方向(纵向)尺寸远大于横向(垂直于长度方向)尺寸的构件，称为杆件。杆件的横截面和轴线是杆件两个主要的几何特征。垂直于杆件长度方向的截面称为横截面。轴线是杆件各个横截面形心的连线。轴线(很接近)是一条直线的杆件称为直杆[图 5-8(a)、

图5-8(b)]，轴线有转折的杆件称为折轴杆[图 5-8(c)、图 5-8(d)]，具有弯曲轴线的杆件称为曲杆[图 5-8(e)]。杆件横截面可以是不改变的，称为等截面杆[图 5-8(a)、图 5-8(c)、图 5-8(e)]；也有沿轴线改变横截面的杆件，称为变截面杆[图 5-8(b)、图 5-8(d)]。

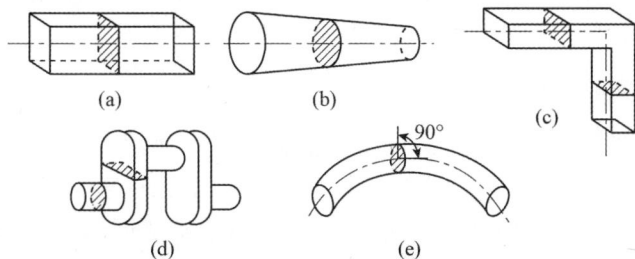

图 5-8　各类杆件

平行于杆件轴线的截面，称为纵截面；既不平行也不垂直于杆件轴线的截面，称为斜截面(图 5-9)。工程实际中的许多构件都可以简化为杆件，如连杆、销钉、传动轴、梁、柱等。还有一些构件(如曲轴的轴颈)虽不是典型的杆件，但在近似计算或进行定性分析时也常简化为杆件。杆件是工程中最常用的构件，材料力学的主要研究对象是直杆。

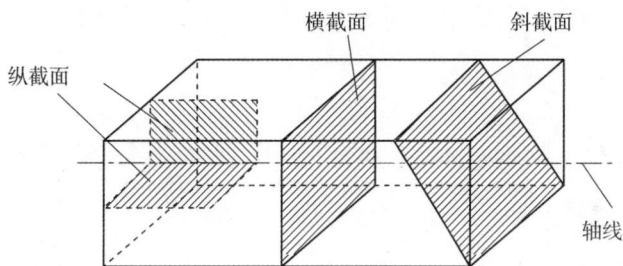

图 5-9　杆件截面

(二) 板件

板件是指厚度比其他两向的尺寸小得多的构件。板件的几何形状可用它在厚度中间的一个面(称为中面)和垂直于该面的厚度来表示。板件的中面如果是平面，称为平板[简称板，如图 5-10(a)所示]；板件的中面如果是曲面，称为壳[(图 5-10(b)]。这类构件在飞机、船舶、建筑物、仪表各种容器和武器里用得较多。

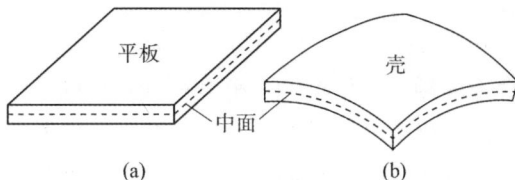

图 5-10　板件

(三) 块件

块件是指各方面的尺寸都差不多的构件，有时体积较大，如机器底座、房屋基础、堤坝等。

四、杆件变形的基本形式

在实际结构中，杆件在外力作用下产生变形的情况很复杂。作用在杆件上的外力情况不同，产生的变形也各异。不过，就其基本形式而言，这些变形可以分为以下四种。

(一) 轴向拉伸或轴向压缩

作用在直杆上的外力如果能简化为沿杆件轴线方向的平衡力系，则杆件的主要变形是长度的改变，这种变形称为轴向拉伸或轴向压缩。例如，起吊重物的钢索，千斤顶的螺杆，紧固螺栓，厂房中的立柱、托架等都会产生轴向拉伸或压缩变形，如托架中的杆件受力后的变形，如图 5-11 所示。

(二) 剪切

剪切是指一对垂直于杆轴线的力，作用在杆的两侧表面上，而且两力的作用线非常靠近，使杆件的两个部分沿力的作用方向发生相对错动，如连接件中的铆钉受力后的变形，如图 5-12 所示。

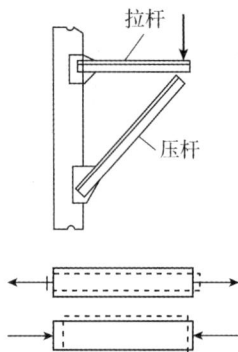

图 5-11　轴向拉伸和压缩变形

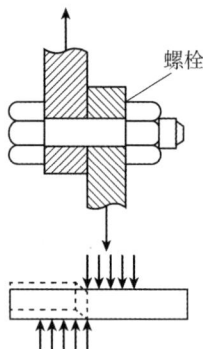

图 5-12　剪切变形

(三) 扭转

扭转是指杆件受一对大小相等、转向相反、作用面垂直杆轴线的力偶的作用，杆件的任意两个横截面绕杆轴线的相对转动，如汽车中的传动轴受力后的变形，如图 5-13 所示。

(四) 弯曲

弯曲是指杆件受垂直于杆轴线的横向力、分布力或作用面通过杆轴线的力偶的作用，杆轴线由直线变为曲线，如单梁吊车的横梁受力后的变形，如图 5-14 所示。

在实际工程中，有些杆件的变形比较简单，只产生上述四种基本变形中的一种。有些杆件的变形则比较复杂，会同时产生两种或两种以上的基本变形，这种情况称为组合变形。例如，车床主轴工作时同时发生弯曲、扭转和压缩三种基本变形，钻床立柱同时发生拉伸和弯曲两种基本变形。

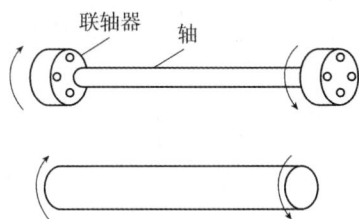

图 5-13　扭转变形

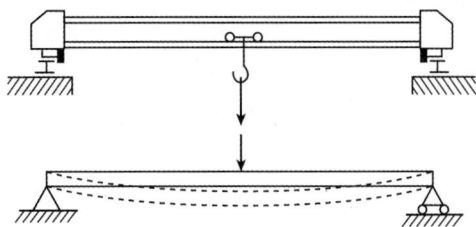

图 5-14　弯曲变形

五、内力、截面法和应力

(一) 内力

物体的内力一般是指构件内部各质点之间相互作用的力。它在构件没有受到外力作用时就已经存在，正是这种内力使得构件内各质点间处于平衡状态并保持一定的时间，使构件维持一定的几何形状。材料力学中所说的内力，是指构件受到外力作用时，构件内部各质点之间相互作用力的改变量，称为附加内力。附加内力随外力的增大而增大，当它达到某一极限值时，构件便发生破坏。因此，内力的分析与计算是研究和解决杆件的强度、刚度和稳定性等问题的基础。材料力学所研究的附加内力，以后均简称内力。

(二) 截面法

截面法是材料力学中求内力的基本方法，是已知构件外力确定内力的普遍方法。

已知杆件在外力作用下处于平衡状态，求 *m-m* 截面上的内力，即求 *m-m* 截面左、右两部分的相互作用力，如图 5-15 所示。

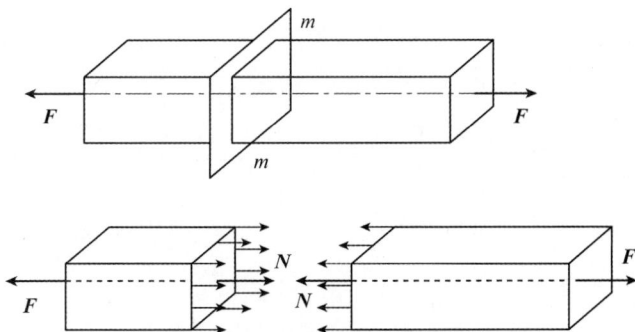

图 5-15　使用截面法求内力

首先，假想地用一截面 *m-m* 把杆件截成两部分，然后取任一部分为研究对象，另一部分对它的作用力，即 *m-m* 截面上的内力 *N*。因为整个杆件是平衡的，所以每一部分也都平衡，那么，*m-m* 截面上的内力必然和相应部分上的外力平衡。由平衡条件就可以确定内力。例如，在左段杆上由平衡方程

$$\Sigma F_x = 0 , \quad N - F = 0$$

可得

$$N = F$$

按照材料连续性假设，*m-m* 截面上各处都有内力作用，所以截面应是一个分布内力系，用截面法确定的内力是该分布内力系的合成结果。这种将杆件用截面假想地切开以显示内力，并由平衡条件建立内力和外力的关系确定内力的方法，称为截面法。

综上所述，截面法可归纳为以下四个步骤。

(1) 截：假想地用一平面 *m-m* 将构件沿指定截面截成两部分。

(2) 取：舍弃一段，保留另一段。

(3) 代：用内力 *N* 代替舍弃段对保留段的作用，即将相应的内力标在保留段的截面上。

(4) 平：对保留段列静力平衡方程，便可求得相应的内力。

(三) 应力

如前所述，用截面法求得的内力是截面上分布内力系向截面形心简化的结果，因此不能确切表达截面上各点受力的强弱。而材料的破坏通常是从受力最大的点处开始的。所以只凭内力的大小不足以判断杆件是否具有足够的强度，要表达截面上某点的受力强弱，必须引入内力集度，即应力的概念。

要了解受力杆件中 *m-m* 截面 *K* 点处分布内力的集度，可围绕 *K* 点取微小面积 ΔA [图 5-16(a)]，ΔA 上分布内力的合力为 ΔF。

ΔF 与 ΔA 的比值为 $P_m = \dfrac{\Delta F}{\Delta A}$，称为平均应力。其中，$P_m$ 是一个矢量，代表在 ΔA 范围内，单位面积上的内力的平均集度。当 ΔA 趋于零时，P_m 的大小和方向都将趋于一定极限，得到 $P = \lim\limits_{\Delta A \to 0} P_m = \lim\limits_{\Delta A \to 0} \dfrac{\Delta F}{\Delta A} = \dfrac{\mathrm{d}F}{\mathrm{d}A}$，$P$ 称为 *K* 点处的全应力。通常把全应力 *P* 分解成垂直于截面的分量 σ 和相切于截面的分量 τ[图 5-16(b)]，σ 称为正应力，τ 称为切应力。

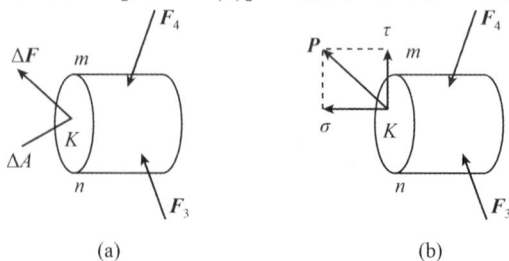

图 5-16　平均应力

应力即单位面积上的内力，表示某截面 $\Delta A \to 0$ 处内力的密集程度。

应力的国际单位为 Pa 或 MPa，且有 $1\mathrm{Pa} = 1\mathrm{N/m^2}$，$1\mathrm{MPa} = 10^6 \mathrm{Pa}$，$1\mathrm{GPa} = 10^9 \mathrm{Pa}$。

应力的工程单位为 $\mathrm{kg/mm^2}$，与国际单位的换算关系为 $1\mathrm{kg/mm^2} = 1\mathrm{MPa}$。

素养园地

纳维——法国力学家、工程师

生平：1785 年 2 月 10 日生于第戎，1836 年 8 月 21 日卒于巴黎。少年时由其舅父、工程师 E. -M. 戈泰(1732—1807)照料。1802 年进入巴黎综合工科学校求学，1804 年毕业后进入桥梁公路学校求学，1806 年毕业。1819 年起在桥梁公路学院讲授应用力学，1830 年起任教授。1824 年被选为法国科学院院士。

贡献：纳维的主要贡献是分别为流体力学和弹性力学建立了基本方程。1821 年，他推广了 L. 欧拉的流体运动方程，考虑了分子间的作用力，从而建立了流体平衡和运动的基本方程。方程中只含有一个黏性常数。

实操练习

1. 杆件变形的基本形式有几种？试各举一例。

2. 材料力学的任务就是在满足强度、_____和_____的要求下，为设计安全、经济的构件提供必要的理论基础和计算方法。

3. 构件承受载荷作用，强度是构件抵抗_____的能力，刚度是构件抵抗_____的能力。

4. 材料力学对变形固体作出的基本假设是_____、_____和_____。

5. 求杆件受力后的内力所用的方法是_____，其步骤为_____、_____、_____、_____。

6. 度量构件内一点处变形程度的两个基本量是_____和_____。

7. 应力是指_____。应力可分为_____和_____。

问题归纳

问题 1：_____

_____

问题 2：_____

_____

问题3:

学习评价

项目五　材料力学的基础知识					
序号	考核内容	考核标准	分值	学生自评 (30%)	学生互评 (30%)	教师评价 (40%)
1	了解材料力学的基本任务，了解变形固体的基本假设，掌握杆件变形的基本形式，掌握内力和应力的基本概念	清楚描述材料力学的基本任务	10			
2		清楚描述变形固体的基本假设	10			
3		准确回答杆件变形的几种基本形式及概念	10			
4		准确回答内力和应力的基本概念	10			
5	能够正确区分并理解构件承载能力的强度、刚度和稳定性的概念，能够根据杆件的受力特点分析变形形式，能够通过截面法分析构件的内力	清楚描述构件承载能力强度、刚度和稳定性的内容	10			
6		能够根据杆件的受力特点分析变形形式	10			
7		能够运用截面法分析构件的内力	10			
8	从工程事故案例中吸取教训，树立安全第一的工程意识；通过用力的作用效果的变形效应认识力与变形的关系，激发创新意识；通过用截面法分析内力的过程，激发追根溯源的科学热情	深刻认识到安全在工程建设中的首要地位，树立安全第一的核心理念，理解并遵守相关的安全法规、标准和规范，确保在工程实践中始终将安全放在首位	10			
9		对力与变形的关系进行深入理解，产生新的思考和观点，提出创新的解决方案，以解决实际工程领域的复杂问题	10			
10		培养对力学现象的好奇心和探究欲望，愿意通过实验和观察来验证和深化对截面法分析内力的理解，激发主动设计实验、收集数据、分析结果的热情，培养科学探究的实践能力	10			
学生自评得分						
学生互评得分						
教师评价得分						

项目六 构件基本变形的强度和刚度

任务描述

一、任务情境

在实际生产和生活中经常看到承受拉伸或压缩的杆件，如液压传动机构中的活塞杆(图 6-1)在油压和工作阻力作用下受拉，桁架中的支杆(图 6-2)受压，托架中的杆件(图 6-3)受力。这些杆件的强度问题是工程中必须解决的问题。

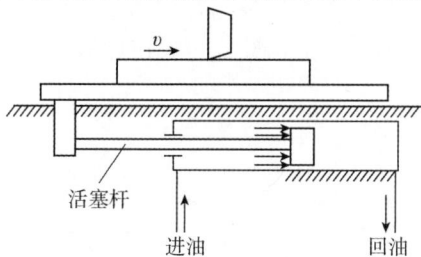

图 6-1 液压传动机构

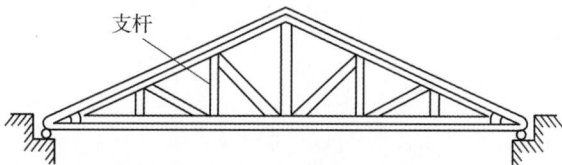

图 6-2 桁架中的支杆

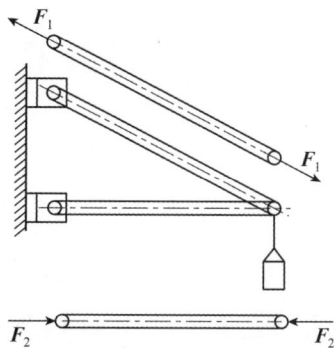

图 6-3 托架中的杆件

二、任务学习目标

(一) 知识目标

(1) 掌握求轴力的方法。

(2) 掌握应力分析和计算的方法。

(3) 掌握胡克定律。

(二) 能力目标

(1) 能够熟练计算轴力和绘制轴力图。

(2) 能够对材料拉、压的力学性能试验进行结果分析。

(3) 能够根据强度计算法则解决实际工程中杆件的强度设计问题。

(三) 素养目标

(1) 通过工程事故案例，树立"安全第一"的工程意识。

(2) 通过材料拉、压力学性能试验培养理论联系实际的能力。

(3) 通过解决杆件的强度设计问题提升创新设计能力。

应知应会

一、轴向拉(压)杆件的外力和内力

(一) 计算简图及力学模型

由项目五中的工程实例可以知道，这些构件所受的合力的作用线都沿着构件的轴线方向，使得构件受到沿着轴线的拉力或压力，而且这些构件几乎都为等截面直杆。如果撇开构件的具体形式和外力作用的方式，把构件及其受力情况加以简化，则可以概括出其典型的受力简图(图 6-4)，即力学模型，以便计算。

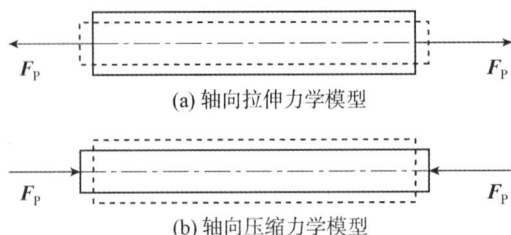

F_P F_P

(a) 轴向拉伸力学模型

F_P F_P

(b) 轴向压缩力学模型

图 6-4　轴向拉(压)的力学模型

根据以上分析，可以归纳出杆件受到轴向拉力或压力时有以下特点：

(1) 构件特点。构件的轴向尺寸远远大于横向尺寸。

(2) 受力特点。外力(外力的合力)沿杆件的轴线作用，且作用线与轴线重合。

(3) 变形特点。杆件主要是沿轴向伸长或缩短，同时沿横向变细或变粗。

(二) 轴向拉(压)杆件的轴力及轴力图

1. 轴力

求解内力的普遍方法是截面法。为了显示轴向拉伸或压缩杆件的内力，以横截面 *m-m* 将一拉杆切为左、右两段(图 6-5)。在分离的横截面上，即有使杆件产生轴向变形的内力分量，称为轴力，用符号 F_N 表示。

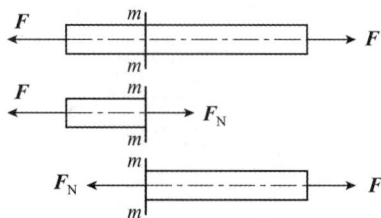

图 6-5 使用截面法求拉杆轴力

现以左段为研究对象，列平衡方程$\sum F_x=0$，即得轴力

$$F_N=F$$

式中，F_N 的作用线与杆的轴线一致，方向如图 6-5 所示。由于在截开截面处，左右两侧截面上的内力互为作用力和反作用力，因此大小相等方向相反。为了表示轴力的方向，区别拉伸与压缩两种变形，对轴力的正、负号规定如下：杆拉伸时的轴力为正号，此时 F_N 背离截面，称作拉力；杠压缩时轴力为负号，此时 F_N 指向截面，称作压力。

2. 轴力图

为了形象直观地表示各横截面轴力的大小，用平行于杆轴线的坐标轴 Ox 表示横截面位置，用垂直于杆轴线的坐标轴表示横截面轴力 F_N 的大小，按选定的比例，把轴力表示在坐标系中，描出的轴力随横截面位置变化的曲线称为轴力图。由轴力图可以确定最大轴力及其所在的截面位置。习惯上将正轴力画在坐标轴的上方，负轴力画在坐标轴的下方。

3. 举例

【例 6-1】一等直杆受力情况如图 6-6(a)所示，试画出其轴力图。

解：(1) 求约束反力。取直杆为研究对象，画出其受力图[图 6-6(b)]。由杆的平衡方程 $\Sigma F_x = 0$，得

$$F_{RA} = 10(\text{kN})$$

(2) 用截面法计算各段的轴力。

AB 段：如图 6-6(c)所示，沿任意截面 1-1 将杆截开，取左段为研究对象，设 1-1 截面上的轴力为 F_{N1}，且 F_{N1} 为正，根据左段的平衡方程$\Sigma F_x = 0$ 有

$$F_{N1} - F_{RA} = 0$$
$$F_{N1} = F_{RA} = 10(\text{kN})$$

BC 段：如图 6-6(d)所示，沿任意截面 2-2 将杆截开，取左段为研究对象，设 2-2 截面上的轴力为 F_{N2}，且 F_{N2} 为正，根据左段的平衡方程 $\Sigma F_x = 0$ 有

$$F_{N2} - F_{R4} - 40 = 0$$
$$F_{N2} = 50(\text{kN})$$

CD 段：如图 6-6(e)所示，沿任意截面 3-3 将杆截开，取右段为研究对象，设 3-3 截面上的轴力为 $\boldsymbol{F}_{N3}$，且 $\boldsymbol{F}_{N3}$ 为正，根据右段的平衡方程 $\Sigma F_x = 0$ 有

$$F_{N3} + 25 - 20 = 0$$
$$F_{N3} = -5(\text{kN})(\text{负号表示压力})$$

DE 段：如图 6-6(f)所示，沿任意截面 4-4 将杆截开，取右段为研究对象，设 4-4 截面上的轴力为 F_{N4}，且 F_{N4} 为正，由右段的平衡方程 $\Sigma F_x = 0$ 有

$$F_{N4} - 20 = 0$$
$$F_{N4} = 20(\text{kN})$$

(3) 绘制轴力图。用平行于杆轴线的坐标表示横截面的位置；用垂直于杆轴线的坐标表示横截面上的轴力 $\boldsymbol{F}_N$，按适当比例将正的轴力绘于横轴上侧，负的轴力绘于横轴下侧，作出杆的轴力图，如图 6-6(g)所示。从图 6-6 中容易看出，*AB* 段、*BC* 段和 *DE* 段受拉，*CD* 段受压，且 $\boldsymbol{F}_{N\max}$ 发生在 *BC* 段内任意横截面上，其值为 50kN。

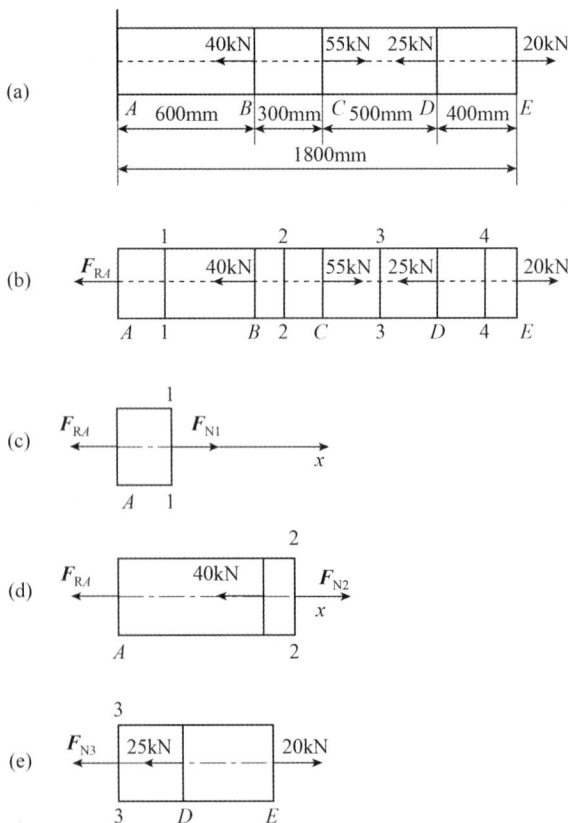

图 6-6　直杆计算简图

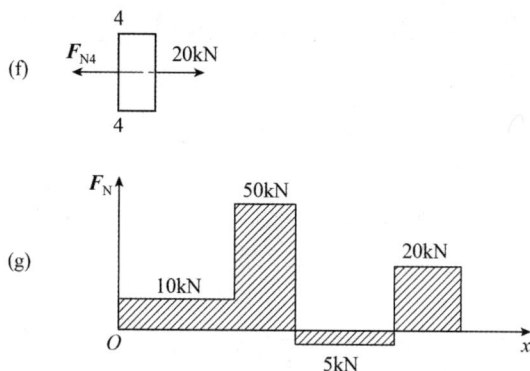

图 6-6 直杆计算简图(续)

二、拉(压)杆横截面的应力计算

(一) 横截面上的应力

横截面上应力分布规律(图 6-7)：横截面上各点仅存在正应力 σ，并沿截面均匀分布。

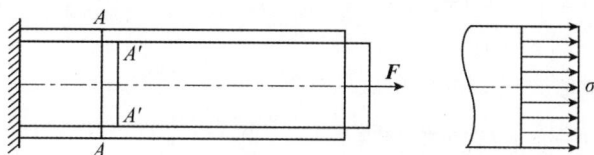

图 6-7 拉杆横截面上应力分布

横截面上正应力的计算公式为

$$\sigma = \frac{F_N}{A} \tag{6-1}$$

式(6-1)适用于横截面为任意形状的等截面杆。

规定：σ 正值为拉应力，σ 负值为压应力。

(二) 斜截面上的应力

如图 6-8 所示，在拉压杆的斜截面上，各点处应力为

$$P_\alpha = \frac{F \cos \alpha}{A} = \sigma \cos \alpha \tag{6-2}$$

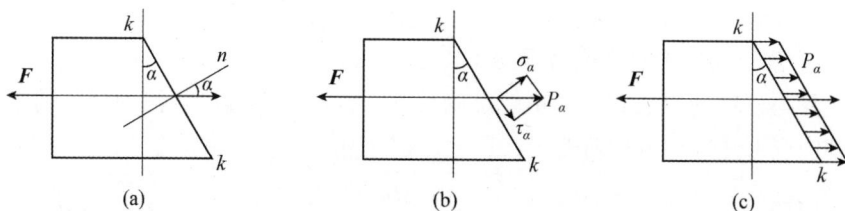

图 6-8 斜截面上的应力分布

将力沿斜截面外法向和切向分解，得到斜截面各点的正应力和切应力：

$$\sigma_\alpha = P_\alpha \cos\alpha = \sigma\cos^2\alpha$$

$$\tau_\alpha = P_\alpha \sin\alpha = \frac{\sigma}{2}\sin 2\alpha$$

$$(6\text{-}3)$$

式中：α——斜截面外法向与杆轴线（x 轴）夹角，其正负号规定为：以 x 轴为始边，方位角 α 为逆时针转向者为正，反之为负。

结论：

当 $\alpha = 0°$ 时，正应力最大，其值为 $\sigma_{\max} = \sigma$。

当 $\alpha = 45°$ 时，切应力最大，其值为 $\tau_{\max} = \dfrac{\sigma}{2}$。

轴向拉伸(压缩)时，杆内最大正应力产生在横截面上，工程中把它作为拉(压)杆强度计算的依据；而最大切应力则产生在与杆轴线成 45° 角的斜截面上，其值等于横截面上正应力的一半。

当 $\alpha = 90°$ 时，$\sigma_\alpha = \tau_\alpha = 0$，说明在平行于杆轴的纵向截面上没有应力存在。

三、轴向变形和胡克定律

(一) 拉压杆的变形

1. 绝对变形(差值=变形后的量-原长)

如图 6-9 所示，设等直杆的原长为 l_0，横向尺寸为 b_0，在轴向外力作用下，纵向伸长到 l_1，横向缩短到 b_1。把拉(压)杆的纵向伸长(缩短)量称为轴向变形，用 Δl 表示，横向缩短(伸长)量用 Δb 表示。Δl、Δb 统称绝对变形。

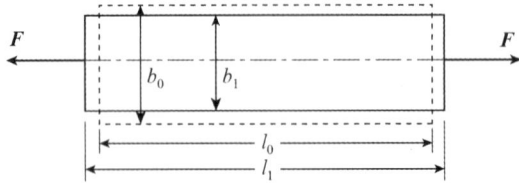

图 6-9   拉压杆的变形

轴向变形 $\qquad\qquad\qquad\qquad \Delta l = l_1 - l_0$

横向变形 $\qquad\qquad\qquad\qquad \Delta b = b_1 - b_0$ $\qquad\qquad$ (6-4)

说明：拉伸时 Δl 为正，Δb 为负；反之，Δl 为负，Δb 为正。

2. 相对变形(比值=绝对变形量/原长)

绝对变形与杆件的原长有关，不能准确反映杆件的变形程度，消除杆长的影响，则得到单位长度的变形量，称为相对变形；用 ε、ε' 表示。

轴向线应变 $\qquad\qquad\qquad\qquad \varepsilon = \dfrac{\Delta l}{l}$

横向线应变 $$\varepsilon' = \frac{\Delta b}{b} \qquad (6\text{-}5)$$

其中，ε 和 ε' 都是无量纲的量，又称线应变。

3. 横向变形系数比 μ

试验表明，在材料的弹性范围内，其横向线应变与轴向线应变的比值为一常数，记作 μ，称为横向变形系数或泊松比。

$$\mu = \left| \frac{\varepsilon'}{\varepsilon} \right| \quad 或 \quad \varepsilon' = -\mu\varepsilon \qquad (6\text{-}6)$$

(二) 胡克定律

试验表明，对于拉(压)杆，当应力不超过某一极限值时，杆的轴向变形 Δl 与轴力 F_N 成正比，与杆长 l 成正比，与横截面面积 A 成反比。这一比例关系称为胡克定律。

胡克定律公式 $$\Delta l = \frac{F_N l}{EA} \qquad (6\text{-}7)$$

将式(6-7)变形可得 $$\varepsilon = \frac{\sigma}{E} \quad 或 \quad \sigma = E\varepsilon \qquad (6\text{-}8)$$

说明：

(1) E——材料的拉(压)弹性模量，其单位为 GPa，可由试验测得，是衡量材料刚度的指标，可通过表 6-1 查得。

表 6-1　几种常用工程材料的 E、μ 值

材料名称	E/GPa	μ
低碳钢	196～216	0.25～0.33
合金钢	186～216	0.24～0.33
灰铸铁	78.5～157	0.23～0.27
铜合金	72.6～128	0.31～0.42
铝合金	70	0.33

(2) EA——杆件的抗拉(压)刚度。

(3) 计算时，在长度 l 内，F_N、A、E 均相等，否则应考虑分段计算。

(4) 在材料的比例极限内，应力与应变成正比。

【例6-2】阶梯形钢杆的计算简图如图6-10所示。已知：AB 段和 BC 段横截面面积 $A_1=200\text{mm}^2$，$A_2=500\text{mm}^2$，钢材的弹性模量 $E=200\text{GPa}$，作用轴向力 $F_1=10\text{kN}$，$F_2=30\text{kN}$，杆长 $l=100\text{mm}$。试求：

(1) 各段横截面上的应力。

(2) 杆件的总变形。

解：(1) 各段横截面上的应力。

① 求杆件各段轴力，画出轴力图。

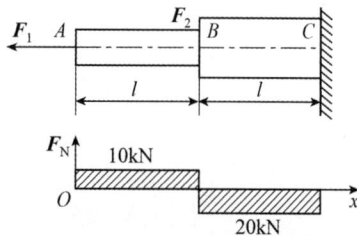

图 6-10　阶梯形钢杆的计算简图

AB 段 $F_{N1} = F_1 = 10(\text{kN})$

BC 段 $F_{N2} = F_1 - F_2 = (10-30)\text{kN} = -20(\text{kN})$

② 求各段杆截面上的应力。

AB 段 $\sigma_1 = \dfrac{F_{N1}}{A_1} = \dfrac{10 \times 10^3}{200} = 50(\text{MPa})$

BC 段 $\sigma_2 = \dfrac{F_{N2}}{A_2} = \dfrac{-20 \times 10^3}{500} = -40(\text{MPa})$

(2) 求杆件的总变形。

由于各段杆长内的轴力不相同，需分段计算，总变形等于各段变形的代数和。

① 求各段杆的变形。

AB 段 $\Delta l_1 = \dfrac{F_{N1} l}{EA_1} = \dfrac{10 \times 10^3 \times 100}{200 \times 10^3 \times 200} = 0.025(\text{mm})$

BC 段 $\Delta l_2 = \dfrac{F_{N2} l}{EA_2} = \dfrac{-20 \times 10^3 \times 100}{200 \times 10^3 \times 500} = -0.02(\text{mm})$

② 杆件的总变形量。

$$\Delta l = \Delta l_1 + \Delta l_2 = 0.025 - 0.02 = 0.005(\text{mm})$$

【例6-3】连接螺栓如图 6-11 所示。已知：内径 $d_1 = 15.3\text{mm}$，被连接部分的总长度 $l=54\text{mm}$，拧紧时螺栓 AB 段的 $\Delta l = 0.04\text{mm}$，钢的弹性模量 $E=200\text{GPa}$，泊松比 $\mu=0.3$。试求螺栓横截面上的正应力及螺栓的横向变形。

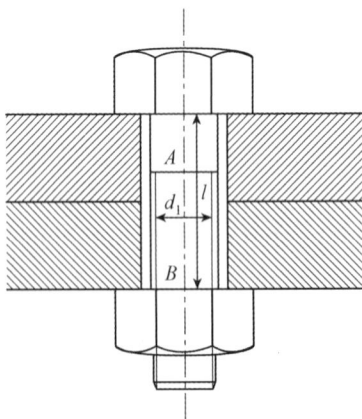

图 6-11   连接螺栓

解： 根据 $\varepsilon = \dfrac{\Delta l}{l}$ 得螺栓的纵向变形为

$$\varepsilon = \frac{\Delta l}{l} = \frac{0.04}{54} = 7.41 \times 10^{-4}$$

将所得 ε 值代入式(6-8)，得螺栓横截面上的正应力：

$$\sigma = E\varepsilon = 200 \times 10^3 \times 7.41 \times 10^{-4} = 148.2(\text{MPa})$$

螺栓的横向应变为 $\varepsilon_1 = -\mu\varepsilon = -0.3 \times 7.41 \times 10^{-4} = -2.223 \times 10^{-4}$

故得螺栓的横向变形：

$$\Delta d = \varepsilon_1 d_1 = -2.223 \times 10^{-4} \times 15.3 = -0.0034(\text{mm})$$

四、材料拉伸和压缩时的力学性能

构件的强度和变形不仅与应力有关，还与材料本身的力学性能有关。因此，对工程中所使用材料的力学性能做进一步的分析是非常必要的。材料的力学性能是指材料在受力和变形过程中所具有的特性指标，它是材料固有的特性，通过试验获得。

工程材料的种类很多，常用材料根据其性能可分为塑性材料和脆性材料两大类。低碳钢和铸铁是这两类材料的典型代表，它们在拉伸和压缩时表现出来的力学性能具有代表性。下面我们主要以低碳钢和铸铁为例介绍塑性材料和脆性材料在常温(指室温)、静载(指加速度缓慢平稳)条件下的力学性能。

(一) 塑性材料在拉伸和压缩时的力学性能

1. 低碳钢拉伸时的力学性能

低碳钢是工程上使用较广的材料，它在拉伸试验中表现出来的力学性能较全面，一般以低碳钢为例研究塑性材料在拉伸时的力学性能。

拉伸试验是研究材料的力学性能时最常用的试验。为便于比较试验结果，试件必须按照国家标准加工成图 6-12 所示的标准试件，其标距有 $l = 10d$ 或 $l = 5d$ 两种规格。

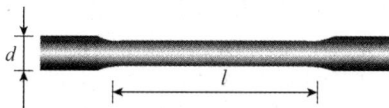

图 6-12　标准试件

试验时，将试件两端装卡在试验机工作台的上、下夹头里，然后对其缓慢加载，直到试件拉断为止。在试件变形过程中，从试验机的示力盘上可以读出一系列拉力 F 的值，同时试验机上附有自动绘图装置，在试验过程中能自动绘出载荷 F 和相应的伸长变形 Δl 的关系，此曲线称为拉伸图或 $F - \Delta l$ 曲线，如图 6-13 所示。拉伸图的形状与试件的尺寸有关。为了消除试件横截面尺寸和长度的影响，将载荷 F 除以试件原来的横截面面积 A，得到应力 σ；将变形 Δl 除以试件原长 l，得到应变 ε。以 σ 为纵坐标、以 ε 为横坐标绘出的曲线称为应力-应变曲线($\sigma - \varepsilon$ 曲线)，如图 6-14 所示。$\sigma - \varepsilon$ 曲线的形状与 $F - \Delta l$ 曲线的形状相似，但又反映了材料本身的特性。下面根据图 6-14 及试验过程中的现象，讨论低碳钢拉伸时的力学性能。

(1) 比例极限(σ_p)。在 $\sigma - \varepsilon$ 曲线中 Oa 段为直线，说明试件的应力与应变成正比关系，材料符合胡克定律 $\sigma = E\varepsilon$。显然，此段直线的斜率与弹性模量 E 的数值相等。直线部分的最高点 a 所对应的应力 σ_p，是材料符合胡克定律的最大应力值，称为材料的比例极限 σ_p。

(2) 弹性极限(σ_e)。当应力超过比例极限后，aa'已不是直线，说明材料不满足胡克定律，但所发生的变形仍然是弹性的。与a'对应的应力σ_e是材料发生弹性变形的极限值，σ_e称为**弹性极限**。比例极限和弹性极限的概念不同，但两者数值非常接近，实际工程中不做严格区分。

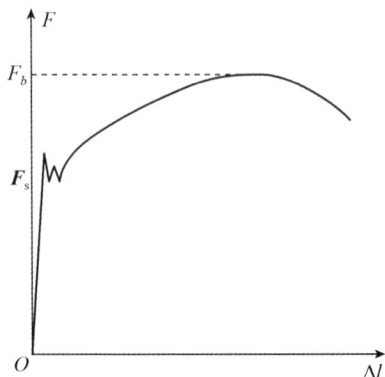

图 6-13　低碳钢拉伸 F-Δl 曲线　　　图 6-14　低碳钢应力-应变曲线($\sigma-\varepsilon$ 曲线)

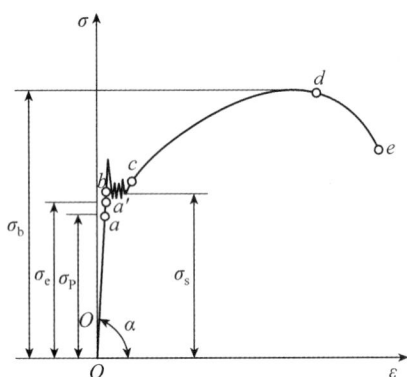

(3) 屈服极限(σ_s)。当应力超过弹性极限后，图形出现一段接近水平的小锯齿形线段 bc，说明此时应力虽有小的波动，但基本保持不变，而应变却迅速增加，这种应力变化不大而变形显著增加的现象称为材料的屈服。屈服阶段除第一次下降的最小应力外的最低应力称为屈服极限，用σ_s表示。这时如果卸去载荷，试件的变形就不能完全恢复，而残留下一部分变形，即塑性变形。表面磨光的试样屈服时，表面将出现与轴线大致成45°倾角的条纹(图 6-15)，这是材料内部相对滑移形成的，称为滑移线。

在实际工程中，一般不允许材料发生塑性变形，所以屈服极限σ_s作为衡量材料强度的重要指标。

(4) 强度极限(σ_b)。经过屈服阶段后，材料又恢复了抵抗变形的能力，这种现象称为材料的强化。对应曲线最高点 d 所受的应力，即试件断裂前能够承受的最大应力值，称为强度极限；用σ_b表示。它是衡量材料强度的另一重要指标。

应力达到强度极限后，试件出现局部收缩，称为颈缩现象，如图 6-16 所示。颈缩处截面积迅速减小，导致试件最后在此处断裂。

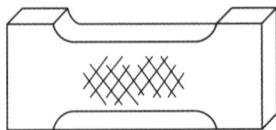

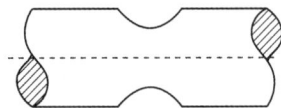

图 6-15　滑移线　　　　图 6-16　颈缩现象

(5) 断后伸长率(δ)和断面收缩率(ψ)。试件拉断后，试件长度由原来的 l 变为 l_1，用百分比表示的比值称为伸长率，用符号 δ 表示。

$$\delta = \frac{l_1 - l}{l} \times 100\% \tag{6-9}$$

原始横截面面积为 A 的试件，拉断后缩颈处的最小截面面积变为 A_1，用百分比表示的比值称为**断面收缩率**，用符号 ψ 表示。

$$\psi = \frac{A - A_1}{A} \times 100\% \tag{6-10}$$

断后伸长率 δ 和断面收缩率 ψ 是衡量材料塑性的重要指标。δ、ψ 值越大，说明材料的塑性越好。断后伸长率 $\delta \geqslant 5\%$ 的材料，称为塑性材料；断后伸长率 $\delta < 5\%$ 的材料，称为脆性材料。

(6) 冷作硬化。试验表明，如果将试件拉伸到强化阶段的某一点 f(图 6-17)，然后缓慢卸载，则应力与应变关系曲线将沿着近似平行于 Oa 的直线回到 g 点，而不是回到 O 点。Og 就是残留下的塑性变形，gh 表示消失的弹性变形。如果卸载后立即再加载，则应力和应变曲线将基本沿着 gf 上升到 f 点，以后的曲线与原来的 $\sigma\text{-}\varepsilon$ 曲线相同。由此可见，将试件拉到超过屈服极限后卸载，然后重新加载时，

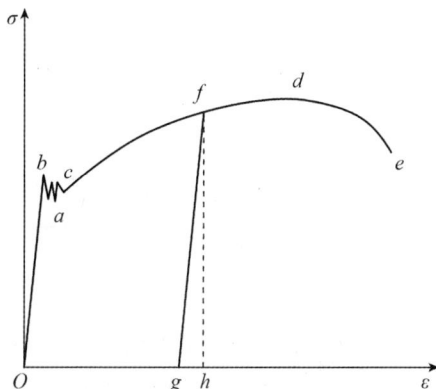

图 6-17　冷作硬化

材料的比例极限有所提高，而塑性变形减小，这种现象称为**冷作硬化**。实际工程中，常用冷作硬化来提高某些构件在弹性阶段的承载能力。例如，起重用的钢索和建筑用的钢筋常通过冷拔工艺来提高强度。

2. 其他塑性材料

其他塑性材料的拉伸试验和低碳钢拉伸试验方法相同，但材料所显示出来的力学性能有很大差异。图 6-18 给出了锰钢、硬铝、退火球墨铸铁和 45 号钢的应力-应变图。这些材料都是塑性材料，但前三种材料没有明显的屈服阶段。对于没有明显屈服阶段的塑性材料，通常规定以产生 0.2% 塑性应变时所对应的应力值作为材料的名义屈服极限，用 $\sigma_{0.2}$ 表示，如图 6-19 所示。

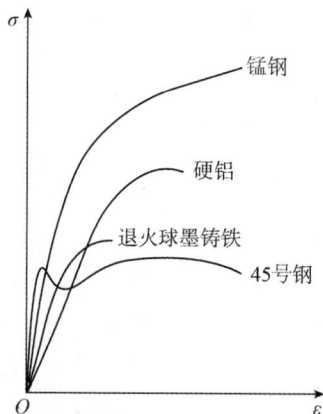

图 6-18　其他塑性材料的应力-应变图

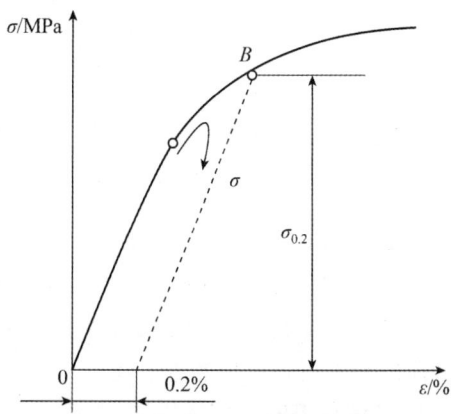

图 6-19　其他塑性材料名义屈服极限

3. 低碳钢压缩时的力学性能

图 6-20 所示为低碳钢压缩的 $\sigma - \varepsilon$ 曲线。其中，虚线是拉伸时的 $\sigma - \varepsilon$ 曲线。

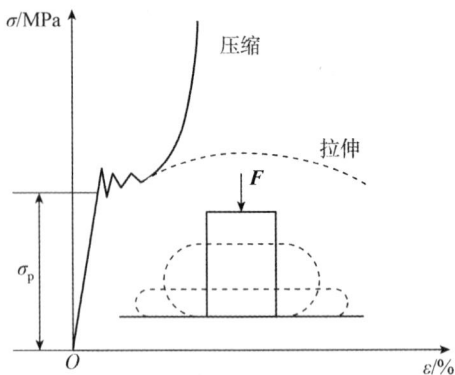

图 6-20　低碳钢压缩的 $\sigma - \varepsilon$ 曲线

由图 6-20 可知，在弹性阶段和屈服阶段，两条曲线基本重合。这表明，低碳钢在压缩时的比例极限 σ_p、弹性极限 σ_e、弹性模量 E 和屈服极限 σ_s 等都与拉伸时基本相同。进入强化阶段后，试件越压越扁，试件的横截面面积显著增大，抗压能力不断提高，试件只会压扁不会断裂，因此，无法测出低碳钢的抗压强度极限 σ_b。所以一般不做低碳钢的压缩试验，而从拉伸试验得到压缩时的主要力学性能。

(二) 脆性材料在拉伸、压缩时的力学性能

1. 铸铁拉伸时的力学性能

铸铁是常用的脆性材料的典型代表。图 6-21 为铸铁拉伸应力-应变图。

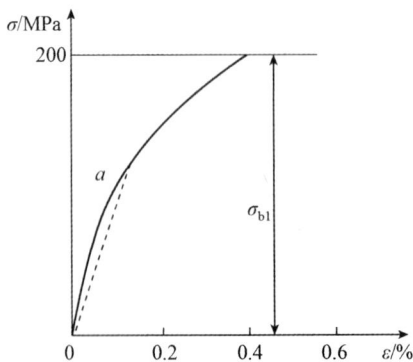

图 6-21　铸铁拉伸时的应力-应变图

由图 6-21 可知，应力-应变曲线没有明显的直线部分，既无屈服阶段，也无缩颈阶段；试件的断裂是突然的。因铸铁构件在实际使用的应力范围内，其应力-应变曲线的曲率很小，实际计算时常近似地以直线(图 6-21 中的虚线)代替，认为近似地符合胡克定律。强度极限 σ_b 是衡量脆性材料拉伸的唯一指标。

2. 铸铁压缩时的力学性能

脆性材料拉伸和压缩时的力学性能显著不同，铸铁压缩时的 $\sigma - \varepsilon$ 曲线如图 6-22 所示。

图中虚线为拉伸时的 $\sigma - \varepsilon$ 曲线。

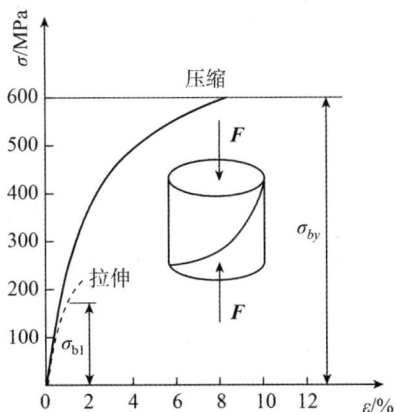

图 6-22　铸铁压缩时的 $\sigma - \varepsilon$ 曲线

由图 6-22 可以看出，铸铁压缩时的 $\sigma - \varepsilon$ 曲线没有直线部分，因此压缩时只是近似地符合胡克定律。铸铁压缩时的强度极限比拉伸时高出 4～5 倍。其他脆性材料，如硅石、水泥等，其抗压强度也显著高于抗拉强度。另外，铸铁压缩时，断裂面与轴线夹角约为 45°，说明铸铁的抗剪能力低于抗压能力。

由于脆性材料塑性差、抗拉强度低，而抗压能力强、价格低廉，宜制作承压构件。铸铁坚硬耐磨，且易于浇铸，广泛应用于铸造机床床身、机壳、底座、阀门等受压配件。因此，其压缩试验比拉伸试验更为重要。

几种常用材料的力学性质见表 6-2。

表 6-2　几种常用材料的力学性质

材料名称	型号	σ_s/MPa	σ_b/MPa	σ_s/%	ψ/%
普通碳素钢	Q235A	235	375～460	25～27	—
优质碳素钢	Q275	275	490～610	21	—
	35	314	529	20	45
	45	353	598	3	40
合金钢	40Cr	785	980	9	45
球墨铸铁	QT600-3	370	600	3	—
灰铸铁	HT150	—	拉 150/压 500～700		

(三) 材料的极限应力、许用应力与安全系数

通过材料的拉伸(压缩)试验可以看到，当正应力达到强度极限 σ_b 时，就会引起断裂；当正应力达到屈服强度 σ_s 时，试件就会产生显著的塑性变形。一般情况下，为保证工程结构正常工作，要求组成结构的每个构件既不断裂，也不产生过大的变形。因此，实际工程中把材料断裂或产生塑性变形时的应力统称为材料的**极限应力**，用 σ^0 表示。

对于脆性材料，因为它没有屈服阶段，在变形很小的情况下就会发生断裂破坏，它只有一个强度指标，即强度极限 σ_b。因此，通常以强度极限作为脆性材料的极限应力，即

$$\sigma^0 = \sigma_b$$

对于塑性材料，由于它一经屈服就会产生很大的塑性变形，构件也就不能恢复它原有的形状了，所以一般取塑性材料的屈服强度作为它的极限应力，即

$$\sigma^0 = \sigma_s$$

为了保证构件正常工作和具有必要的安全储备，必须使构件的工作应力小于材料的极限应力。因此，构件的许用应力$[\sigma]$应该是材料的极限应力σ^0除以一个数值大于1的安全系数n，即

$$[\sigma] = \frac{\sigma^0}{n} \tag{6-11}$$

对于脆性材料

$$[\sigma] = \frac{\sigma_b}{n_b} \tag{6-12}$$

对于塑性材料

$$[\sigma] = \frac{\sigma_s}{n_s} \tag{6-13}$$

安全系数n的取值直接影响许用应力的大小。如果许用应力定得过大，即安全系数偏低，结构物偏于危险；反之，则材料的强度不能充分发挥，造成物质上的浪费。所以，安全系数成为使用材料的安全性与经济性的矛盾中的关键。正确选取安全系数很重要，一般要考虑以下因素：

(1) 材料的不均匀性。

(2) 载荷估算的近似性。

(3) 计算理论及公式的近似性。

(4) 构件的工作条件、使用年限等差异。

安全系数通常由国家有关部门确定，可以在有关规范中查到。目前，在一般静载条件下，脆性材料安全系数可取$n_b = 2 \sim 5$，塑性材料安全系数可取$n_s = 1.2 \sim 2.5$。随着材料质量和施工方法、计算理论和设计方法的不断改进，安全系数的选择将会日趋合理。

五、拉(压)杆的强度计算

杆件中最大应力所在的横截面称为危险截面。为了保证构件具有足够的强度，必须使危险截面的应力不超过材料的许用应力，即

$$\sigma_{max} = \frac{F_{N max}}{A} \leqslant [\sigma] \tag{6-14}$$

式中：F_N——危险截面；

A——截面面积。

式(6-14)称为拉伸或压缩时强度条件公式。

运用强度条件公式可以解决以下三类问题：

(1) 强度校核。已知载荷、杆件的横截面尺寸，用强度条件可校核构件的强度。

(2) 选择横截面尺寸。已知拉(压)杆所受载荷及所用材料，可确定横截面尺寸。此时式(6-14)可改写为

$$A \geqslant \frac{F_{N\max}}{[\sigma]} \tag{6-15}$$

(3) 确定许可载荷。已知拉(压)杆的横截面尺寸和材料的许用应力，可确定杆件所能承受的最大轴力。此时式(6-14)可改写为

$$F_{N\max} \leqslant A[\sigma] \tag{6-16}$$

根据轴力 F_N 确定杆件所能承受的载荷，即许可载荷。

下面举例说明上述三类问题的解决方法。

【例6-4】钢木构架如图6-23(a)所示。BC 杆为钢制圆杆，AB 杆为木杆。若 $F=10kN$，木杆 AB 的横截面面积为 $A_1 =10000mm^2$，许用应力 $[\sigma_1]=7MPa$；钢杆 BC 的横截面面积为 $A_2 =600mm^2$，许用应力 $[\sigma_2]=160MPa$。试校核两杆的强度。

解： (1) 确定两杆的内力。由节点 B 的受力图[图6-23(b)]列出静力平衡方程：

$$\Sigma F_{By} = 0, F_{BC} \sin 30° - F = 0$$

得

$$F_{BC} = 2F = 20(kN)$$

$$F_{Bx} = 0, F_{AB} - F_{BC} \cos 30° = 0$$

得

$$F_{AB} = \sqrt{3}F = 17.3(kN)$$

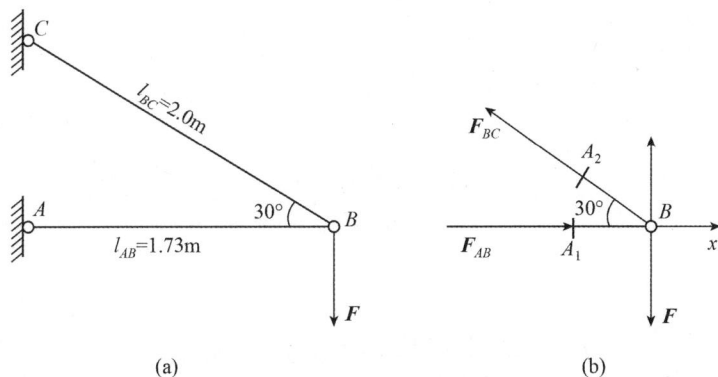

图6-23 钢木构架计算简图

(2) 对两杆进行强度校核。

$$\sigma_{AB} = \frac{F_{AB}}{A_1} = \frac{17.3 \times 10^3}{1 \times 10^4} = 1.73 (\text{MPa}) < [\sigma_1] = 7 (\text{MPa})$$

$$\sigma_{BC} = \frac{F_{BC}}{A_2} = \frac{20 \times 10^3}{600} = 3.33 (\text{MPa}) < [\sigma_2] = 160 (\text{MPa})$$

由上述计算可知，两杆内的正应力都远低于材料的许用应力，强度尚没有充分发挥。因此，悬吊物的重量还可以增加。

【例 6-5】一悬臂吊车如图 6-24(a) 所示。已知：起重小车自重 G=5kN，起重量 F=15kN，拉杆 BC 用 QA235 钢制成，许用应力 $[\sigma]$=170MPa。试选择拉杆直径 d。

解：(1) 计算拉杆的轴力。当小车运行到 B 点时，BC 杆所受的拉力最大，必须在此情况下求拉杆的轴力。取 B 点为研究对象，其受力图如图 6-24(b) 所示。

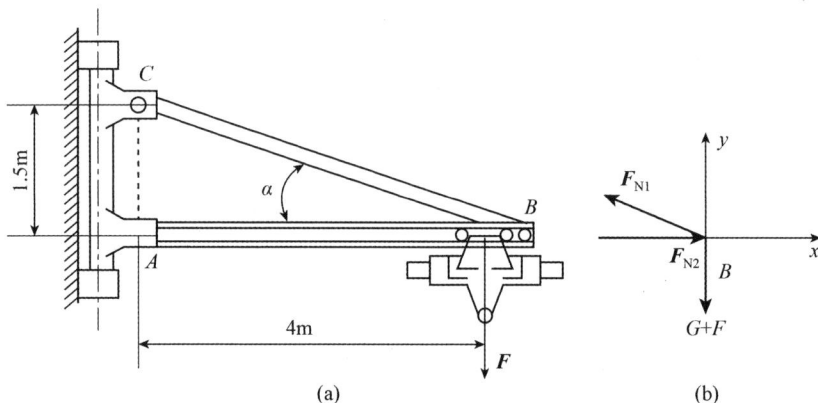

图 6-24　悬臂吊车计算简图

由平衡条件

$$\Sigma F_y = 0, \quad F_{N1} \sin \alpha - (G + F) = 0$$

得

$$F_{N1} = \frac{G + F}{\sin \alpha}$$

在 $\triangle ABC$ 中

$$\sin \alpha = \frac{AC}{BC} = \frac{1.5}{\sqrt{(1.5^2 + 4^2)}} = \frac{1.5}{4.27}$$

代入上式得

$$F_{N1} = \frac{(5 + 15) \times 10^3}{\dfrac{1.5}{4.27}} = 56933 = 56.9 (\text{kN})$$

(2) 选择截面尺寸。由式(6-15)得

$$A \geqslant \frac{F_{N1}}{[\sigma]} = \frac{56.9}{170} = 334(\text{mm}^2)$$

圆截面面积 $A = \frac{\pi}{4}d^2$，所以拉杆直径

$$d \geqslant \sqrt{\frac{4A}{\pi}} = \sqrt{\frac{4 \times 334}{3.14}} = 20.6(\text{mm})$$

可取 $d = 21\text{mm}$。

【例 6-6】起重机吊重物时受力图如图 6-25(a)所示，BC 杆由绳索 AB 拉住，若绳索的截面面积为 5cm^2，材料的许用应力$[\sigma]$=40MPa。试求起重机能安全吊起的载荷大小。

解： (1) 求绳索所受的拉力 $\boldsymbol{F}_{NAB}$ 与 $\boldsymbol{F}$ 的关系。

用截面法，将绳索 AB 截断，并绘出图 6-25(b)所示的受力图。

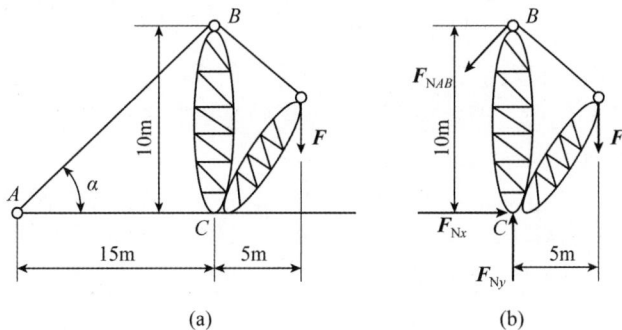

(a)　　　　　　　　　(b)

图 6-25　起重机计算简图

$$\sum M_Q(F) = 0, \quad F_{NAB}\cos\alpha \cdot 10 - F \cdot 5 = 0$$

将 $\cos\alpha = \dfrac{15}{\sqrt{10^2 + 15^2}}$ 代入上式得

$$F_{NAB} \cdot \frac{15}{\sqrt{10^2 + 15^2}} \times 10 - F \cdot 5 = 0$$

即

$$F_{\max} = 1.67 F_{NAB}$$

(2) 根据绳索 AB 的许用应力，求起吊的最大载荷：

$$F_{NAB\max} \leqslant A[\sigma] = 5 \times 10^2 \times 40 = 20 \times 10^3(\text{N})$$

$$F_{\max} = 1.67 F_{NAB} = 1.67 \times 20 = 33.4(\text{kN})$$

即起重机安全起吊的最大载荷为 33.4kN。

素养园地

罗伯特·胡克——英国科学家、博物学家、发明家

生平：1635 年出生于英格兰怀特岛的弗雷斯沃特村，1703 年 3 月 3 日卒于伦敦。从小体弱多病但却心灵手巧，酷爱摆弄机械，自制过木钟、可以开炮的小战舰等。1653 年到牛津大学做工读生，1663 年获硕士学位。1655 年成为玻意耳的助手，由于他的实验才能，1662 年被任命为皇家学会的实验主持人，为每次聚会安排 3～4 个实验。1663 年被选为皇家学会正式会员，又兼任了学会陈列室管理员和图书管理员。1665 年任格雷姆学院几何学教授，1667—1683 年任学会秘书并负责出版会刊。

贡献：胡克是 17 世纪英国杰出科学家之一。他在力学、光学、天文学等多方面都取得了重大成就。他所设计和发明的科学仪器在当时是无与伦比的。他本人被誉为英国的"双眼和双手"。胡克在力学方面的贡献尤为卓著，他建立了弹性体变形与力成正比的定律，即胡克定律。他还同惠更斯各自独立发现了螺旋弹簧的振动周期的等时性等。

实操练习

1. 轴向拉伸和压缩杆件的受力特点是_____，变形特点是_____。

2. 某材料的 σ-ε 曲线如图 6-26 所示，完成下列各题。

(1) 屈服极限 σ_s=_____MPa。

(2) 强度极限 σ_b=_____MPa。

(3) 弹性模量 E=_____GPa。

(4) 强度计算时，若取安全系数为 2，那么材料的许用应力 $[\sigma]$=_____MPa。

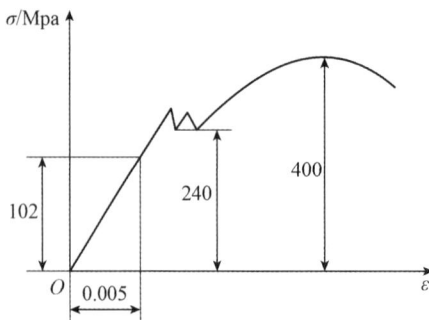

图 6-26　题 2 图

3. 低碳钢屈服时，在 45°方向上出现滑移线，这是由_____引起的。

4. 在式 $\sigma=E\varepsilon$ 中，比例系数 E 称为材料的拉压_____。不同材料的 E 值不同，它反映某种材料抵抗变形的能力，在其他条件相同时，$E\varepsilon$ 越大，杆件的变形_____。

5. 构件工作应力的最高极限叫作_____，材料能承受的最大应力叫作材料的_____。

6. 如图 6-27 所示，已知：杆的横截面积 $A=10\text{mm}^2$，则 $\sigma_{max}=$_____。当 $x=$_____时，杆的长度不变。

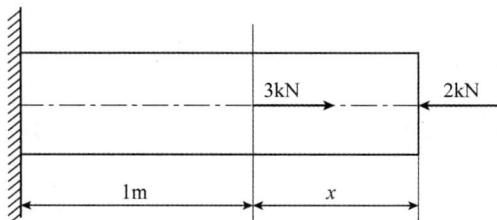

图 6-27　题 6 图

7. 现有钢、铸铁两种棒材，其直径相同。从承载能力和经济效益两方面考虑，图 6-28 所示结构中两杆的合理选材方案是：

(1) 1 杆为_____。

(2) 2 杆为_____。

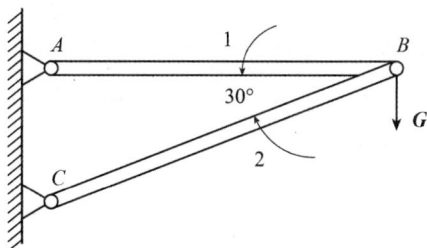

图 6-28　题 7 图

8. 轴向拉伸杆，正应力最大的截面和剪应力最大的截面(　　)。

　　A. 分别是横截面，45°斜截面　　　　B. 都是横截面

　　C. 分别是 45°斜截面，横截面　　　　D. 都是 45°斜截面

9. 一等直拉杆在两端承受拉力作用，若其一半为钢，另一半为铝，则两段的(　　)。

　　A. 应力相同，变形相同　　　　　　　B. 应力相同，变形不同

　　C. 应力不同，变形相同　　　　　　　D. 应力不同，变形不同

10. 用三种不同材料制成尺寸相同的试件，在相同的试验条件下进行拉伸试验，得到的应力-应变曲线如图 6-29 所示。比较 3 条曲线，可知拉伸强度最高、弹性模量最大、塑性最好的材料分别是(　　)。

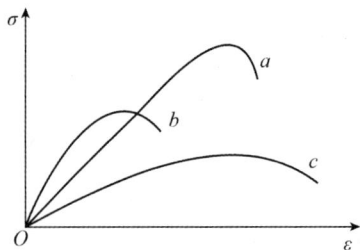

图 6-29　题 10 图

A. a、b、c　　　　B. b、c、a　　　　C. b、a、c　　　D. c、b、a

11. 关于铸铁力学性能有以下两个结论：①抗剪能力比抗拉能力差；②压缩强度比拉伸强度高。其中(　　)。

A. ①正确，②不正确　　　　　　　　B. ①不正确，②正确

C. ①②都正确　　　　　　　　　　　D. ①②都不正确

12. 作为脆性材料的极限应力是强度极限。　　　　　　　　　　　　　　　　(　　)

13. 胡克定律的适用范围是应力不超过比例极限。　　　　　　　　　　　　　(　　)

14. 若轴向拉伸等直杆选用同种材料，三种不同的截面形状——圆形、正方形、空心圆，则三种情况的材料用量相同。　　　　　　　　　　　　　　　　　　　　(　　)

15. 作用在杆上的载荷如图 6-30 所示，画出其轴力图，并求截面 1-1、截面 2-2、截面 3-3上的轴力。

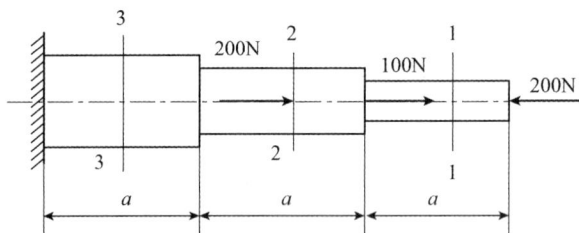

(a)

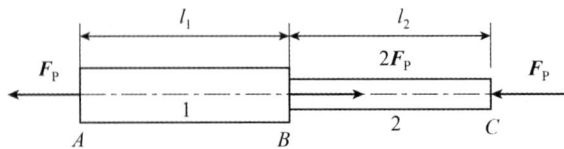

(b)

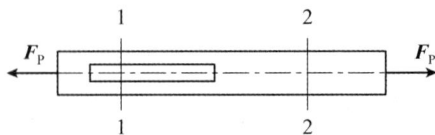

(c)

图 6-30　题 15 图

16. 画出图 6-31 所示各杆件的轴力图。

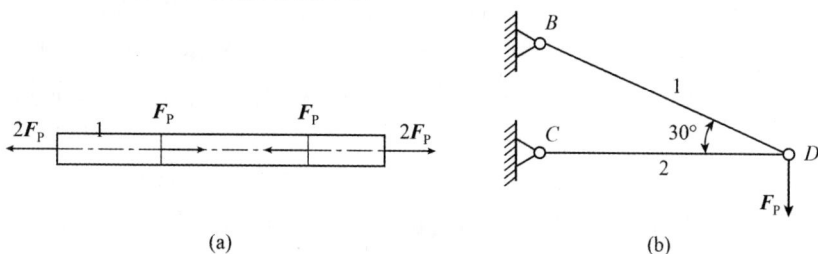

(a)　　　　　　　　　　　　(b)

图 6-31　题 16 图

17. 如图 6-32 所示，一阶梯杆受轴向力 F_1=25kN，F_2=40kN，F_3=15kN 的作用，杆的各段截面面积 A_1=A_3=400mm^2，A_2=250mm^2。试求杆的各段横截面上的正应力。

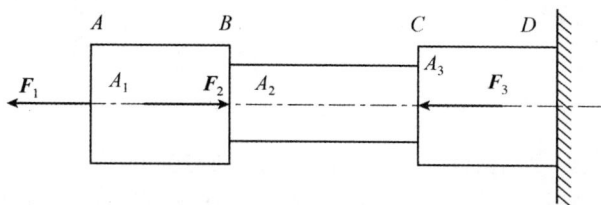

图 6-32　题 17 图

18. 某零件受拉力 F=40kN 作用，其尺寸如图 6-33 所示。试求此零件的最大拉应力。

19. 厂房立柱如图 6-34 所示，已知：立柱受屋顶作用的载荷 F_1=120kN，受到吊车作用的载荷 F_2=100kN，立柱弹性模量 E=18GPa，立柱各段长度 l_1=3m，l_2=7m，横截面面积 A_1=400cm^2，A_2=600cm^2。试求：

(1) 立柱各段横截面上的应力。

(2) 立柱的绝对变形 Δl。

(3) 立柱各段的轴向线应变。

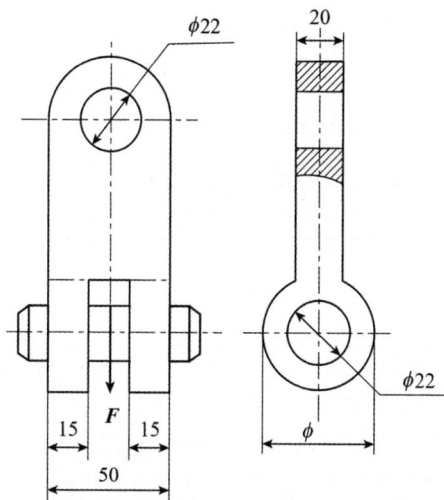

图 6-33　题 18 图

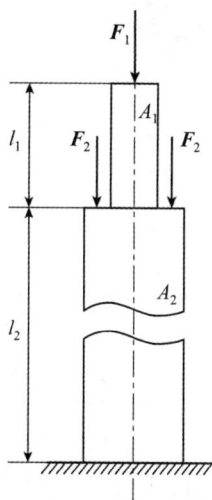

图 6-34　题 19 图

20. 图 6-35 所示为一支架，在节点 B 处悬挂一重为 G=20kN 的重物，杆 AB 及 BC 均为圆截面钢制件。已知：杆 AB 的直径为 d_1=20mm，杆 BC 的直径为 d_2=40mm，杆的许用应力[σ]=160MPa。试校核支架的强度。

21. 如图 6-36 所示，AB 杆为钢杆，已知：其横截面面积为 A_1=600mm²，许用应力[σ]$_{AB}$=140MPa；BC 杆为木杆，其横截面面积为 A_2=3×10⁴mm²，许用应力[σ]$_{BC}$=3.5MPa。试求 G 的许可重量。

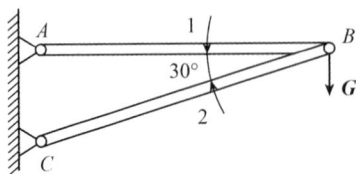

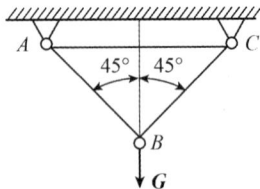

图 6-35　题 20 图　　　　　　　图 6-36　题 21 图

22. 图 6-37 所示为硬铝试件，已知：h=2mm，b=20mm，试验段长 L=70mm，在轴向拉力 F=6kN 作用下，测得试验段伸长 ΔL=0.15mm，板宽缩短 Δb=0.014mm。试计算硬铝的弹性模量 E 和泊松比 μ。

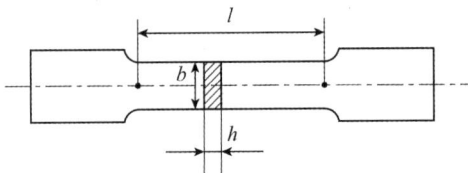

图 6-37　题 22 图

问题归纳

问题 1：

问题 2：

问题 3：

学习评价

		项目六 构件基本变形的强度和刚度				
		任务一 轴向拉(压)杆的强度				
序号	考核内容	考核标准	分值	学生自评(30%)	学生互评(30%)	教师评价(40%)
1	掌握求轴力的方法，掌握应力分析和计算方法，掌握胡克定律	准确回答内力的概念	10			
2		准确回答轴力的概念	10			
3		清楚描述截面上应力的计算方法	10			
4		清楚描述胡克定律	10			
5	能够熟练计算轴力和绘制轴力图，能够通过材料拉(压)时的力学性能试验进行结果分析，能够根据强度计算法则解决工程实际中杆件的强度设计问题	能够熟练计算轴力和绘制轴力图	10			
6		能够通过材料拉(压)时的力学性能试验进行结果分析	10			
7		能够根据强度计算法则解决实际工程中杆件的强度设计问题	10			
8	通过工程事故案例中，树立"安全第一"的工程意识；通过材料拉(压)力学性能试验，培养理论联系实际的能力；通过解决杆件的强度设计问题提升创新设计能力	能够深入理解工程安全的重要性，认识到安全事故对个人、家庭、社会乃至国家的巨大影响	10			
9		能够将所学的材料力学理论知识应用于实际生活，解决实际问题，培养通过观察和试验来验证理论知识的习惯，提高实践操作能力	10			
10		从杆件强度设计的角度出发，提出新颖、独特的设计方案，培养创新思维能力，关注行业前沿，探索新技术、新材料在杆件强度设计中的应用，拓宽创新视野	10			
	学生自评得分					
	学生互评得分					
	教师评价得分					

任务二 | 剪切与挤压变形的强度

任务描述

一、任务情境

在工程机械中常用的连接件，如铆钉(图 6-38)、钢板(图 6-39)、销钉(图 6-40)和键(图 6-41)等，都是承受剪切的零件。这些连接件在剪切的同时伴随挤压的发生，它们的剪切和挤压强度问题是实际工程中需要解决的。

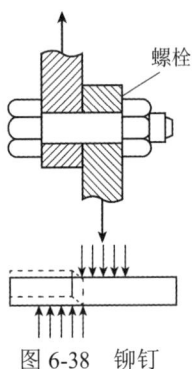

图 6-38　铆钉

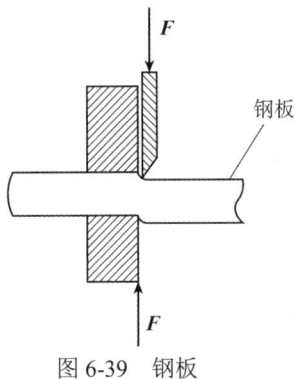

图 6-39　钢板

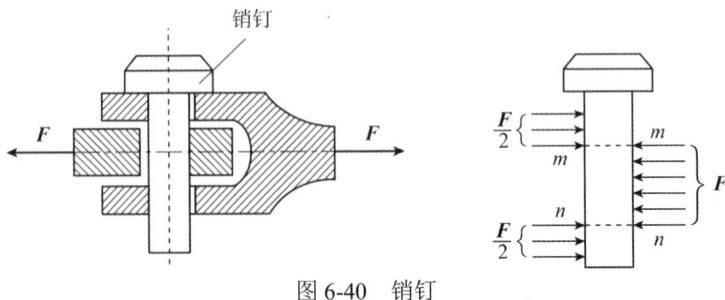

图 6-40　销钉

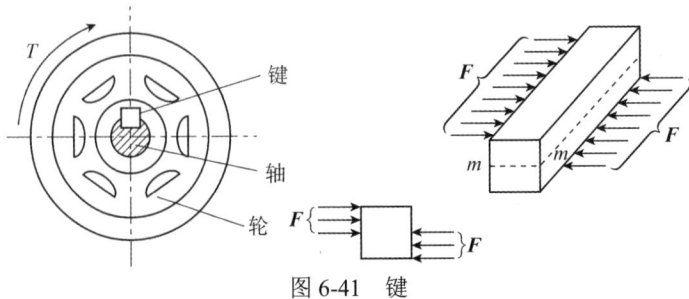

图 6-41　键

二、任务学习目标

(一) 知识目标

(1) 掌握实际工程中连接件受剪切与挤压的特点。

(2) 掌握剪切与挤压的实用计算法。

(二) 能力目标

(1) 能够根据连接件的受力情况分析可能的强度失效形式。

(2) 能够进行不同类型的连接件的剪切面和挤压面面积的计算。

(3) 理解设计合理尺寸的意义。

(三) 素养目标

(1) 通过工程事故案例,体会工程设计人员的责任与使命。

(2) 通过剪切与挤压实用计算,认识到解决复杂的问题时往往需要简单化。

(3) 对比任务一的学习思路,采用对照法进行学习。

应知应会

一、剪切的实用计算

图 6-42 所示为用铆钉连接的两块钢板。当钢板受外力作用时,铆钉横向受到两块钢板的作用力 F 作用,铆钉在这对力的作用下,上下两部分将沿与外力作用线平行的截面 $m-m$ 发生相对错动。在这样一对大小相等、方向相反、作用线相隔很近的外力(外力的合力)的作用下,构件截面沿着力的作用线方向发生相对错动的变形称为**剪切变形**。在变形过程中,产生相对错动的截面(如 $m-m$)称为**剪切面**。它位于方向相反的两个外力作用线之间,且平行于外力作用线。

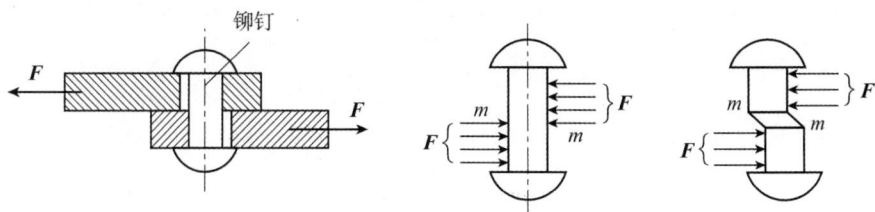

图 6-42　用铆钉连接的两块钢板

为了对连接件进行剪切强度计算,必须先计算剪切面上的内力。应用截面法,可得剪切面 m-m 上的内力,即剪切力 F_Q(图 6-43),由平衡方程容易求得

$$F_Q = F \tag{6-17}$$

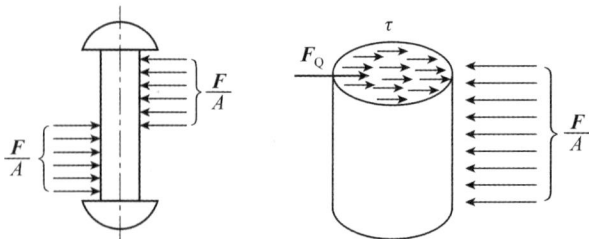

图 6-43　铆钉剪切面上的内力

剪切面上有切应力 τ 存在。切应力在剪切面上的分布情况比较复杂，在工程中通常采用以试验、经验为基础的实用计算法来计算。**实用计算法**即假定剪力在剪切面上的分布是均匀的。所以，切应力可按下式计算

$$\tau = \frac{F_Q}{A} \tag{6-18}$$

式中：F_Q——剪切面上的剪力，N；

A——剪切面面积，mm^2。

为了保证构件在工作时不发生剪切破坏，必须使构件的工作切应力小于或等于材料的许用切应力，即**剪切的强度条件**为

$$\tau = \frac{F_Q}{A} \leqslant [\tau] \tag{6-19}$$

式中：$[\tau]$——材料的许用切应力，是用试验得出的抗剪强度 τ_b 除以安全因数确定的。工程上常用材料的许用切应力可从有关设计手册中查得。

与轴向拉伸与压缩的强度计算相类似，剪切强度条件也可用来解决强度计算的三类问题：校核强度、设计截面和确定许可载荷。

虽然切应力是假定计算，但是在剪切强度条件下，工作切应力 τ 和抗剪强度 τ_b 是在相似条件(在测试极限应力时，使试件的受力情况尽可能与构件的实际承载情况相同)下，用同样的公式计算出来的，所以使用实用计算法算得的结果基本上符合实际情况，并且在强度计算时考虑了适当的安全储备，此计算方法是可靠的，在工程上得到了广泛应用。

二、挤压的实用计算

连接件除了承受剪切外，还在连接件和被连接件的相互接触面上产生局部承压，称为**挤压**，如图 6-44(a)所示。相互接触面称为**挤压面**，用 A_{bs} 表示；作用在接触面上的压力称为**挤压力**，用 F_{bs} 表示。挤压力垂直于挤压面。

判断剪切面和挤压面应注意：剪切面是构件的两部分有发生相互错动趋势的平面，挤压面是构件相互压紧部分的表面。

在挤压面上，由挤压力引起的应力称为挤压应力，用 σ_{bs} 表示。挤压应力在挤压面上的分布很复杂，和剪切一样，也采用实用计算法，即认为挤压应力在挤压面上的分布是均匀的。故挤压应力为

$$\sigma_{bs} = \frac{F_{bs}}{A_{bs}} \tag{6-20}$$

式中：F_{bs}——挤压力，N；

A_{bs}——挤压面积，mm^2。

挤压面积 A_{bs} 的计算方法要根据接触面的具体情况而定：

当接触面为平面时(如连接齿轮与轴的键)时，接触面的面积就是其挤压面积，即

$$A_{bs} = \frac{hl}{2} \tag{6-21}$$

当接触面近似圆柱面时(如螺栓、铆钉等与孔间的接触面)，挤压应力的分布情况如图 6-44(b)所示，最大应力在圆柱面的中点。在实用计算中，用圆孔或圆钉的直径平面面积 $d\delta$[图 6-44(c)中画阴影线的面积]除以挤压力 F_{bs}，则所得应力大致与实际最大应力接近。所以对于螺栓、铆钉等与孔的接触面的挤压面积计算公式为

$$A_{bs} = d\delta \tag{6-22}$$

式中：d——螺栓直径，mm；

δ——钢板厚度，mm。

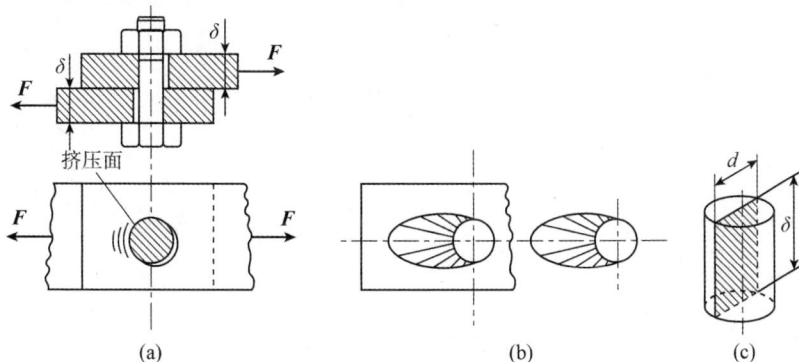

图 6-44　螺栓受力

在实际工程中，往往挤压破坏使连接松动而不能正常工作。因此，除了进行剪切强度计算外，还要进行挤压强度计算。挤压强度条件为

$$\sigma_{bs} = \frac{F_{bs}}{A_{bs}} \leqslant [\sigma_{bs}] \tag{6-23}$$

式中：$[\sigma_{bs}]$——材料的许用挤压应力，其数值由试验确定，设计时可查有关手册。

注意：如果两个相互挤压构件的材料不同，则应对材料挤压强度较小的构件进行计算。

【例6-7】图6-45(a)所示的齿轮用平键与轴连接(齿轮未画出)。已知：轴的直径 $d = 70mm$，键的尺寸 $b \cdot h \cdot l = 20mm \times 12mm \times 100mm$，传递的扭矩 $M_e = 2kN \cdot m$，键的许用应力

$[\tau] = 60\text{MPa}$ ， $[\sigma_{bs}] = 100\text{MPa}$ 。试校核键的强度。

解： (1) 计算作用在键上的力。取轴与键一起作为研究对象，其受力如图 6-45(a)所示。由平衡条件 $\Sigma M_O = 0$ ，得

$$F = \frac{2M_e}{d} = \frac{2 \times 2}{0.07} = 57.14\text{(kN)}$$

(2) 校核剪切强度。键的受力如图 6-45(b)所示。由截面法得 $n-n$ 剪切面上的剪力 F_Q 为

$$F_Q = F$$

键的剪切面积为

$$A = bl = 20 \times 100 = 2000\text{(mm}^2\text{)}$$

按切应力公式[式(6-18)]得

$$\tau = \frac{F_Q}{A} = \frac{57.14 \times 10^3}{2 \times 10^3} = 28.57\text{(MPa)} < [\tau] = 60\text{(MPa)}$$

故此键满足剪切强度条件。

(3) 校核挤压强度。如图 6-45(c)所示，右侧面上的挤压力为

$$F_{bs} = F = 57.14\text{(kN)}$$

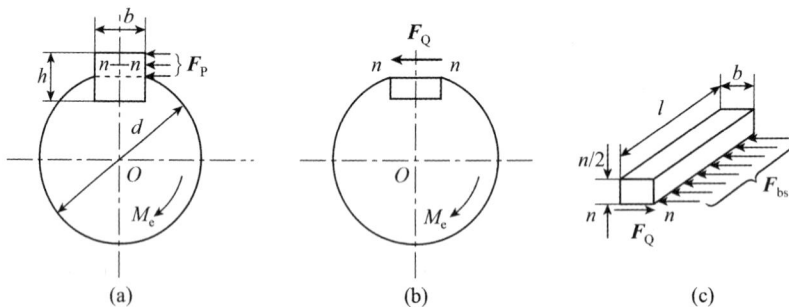

图 6-45　键连接的受力简图

挤压面积

$$A_{bs} = \frac{h}{2}l = \frac{12}{2} \times 100 = 600\text{(mm}^2\text{)}$$

按挤压应力公式[式(6-20)]得

$$\sigma_{bs} = \frac{F_{bs}}{A_{bs}} = \frac{57.14 \times 10^3}{600} = 95.23\text{(MPa)} < [\sigma_{bs}] = 100\text{(MPa)}$$

故此键挤压强度足够。因此整个键连接强度足够。

【例 6-8】 电平车挂钩由插销连接[图 6-46(a)]，插销材料为 20 号钢，已知：挂钩部分的

钢板厚度 $\delta_1 = \delta_3 = 20\text{mm}$，$\delta_2 = 30\text{mm}$，销钉与钢板的材料相同，许用切应力 $[\tau] = 60\text{MPa}$，许用挤压应力 $[\sigma_{bs}] = 180\text{MPa}$，电平车的拉力 $F = 100\text{kN}$。试计算销钉直径。

解：（1）销钉的剪切强度计算。取销钉为研究对象，画出受力图[图 6-46(b)]。

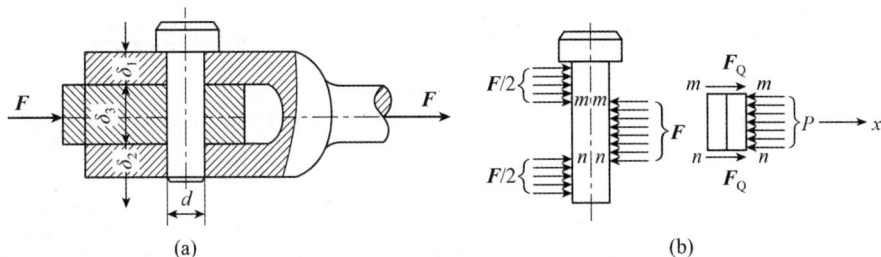

图 6-46　插销受力简图

用截面法求剪切面上的剪力，根据平衡条件，计算剪切面上剪力的大小：

$$F_Q = \frac{F}{2}$$

剪切面积

$$A = \frac{\pi d^2}{4}$$

按照剪切强度条件

$$\tau = \frac{F_Q}{A} \leqslant [\tau]$$

将 F_Q、A 代入上式，则有

$$\frac{\frac{F}{2}}{\frac{\pi d^2}{4}} \leqslant [\tau]$$

得销钉的直径为

$$d \geqslant \sqrt{\frac{2F}{\pi[\tau]}} = \sqrt{\frac{2 \times 100 \times 10^3}{\pi \times 60}} = 32.6(\text{mm})$$

选取 $d = 35\text{mm}$。

（2）销钉的挤压强度计算。销钉中段受到的挤压力 $F_{bs} = F$，上段和下段受到的挤压力之和也为 F，但因 $\delta_2 < 2\delta_1$，故只需对中段进行强度计算。

$$\sigma_{bs} = \frac{F_{bs}}{A_{bs}} = \frac{F}{\delta_2 d} = \frac{100 \times 10^3}{30 \times 35} = 95.2(\text{MPa}) < [\sigma_{bs}] = 180(\text{MPa})$$

所以，选取销钉直径 $d = 35\text{mm}$ 是安全的。

素养园地

西莫恩·德尼·泊松——法国数学家、几何学家和物理学家

生平：1781 年 6 月 21 日生于法国卢瓦雷省的皮蒂维耶，1840 年 4 月 25 日卒于法国索镇。1798 年进入巴黎综合工科学校深造，受到拉普拉斯、拉格朗日的赏识。

1800 年毕业后留校任教，1802 年任副教授，1806 年任教授。1808 年任法国经度局天文学家。1809 年巴黎理学院成立，任该校数学教授。1812 年当选为巴黎科学院院士。

贡献：泊松的科学生涯开始于研究微分方程及其在摆的运动和声学理论中的应用。他工作的特色是应用数学方法研究各类物理问题，并由此得到数学上的发现。他对积分理论、行星运动理论、热物理、弹性理论、电磁理论、位势理论和概率论都有重要贡献。在固体力学中，泊松因材料的横向变形系数，即泊松比而知名。

实操练习

1. 指出图 6-47 中构件的剪切面和挤压面。

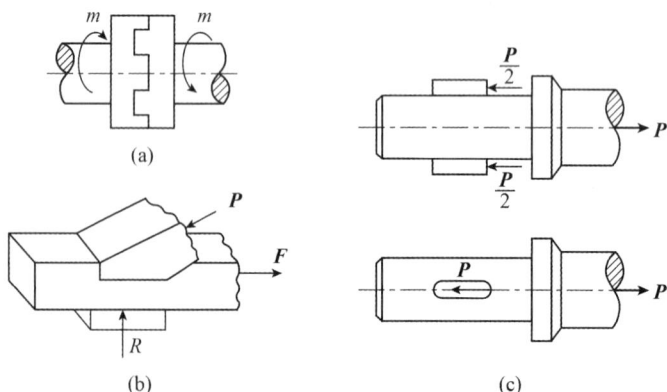

图 6-47　题 1 图

2. 在连接件上，剪切面和挤压面分别(　　　)于外力方向。

    A. 垂直、平行　　　　B. 平行、垂直　　　　C. 平行　　　　　　D. 垂直

3. 在连接件剪切强度的实用计算中，许用切应力[τ]是通过(　　　)得到的。

    A. 精确计算　　　　B. 拉伸试验　　　　C. 剪切试验　　　　D. 扭转试验

4. 如图 6-48 所示,在平板和受拉螺栓之间垫一个垫圈,可以提高(   )强度。

    A. 螺栓的拉伸   B. 螺栓的剪切

    C. 螺栓的挤压   D. 平板的挤压

5. 螺栓受拉力 F 作用,尺寸如图 6-49 所示。若螺栓材料的拉伸许用应力为 $[\sigma]$,许用切应力为 $[\tau]$。试按剪切强度设计,计算螺栓杆直径 d 与螺栓头高度 h 的比值。

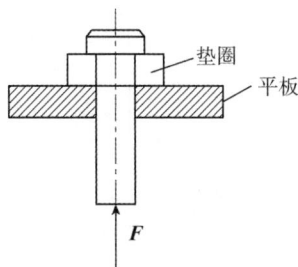

图 6-48 题 4 图

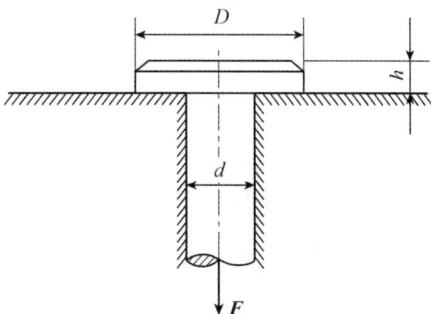

图 6-49 题 5 图

6. 在厚度 $\delta=5mm$ 的钢板上欲冲出一个图 6-50 所示形状的孔,已知:钢板的抗剪强度 $\tau_b=100MPa$。试求:至少需要多大的冲剪力?

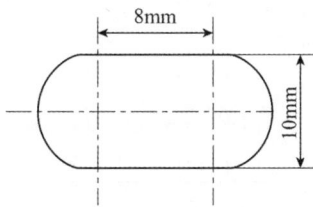

图 6-50 题 6 图

7. 图 6-51 所示的钢板铆接件由两块钢板铆接而成。已知:钢板的拉伸许用应力 $[\sigma]=98MPa$,许用挤压应力 $[\sigma_{bc}]=196MPa$,钢板厚度 $\delta=10mm$,宽度 $b=100mm$,铆钉直径 $d=17mm$,铆钉许用切应力 $[\tau]=137MPa$,许用挤压应力 $[\sigma_{bc}]=314MPa$。若铆接件承受的载荷 $F_p=23.5kN$,试校核钢板 1 与铆钉的强度。

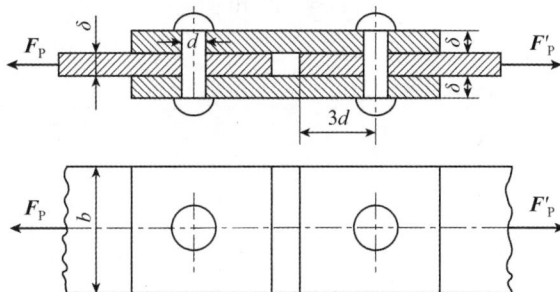

图 6-51 题 7 图

8. 试校核图 6-52 所示连接销钉的剪切强度。已知:$F_p=100kN$,销钉直径 $d=30mm$,材料的许用切应力 $[\tau]=50MPa$。若强度不够,应改用多大直径的销钉?

9. 试校核图 6-53 所示拉杆头部的抗剪强度和抗压强度。已知：$D = 32\text{mm}$，$d = 20\text{mm}$，$h = 12\text{mm}$，材料的许用切应力 $[\tau] = 100\text{MPa}$，许用挤压应力 $[\sigma_{bc}] = 240\text{MPa}$。

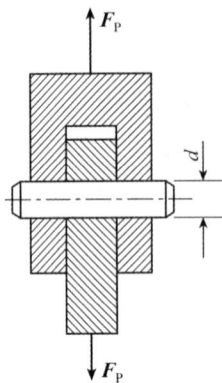

图 6-52 题 8 图

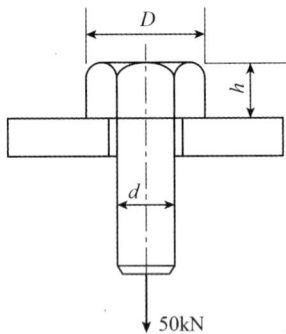

图 6-53 题 9 图

10. 一螺栓将拉杆与厚为 8mm 的两块盖板相连接，如图 6-54 所示。各零件材料相同，许用应力均为 $[\sigma] = 80\text{MPa}$，$[\tau] = 60\text{MPa}$，$[\sigma_{bs}] = 160\text{MPa}$。若拉杆的厚度 $\delta = 15\text{mm}$，拉力 $F_P = 120\text{kN}$，试设计螺栓直径 d 及拉杆宽度 b。

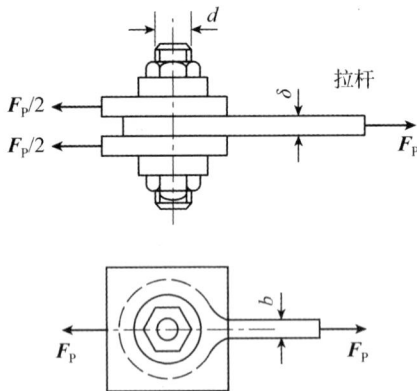

图 6-54 题 10 图

问题归纳

问题 1:

问题 2:

问题 3:

学习评价

项目六 构件基本变形的强度和刚度						
任务二 剪切与挤压变形的强度						
序号	考核内容	考核标准	分值	学生自评(30%)	学生互评(30%)	教师评价(40%)
1	掌握实际工程中连接件受剪切与挤压的特点,掌握剪切与挤压的实用计算方法	准确回答剪切变形的概念	10			
2		清楚描述剪切面的概念	10			
3		准确回答挤压的概念	10			
4		清楚描述挤压应力的概念	10			
5	能够根据连接件的受力情况分析可能的强度失效形式,能够进行不同类型连接件的剪切面和挤压面面积的计算,理解设计合理尺寸的意义	能够根据受力情况分析强度失效形式	10			
6		能够计算不同类型的连接件的剪切面和挤压面面积的计算	10			
7		通过强度校核相关计算理解设计合理尺寸的意义	10			
8	通过工程事故案例,体会工程设计人员的责任与使命;通过剪切与挤压实用计算,认识到解决复杂的问题时往往需要简单化;对比任务一的学习思路,采用对照法进行学习	具备高度的职业道德情操,理解并遵守工程设计领域的职业道德规范;增强对工程设计人员社会责任的认同感,明确知道每一个设计决策都可能影响公众的安全和福祉	10			
9		将所学的简化方法和理论应用于解决实际工程问题,培养实践应用能力,激发创新精神,在简化问题的过程中探索新的方法和技术,为解决问题提供新思路	10			
10		在对比学习中寻找创新点,通过不同思路的碰撞产生新的想法和解决方案,培养创新意识,激发不断探索、勇于尝试的精神	10			
学生自评得分						
学生互评得分						
教师评价得分						

任务描述

一、任务情境

在实际工程中，尤其是在机械中的许多构件，其主要变形是扭转。例如，攻螺纹时(图6-55)，要在手柄两端加上大小相等、方向相反的力，这两个力在垂直于螺纹锥轴线的平面内构成一个力偶，使螺纹锥转动，下面丝扣的阻力则形成与转向相反的力偶，阻碍螺纹锥的转动。螺纹锥在这一对力偶的作用下将产生扭转变形。又如齿轮传动轴(图6-56)，当电动机转动时，传动轴的 A 端轮受到两个切向力的作用，这两个外力构成了一个垂直于轴向平面的力偶。同样，轴的 B 端齿轮则受到输出轮对它的切向力作用，可以简化为垂直于 AB 轴轴线的力偶，这两个力偶大小相等、转向相反。在这一对力偶的作用下，传动轴产生扭转。这些圆轴扭转变形后的强度和刚度问题是工程中必须解决的。

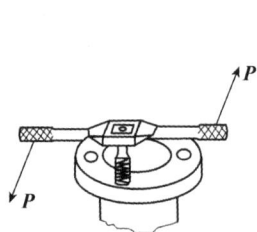

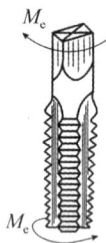

图 6-55 攻螺纹   图 6-56 齿轮传动轴

二、任务学习目标

(一) 知识目标

(1) 掌握外力偶矩、扭矩的计算和扭矩图的绘制。

(2) 掌握扭转横截面上切应力的分布特征及计算法则。

(3) 掌握等直圆轴扭转的强度条件和刚度条件及应用。

(4) 掌握空心轴和实心轴在强度和刚度设计方面的合理性。

(二) 能力目标

(1) 能够根据扭矩图和圆轴横截面应力分布特征判断危险截面及危险点的位置。

(2) 能够从应力分布特征和截面的几何性质等多方面分析空心轴在强度和刚度方面更合理的原因。

(3) 能够总结归纳出构件承载能力分析的学习方法。

(三) 素养目标

(1) 对比构件承载能力的研究思路，培养总结归纳能力。

(2) 从既安全又经济的视角探讨如何提升传动轴的强度和刚度，沿思路主线形成科技创新意识。

(3) 对比任务一的学习思路，采用对照法进行学习。

应知应会

一、圆轴扭转的外力和内力

(一) 计算简图及力学模型

以上工程实例可以将受扭的杆件简化成以下力学模型(图 6-57)，以便于计算。

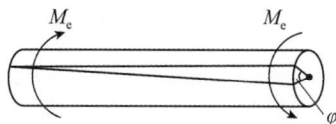

图 6-57　圆轴扭转力学模型

根据以上分析可以得到，杆件受到集中力偶作用，作用面垂直于其轴线时，有以下特点：

(1) 构件特点。构件的轴向尺寸远远大于横向尺寸。

(2) 受力特点。在杆件两端垂直于杆轴线的平面内作用一对大小相等、方向相反的外力偶——扭转力偶。

(3) 变形特点。杆的任意两个横截面绕轴线发生相对转动，出现扭转变形。这时任意两个截面间有相对的角位移，这种角位移称为扭转角。图 6-57 中的 φ 就是截面右端相对于截面左端的扭转角。

在实际工程中，还有不少构件，如电动机的主轴、钻机的钻杆、鼓风机的主轴等，它们的主要变形是扭转，但同时可能伴随有弯曲、拉压等变形。不过当后者不大时，往往可以忽略，或者在初步设计中，暂不考虑这些因素，将其视为扭转构件。常把以扭转变形为主的杆件称为轴。

(二) 圆轴扭转的扭矩及扭矩图

1. 外力偶矩

在实际工程中，作用在轴上的外力偶矩，一般不直接给出其外力偶矩之值，而是根据所给定轴的转速和它所传递的功率，通过下列公式确定：

$$M_e = 9549 \frac{P}{n} \qquad (6\text{-}24)$$

式中：M_e——外力偶矩，N·m；

   P——功率，kW；

   n——转速，r/min。

在确定外力偶矩的方向时，应注意输入功率的齿轮、胶带轮作用的力偶矩为主动力矩，方向与轴的转向一致；输出功率的齿轮、胶带轮作用的力偶矩为被动力矩，方向与轴的转向相反。

2. 扭矩

设某轴的计算简图如图 6-58(a)所示，现用截面法分析轴扭转时的内力。

将轴沿指定截面 *m-m* 截成两段，舍去右段，保留左段。由于作用在轴上的外力只有绕杆轴线的外力偶，所以横截面上只能有绕 *x* 轴的内力偶分量，称为扭矩，并用 *T* 来表示，其余的内力分量均为零，如图 6-58(b)所示。扭矩的大小仍可依据保留段的平衡条件确定。

$$\Sigma M_x = 0, \quad T - M_e = 0, \quad T = M_e$$

为了使取左段或取右段求得的同一截面上的扭矩一致，通常用右手螺旋法则规定扭矩的正负：用右手手心对着轴，四指沿扭矩的方向屈起，拇指的方向离开截面，扭矩为正[图 6-58(c)]；反之为负[图 6-58(d)]。

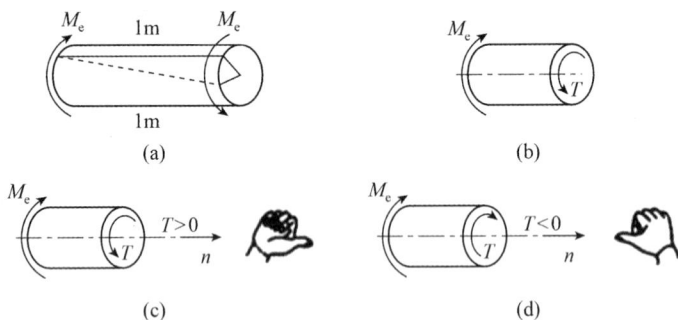

图 6-58　右手螺旋法则

计算扭矩的简便法则是：轴上任一横截面的扭矩等于该横截面一侧轴段上所有外力偶矩的代数和。应用右手螺旋法则，左侧拇指向左或右侧拇指向右的外力偶矩产生正值扭矩，反之为负。

3. 扭矩图

为了显示整个轴上各截面扭矩的变化规律，以便于分析危险截面，通常横坐标表示轴各截面的位置，纵坐标表示相应截面上的扭矩，正扭矩画在横坐标轴的上面，负扭矩画在横坐标轴的下面，这种图形称为扭矩图。

下面举例说明扭矩的计算与扭矩图的绘制方法。

【例6-9】图 6-59 所示为传动轴受力图，转速 $n=300$r/min，A 轮为主动轮，输入功 $P_A=10$kW，B、C、D 为从动轮，输出功率分别为 $P_B=4.5$kW，$P_C=3.5$kW，$P_D=2.0$kW。试求各段扭矩。

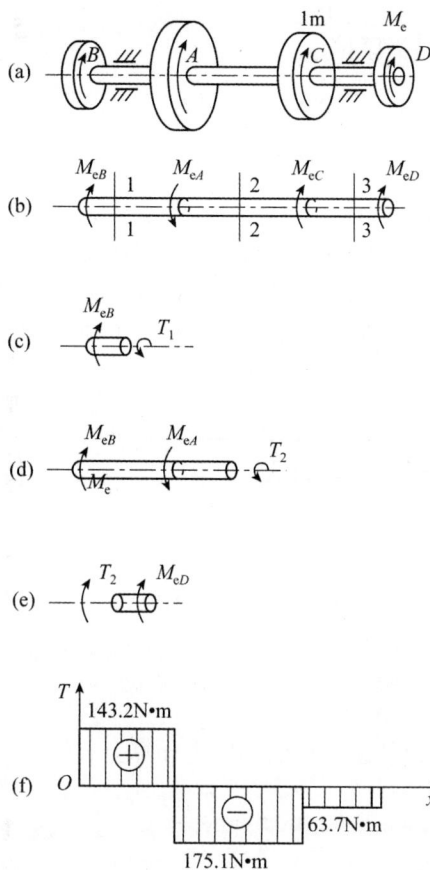

图 6-59　传动轴受力图

解：(1) 计算外力偶矩，分别为

$$M_{eA} = 9550 \frac{P_A}{n} = 9550 \times \frac{10}{300} = 318.3(\text{N} \cdot \text{m})$$

$$M_{eB} = 9550 \frac{P_B}{n} = 9550 \times \frac{4.5}{300} = 143.2(\text{N} \cdot \text{m})$$

$$M_{eC} = 9550 \frac{P_C}{n} = 9550 \times \frac{3.5}{300} = 111.4(\text{N} \cdot \text{m})$$

$$M_{eD} = 9550 \frac{P_D}{n} = 9550 \times \frac{2.0}{300} = 63.7(\text{N} \cdot \text{m})$$

(2) 分段计算扭矩，分别为

$$T_1 = M_{eB} = 143.2(\text{N} \cdot \text{m})$$

$$T_2 = M_{eB} - M_{eA} = 143.2 - 318.3 = -175.1(\text{N} \cdot \text{m})$$

$$T_3 = -M_{eD} = -63.7(\text{N} \cdot \text{m})$$

(3) 绘制扭矩图。由图 6-59 可知，绝对值最大的扭矩发生在 AC 段，其值为 175.1N·m。

二、圆轴扭转的应力与变形

(一) 圆轴扭转时的应力

1. 圆轴扭转时的应力分布规律

圆轴发生扭转变形，如图 6-60 所示，横截面上不存在正应力，只存在切应力，且横截面上某点的切应力的大小与该点到圆心的距离 ρ 成正比，圆心处为零，圆轴表面最大，在半径为 ρ 的同一圆周上各点的切应力相等，其方向与其半径相垂直。

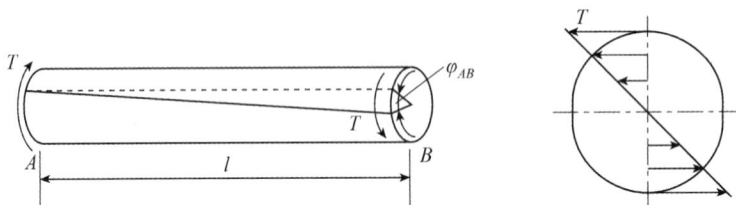

图 6-60　圆轴扭转时的应力分布图

2. 切应力计算

等直圆轴扭转时横截面上任意一点的切应力计算公式为

$$\tau_\rho = \frac{T_x \rho}{I_P} \tag{6-25}$$

式中：T_x——横截面上的扭矩；

I_P——该截面的极惯性矩；

ρ——该点到圆心的距离。

由式(6-25)可知，当 ρ 达到最大值 R 时，切应力为最大值，即

$$\tau_{max} = \frac{T_x R}{I_P} \tag{6-26}$$

式(6-26)中 R 及 I_P 都是与截面几何尺寸有关的量，引入符号

$$W_P = \frac{I_P}{R}$$

得

$$\tau_{max} = \frac{T_x}{W_P} \tag{6-27}$$

式中：W_P——扭转截面系数。

可见，最大切应力与横截面上的扭矩 T_x 成正比，而与 W_P 成反比。W_P 越大，则 τ_{max} 越小，所以，W_P 是表示圆轴抵抗扭转破坏能力的几何参数，其单位为 m^3 或 mm^3。对于直径为 d 的圆截面：

$$W_p = \frac{I_P}{R} = \frac{\frac{\pi}{32}d^4}{\frac{d}{2}} = \frac{\pi d^3}{16} \approx 0.2d^3 \tag{6-28}$$

对于内径为 d，外径为 D 的空心圆截面，$\alpha = d/D$，则有

$$W_P = \frac{\pi D^3}{16}(1-\alpha^4) \approx 0.2D^3(1-\alpha^4) \tag{6-29}$$

【例 6-10】轴 AB 受力图如图 6-61 所示，传递的功率为 $P=7.5$kW，转速 $n=360$r/min。轴 AC 段为实心圆截面，CB 段为空心圆截面。已知：$D=3$cm，$d=2$cm。试计算 AC 段横截面边缘处的切应力以及 CB 段横截面上内、外边缘处的切应力。

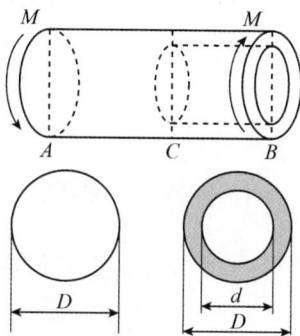

图 6-61　轴 AB 受力图

解：(1) 计算扭矩，轴所受的外力偶矩为

$$M_e = 9550\frac{P}{n} = 199(\text{N} \cdot \text{m})$$

由截面法可知，各横截面上的扭矩均为

$$T = M_e = 199(\text{N} \cdot \text{m})$$

(2) 计算极惯性矩，AC 段和 CB 段轴横截面的极惯性矩分别为

$$I_{P1} = \frac{\pi D^4}{32} = 7.95(\text{cm}^4), \quad W_{P1} = \frac{\pi D^3}{16} = 5.3(\text{cm}^3)$$

$$I_{P2} = \frac{\pi}{32}(D^4 - d^4) = 6.38(\text{cm}^4)$$

(3) 计算应力，AC 段轴在横截面边缘处的切应力为

$$\tau_{AC外} = \tau_{AC\max} = \frac{T}{W_{p1}} = 37.5 \times 10^6 = 37.5(\text{MPa})$$

CB 段轴横截面内、外边缘处的切应力分别为

$$\tau_{CB内} = \frac{T}{I_{p2}} \cdot \frac{d}{2} = 31.2 \times 10^6 = 31.2(\text{MPa})$$

$$\tau_{CB外} = \tau_{CB\,max} = \frac{T}{I_{p2}} \cdot \frac{D}{2} = 46.8 \times 10^6 = 46.8(\text{MPa})$$

(二) 圆轴扭转时的变形

圆轴的扭转变形用扭转角来衡量，扭转角是指两个横截面绕轴线的相对转角，通常用 φ 表示，如图 6-62 所示。

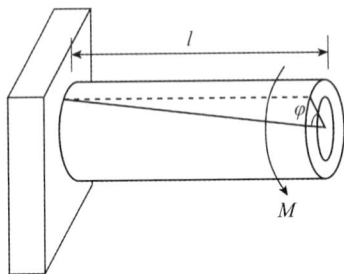

图 6-62　圆轴的扭转变形

由 $\dfrac{\mathrm{d}\varphi}{\mathrm{d}x} = \dfrac{T_x}{GI_p}$ 可知，相隔长度为 l 的两个横截面的扭转角为

$$\mathrm{d}\varphi = \frac{T_x \mathrm{d}x}{GI_p} \tag{6-30}$$

对式(6-30)积分，便得相距为 l 的两个横截面间的扭转角：

$$\varphi = \int_0^l \mathrm{d}\varphi = \int_0^l \frac{T_x}{GI_p} \mathrm{d}x \tag{6-31}$$

对于等直圆轴，GI_p 为常量。若扭矩 T_x 也为常量，则式(6-31)积分为

$$\varphi = \frac{T_x l}{GI_p} \tag{6-32}$$

这就是扭转角计算公式，扭转角单位为rad(弧度)。由式(6-32)可看出，扭转角 φ 与扭矩 T_x 和轴的长度成正比，与 GI_p 成反比。GI_p 反映了圆轴抵抗扭转变形的能力，称为圆轴的抗扭刚度。

如果两截面之间的扭矩 T_x 有变化，或者轴的直径不同，那么应该分段计算各段的扭转角，然后叠加。

【例 6-11】图 6-63(a)所示为传动轴，已知：M_1=640N·m，M_2=840N·m，M_3=200N·m，D=40mm，d=32mm，l_{AB}=400mm，l_{BC}=150mm，轴的切变模量 G=80GPa。试求截面 C 相对于截面 A 的扭转角。

解：(1) 计算轴上各段的扭矩，画出扭矩图，如图 6-63(b)所示。

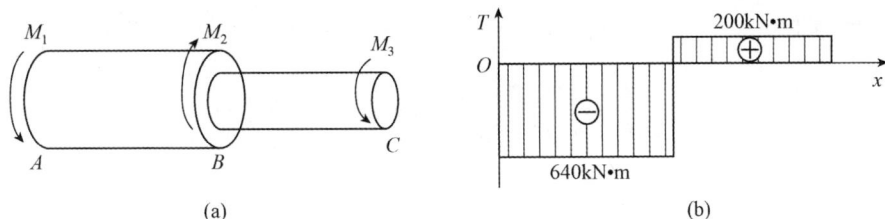

图 6-63　传动轴扭矩计算简图

AB 段　　　　　　　　　　　$T_1 = -M_1 = -640(\text{N} \cdot \text{m})$

BC 段　　　　　　　　　　$T_2 = -M_1 + M_2 = -640 + 840 = 200(\text{N} \cdot \text{m})$

(2) 计算扭转角。由于 AC 两截面间的扭矩 M 和截面 I_P 不同，故分段计算各段的相对扭转角，然后进行叠加。

AB 段　　　$\varphi_{AB} = \dfrac{T_1 l_1}{GI_{p1}} = -\dfrac{640 \times 400 \times 10^{-3}}{80 \times 10^9 \times 0.1 \times (40 \times 10^{-3})^4} = -0.013(\text{rad})$

BC 段　　　$\varphi_{BC} = \dfrac{T_2 l_2}{GI_{p2}} = -\dfrac{200 \times 150 \times 10^{-3}}{80 \times 10^9 \times 0.1 \times (32 \times 10^{-3})^4} = -0.004(\text{rad})$

故得　　　　　$\varphi_{AC} = \varphi_{AB} + \varphi_{BC} = -0.013 + 0.004 = -0.009(\text{rad})$

三、圆轴扭转的强度与刚度计算

(一) 强度计算

圆轴扭转时的强度条件是：危险截面上的最大切应力 $\tau_{\max}$ 不得超过材料的许用切应力 $[\tau]$，即

$$\tau_{\max} = \frac{T}{W_p} \leqslant [\tau] \tag{6-33}$$

式中：T——危险截面的扭矩；

　　　W_P——抗扭截面系数；

　　　$[\tau]$——许用切应力由扭转试验测定，设计时可查阅有关手册。

应用扭转切应力强度条件，可以解决圆轴强度计算的三类问题。

【例 6-12】某一传动轴所传递的功率 P=80kW，其转速 n=582r/min，直径 d=55mm，材料的许用切应力[τ]=50MPa，试校核该轴的强度。

解：(1) 计算外力偶矩。

$$M_e = 9550 \frac{P}{n} = 9550 \times \frac{80}{582} = 1312.7(\text{N} \cdot \text{m})$$

(2) 计算扭矩。该轴可认为在其两端面上受一对平衡的外力偶矩作用，由截面法得扭矩

$$T = M_e = 1312.7(\text{N} \cdot \text{m})$$

(3) 校核强度。

$$\tau_{\max} = \frac{T}{W_p} = \frac{1312.7 \times 10^3}{0.2 \times 55^3} \text{MPa} = 39.5(\text{MPa}) < [\tau]$$

所以，轴的强度满足要求。

【例 6-13】如图 6-64 所示，实心轴与空心轴通过嵌式离合器相连接来传递转矩，已知：轴的转速 n=96r/min，P=7.5kW，材料的许用切应力 $[\tau]$=40MPa，空心轴的 $\alpha = d_2 / D_2 = 0.5$。试设计实心轴的直径 d_1 和空心轴的外径 D_2。

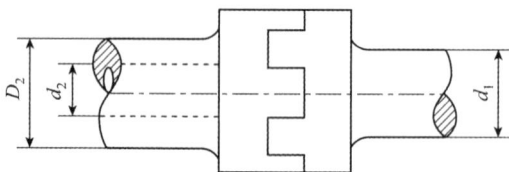

图 6-64　嵌式传动轴

解：(1) 计算外力偶矩及扭矩。

$$M_e = 9550 \frac{P}{n} = 9550 \times \frac{7.5}{96} = 746.1(\text{N} \cdot \text{m})$$

$$T = M_e = 746.1(\text{N} \cdot \text{m})$$

(2) 设计轴的直径。由 $\tau_{\max} = \frac{T}{W_p} \leqslant [\tau]$ 可得

实心轴
$$W_p = 0.2 d_1^3 \geqslant \frac{T}{[\tau]}$$

$$d_1 = \sqrt[3]{\frac{T}{0.2[\tau]}} = \sqrt[3]{\frac{746.1 \times 10^3}{0.2 \times 40}} = 45.3(\text{mm})$$

空心轴
$$W_p = 0.2 D_2^3 (1 - \alpha^4) \geqslant \frac{T}{[\tau]}$$

$$D_2 = \sqrt[3]{\frac{T}{0.2(1 - \alpha^4)[\tau]}} = \sqrt[3]{\frac{746.1 \times 10^3}{0.2 \times (1 - 0.5^4) \times 40}} = 46.3(\text{mm})$$

所以，取 d_1=46mm，D_2=47mm。

(二) 刚度计算

对于轴类构件，有时还要求不产生过大的扭转变形。例如，机床主轴若产生过大的扭转变形，将引起剧烈的扭转振动，影响工件的加工精度和表面光洁度；车床丝杆产生过大的扭转变形，将影响螺纹的加工精度。这类精度要求较高的轴，需同时满足强度和刚度条件。圆轴扭转时的刚度条件是：最大的单位长度扭转角不得超过许用单位长度扭转角，即

$$\theta_{max} = \frac{\varphi}{L} = \frac{T_{max}}{GI_p} \leqslant [\theta] \tag{6-34}$$

式中：θ_{max}——最大单位长度的扭转角，rad/m。

在工程中，许用单位长度扭角$[\theta]$的单位为°/m，因此θ_{max}的单位也应换算为°/m，式(6-34)可改写成

$$\theta_{max} = \frac{T_{max}}{GI_p} \cdot \frac{180°}{\pi} \leqslant [\theta] \tag{6-35}$$

式中：$[\theta]$——许用单位长度扭转角，其取值根据载荷性质和工作条件等因素来确定，具体值可以从有关手册中查得。

利用刚度条件也可以求解三类问题，即刚度校核、截面设计和确定许用载荷。进行刚度计算时，若轴上各段扭矩不等，或截面大小不一，或材料不同，应综合考虑上述因素，判断θ_{max}可能发生的部位，然后进行刚度计算。

【例 6-14】已知一传动轴的受力图如图 6-65(a)所示，若材料为 45 号钢，$G=80GPa$，$[\tau]=60MPa$，$[\theta]=1°/m$，试设计轴的直径。

解：(1) 计算扭矩。由于轴上的外力偶矩多于两个，应分段应用截面法或根据求扭矩的一般规律，求出各段扭矩，作出扭矩图，如图 6-65(b)所示。

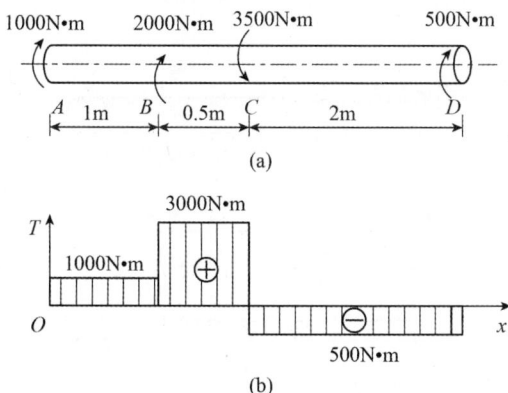

图 6-65 传动轴的计算图

(2) 强度计算。轴为等直圆轴，危险截面应在 BC 段，由强度条件

$$\tau_{max} = \frac{T_{max}}{W_p} = \frac{16T_{max}}{\pi d^3} \leqslant [\tau]$$

得

$$d \geqslant \sqrt[3]{\frac{16T_{max}}{\pi[\tau]}} = \left(\frac{16 \times 3000}{\pi \times 60 \times 10^6}\right)^{\frac{1}{3}} = 0.063 = 63(mm)$$

(3) 刚度计算。由刚度条件

$$\theta_{max} = \frac{T_{max}}{GI_p} \frac{180°}{\pi} = \frac{32T_{max}}{G\pi d^4} \frac{180°}{\pi} \leqslant [\theta]$$

得

$$d \geqslant \sqrt[4]{\frac{32T_{max} \times 180}{G\pi^2[\theta]}} = \left(\frac{32 \times 3000 \times 180}{80 \times 10^9 \times \pi^2 \times 1}\right)^{\frac{1}{4}} = 0.068 = 68(\text{mm})$$

根据以上计算结果，为了同时满足强度和刚度条件，取轴的直径 d=68mm。

【例 6-15】阶梯轴图如图 6-66(a)所示，直径分别为 d_1=40mm，d_2=55mm，已知：C 轮输入转矩 M_C=1432.5N·m，A 轮输出转矩 M_A=620.8N·m，轴的转速 n = 200r / min，轴材料的许用切应力$[\sigma]$=60MPa，许用单位长度扭角$[\theta]$ = 2° / m，切变模量G=80GPa。试校核该轴的强度和刚度。

解：阶梯轴受力简图如图 6-66(b)所示。

(1) 作扭矩图[图 6-66(c)]得

$$T_1=M_A=620.8(\text{N·m})$$
$$T_2=M_C=1432.58(\text{N·m})$$

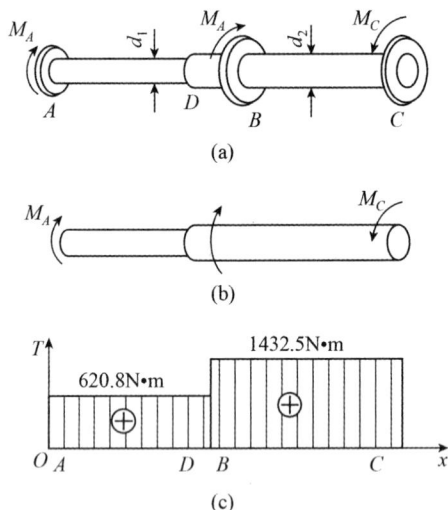

图 6-66 阶梯轴扭矩计算简图

由图 6-66(c)可以看出，危险截面可能发生在 AB 段的 d_1 截面处，也可能发生在 BC 段。

(2) 校核强度。

AB 段 $$\tau_1 = \frac{T_1}{W_{p1}} = \frac{620.8 \times 10^3}{0.2 \times 40^3}\text{MPa} = 48.5(\text{MPa})$$

BC 段 $$\tau_1 = \frac{T_2}{W_{p2}} = \frac{1432.5 \times 10^3}{0.2 \times 55^3}\text{MPa} = 43.1(\text{MPa})$$

$$\tau_{max} = \tau_1 = 48.5\text{MPa} < [\tau]$$

所以，轴的强度满足要求。

(3) 校核刚度。

AB 段　　　$\theta_1 = \dfrac{T_1}{GI_{P1}} \cdot \dfrac{180°}{\pi} = \dfrac{620.8 \times 10^3 \times 180 \times 10^3}{80 \times 10^3 \times 0.1 \times 40^4 \pi} = 1.737(° / \text{m})$

BC 段　　　$\theta_2 = \dfrac{T_2}{GI_{P2}} \cdot \dfrac{180°}{\pi} = \dfrac{1432.5 \times 10^3 \times 180 \times 10^3}{80 \times 10^3 \times 0.1 \times 55^4 \pi} = 1.121(° / \text{m})$

$$\theta_{\max} = \theta = 1.737(° / \text{m}) < [\theta]$$

所以，轴的刚度也满足要求。

(三) 提高圆轴强度和刚度的措施

在实际工程中，进行构件的设计时，常需要解决的问题是如何根据工程实际需要，在不增加构件成本的情况下，最大限度地提高其承载能力，其实质就是如何提高构件的强度和刚度。

由圆轴的内力分析、应力分析、强度和刚度强度条件及材料的力学性质等知识可知，在实际工程中，可通过合理选用材料，采用合理的加载方式、合理的截面形状等措施，达到提高圆轴强度和刚度的目的。

1. 合理选用材料

由材料的力学性能可知：优质材料的强度指标较高，选用优质材料可有效地提高构件的强度；弹性模量 E 和切变模量 G 分别反映了材料抵抗拉(压)或剪切变形的能力，选用 E 和 G 较大的材料，通常会显著地提高构件的刚度。

需要指出的是，各类钢材的 E、G 和 μ 差异不大，对于受刚度条件控制的设计，选用优质钢材对提高构件的刚度无明显的作用。故这类构件不宜片面地选用优质钢材。

2. 合理的加载方式

对传动轴进行设计时，在结构允许的情况下，应尽量避免将最大载荷布置在轴的端部，以减小圆轴扭转时横截面上的最大扭矩值。例如，图 6-67(b)的载荷布置方案就比图 6-67(a)合理，可同时达到减小工作应力、减小变形和提高传动轴强度和刚度的目的。

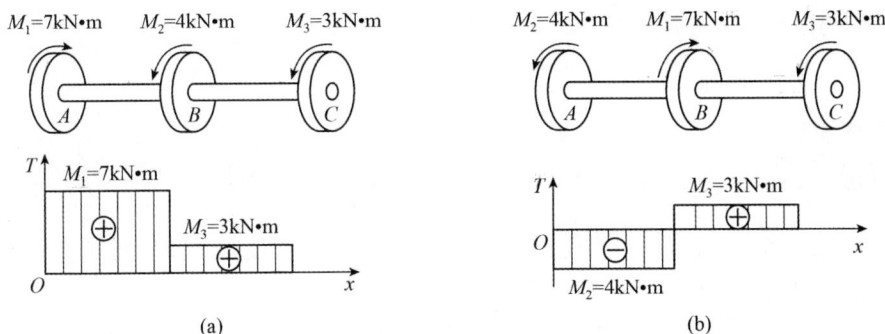

图 6-67　传动轴的扭矩图

3. 合理的截面形状

圆轴扭转时，圆环形截面为合理的截面形状。例如，汽轮机大轴、汽车的传动轴、车床主轴等都由空心轴制成。圆轴采用空心轴可以节省大量材料，减轻自重，提高承载能力，因为圆轴扭转时只有横截面边缘各点的切应力才可以达到许用应力，其他各点的应力均小于许用应力，圆心附近的应力很小，材料没有得到充分利用。如果将这部分材料移到离圆心较远的位置，使其成为空心轴既节省了材料又增大了抗扭截面系数，提高了抗扭刚度。

素养园地

托马斯·杨——英国医生、物理学家，光的波动说的奠基人之一

生平：托马斯·杨于1773年6月13日出生于英国萨默塞特郡米尔弗顿一个富裕的贵格会教徒家庭，从小受到良好教育，天才禀赋自幼年起就明显地显露出来，是个不折不扣的神童。1794年，由于研究了眼睛的调节机理，他成为皇家学会会员。1795年，他来到德国的格丁根大学学习医学，一年后便取得了博士学位。1800年起在伦敦行医并致力于科学研究。1801年在皇家学院任自然哲学教授，后任皇家学会秘书。1814年，41岁的时候，杨对象形文字产生了兴趣。1829年杨去世时，人们在他的墓碑上刻上了这样的文字——"他最先破译了数千年来无人能解读的古埃及象形文字"。

贡献：托马斯·杨在物理学上作出的最大贡献是关于光学的，特别是光的波动性质的研究。1801年他进行了著名的杨氏双缝实验，发现了光的干涉性质，证明光以波的形式存在。1807年，他将"材料的弹性模量"定义为"同一材料的一个柱体在其底部产生的压力与引起某一压缩度的质量之比等于该材料长度与长度缩短量之比"。如果把这里的柱体理解为单位底面积柱体的质量，则这个定义就是现在通用的杨氏弹性模量。杨也是分析弹性体冲击效应的先驱，他指出，杆受轴向冲击力以及梁受横向冲击力时可从能量角度进行分析而得出定量的结果。杨对材料的扭转、偏心拉压等问题也有研究。

实操练习

1. 一圆轴用碳钢制作，校核其扭转刚度时，发现单位长度扭转角超过了许用值。为保证此轴的扭转刚度，采用下列哪种措施最有效？（　　）

    A. 改用合金钢材料　　　　　　　　B. 提高表面光洁度

    C. 增大轴的直径　　　　　　　　　D. 缩短轴的长度

2. 一空心钢轴和一实心铝轴的外径相同，比较两者的抗扭截面模量，可知（　　）。

    A. 空心钢轴的较大　　　　　　　　B. 实心铝轴的较大

    C. 其值一样大　　　　　　　　　　D. 其大小与轴的剪切弹性模量有关

3. 实心圆轴受扭，当其直径增大 1 倍时，最大剪应力是原来的 1/4　　　　　(　)

4. 减速器中，高速轴的直径大，低速轴的直径小。　　　　　　　　　　　　(　)

5. 圆轴扭转的刚度条件是最大扭角值不超过许用扭转角值。　　　　　　　　(　)

6. 如图 6-68 所示，求下列各截面的扭矩。

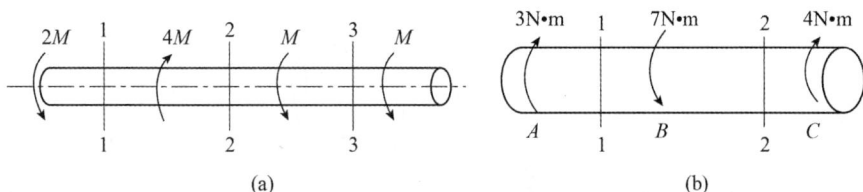

图 6-68　题 6 图

7. 画出图 6-69 中轴的扭矩图，并求 T_{max}。

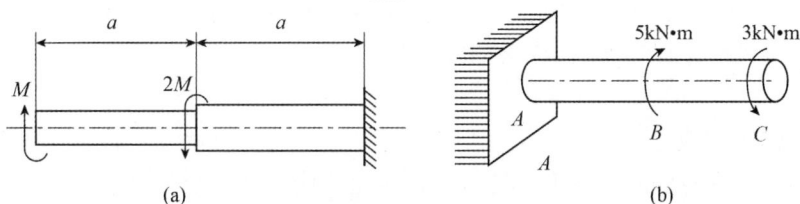

图 6-69　题 7 图

8. 如图 6-70 所示，有一阶梯轴，已知：轴直径 $d_2=2d_1$，输入功率 $P_3=30$kW，输出功率 $P_1=13$kW，$P_2=17$kW，轴的转速 $n=200$r/min。

(1) 画出扭矩图，并求出 $|T_{max}|$。

(2) 若将 C 轮和 B 轮交换位置，T_{max} 有何变化？

(3) 哪种放置方式比较合理？

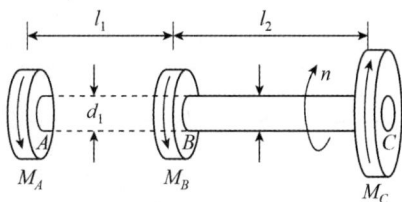

图 6-70　题 8 图

9. 图 6-71 所示为传动轴，已知：转速 $n=100$r/min，轴直径 $d=80$mm。试求：

(1) 轴的最大切应力。

(2) 截面Ⅰ-Ⅰ上半径为 25mm 圆周处的切应力。

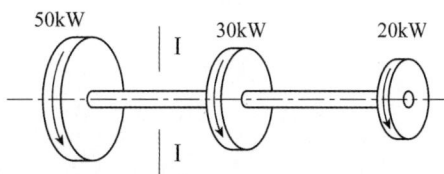

图 6-71　题 9 图

10. 图 6-72 所示为一空心圆轴，已知：外径 D=100mm，内径 d=80mm，l=500mm，外力偶矩 M_{e1}=6kN·m，M_{e2}=4kN·m，材料的 G=80GPa。试求：

(1) 轴的最大切应力。

(2) C 截面对 A 截面、B 截面的相对扭转角。

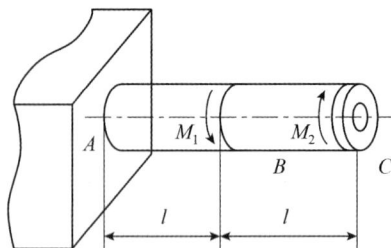

图 6-72　题 10 图

11. 空心钢轴的外径 D=100mm，内径 d=50mm。已知：间距 l=2.7m 之间两截面的相对扭转角 φ=1.8°，材料的切变模量 G=80GPa。

试计算：

(1) 轴内最大切应力。

(2) 当轴以 n=80 r/min 的速度旋转时，轴传递的功率 P(单位为 kW)。

问题归纳

问题 1：

_____

_____

问题 2：

_____

_____

问题 3：

_____

_____

学习评价

项目六　构件基本变形的强度和刚度						
任务三　圆轴扭转变形的强度和刚度						
序号	考核内容	考核标准	分值	学生自评 (30%)	学生互评 (30%)	教师评价 (40%)
1	掌握外力偶矩、扭矩的计算和扭矩图的绘制，掌握扭转横截面上切应力的分布特征及计算法则，掌握等直圆轴扭转的强度条件和刚度条件及应用，掌握空心轴和实心轴在强度和刚度设计方面的合理性	准确描述外力偶矩、扭矩计算的公式和扭矩图的概念	10			
2		清楚描述扭转横截面上切应力的计算	10			
3		清楚描述等直圆轴扭转的强度条件和刚度条件	10			
4		清楚描述空心轴和实心轴在强度和刚度设计方面的合理性解释	10			
5	能够根据扭矩图和圆轴横截面应力分布特征判断危险截面及危险点的位置，能够从应力分布特征和截面的几何性质等多方面分析空心轴在强度和刚度方面更合理的原因，能够总结归纳出构件承载能力分析的学习方法	能够根据扭矩图和圆轴横截面应力分布特征判断危险截面及危险点的位置	10			
6		能够从应力分布特征和截面的几何性质等多方面分析空心轴在强度和刚度方面更合理的原因	10			
7		能够总结归纳出构件承载能力分析的学习方法	10			
8	对比构件承载能力的研究思路，培养总结归纳能力；从既安全又经济的视角探讨如何提升传动轴的强度和刚度，沿思路主线形成科技创新意识；对比任务一的学习思路，采用对照法进行学习	通过对比研究，训练总结归纳的能力，能够从复杂的数据和信息中提取出关键要素和规律	10			
9		培养从安全和经济双重角度审视工程问题的意识，理解在实际工程应用中寻求既安全又经济的解决方案的重要性，通过探索传动轴强度和刚度的提升方法，形成创新思维，并激发对新技术、新方法的探索和研究兴趣	10			
10		形成持续学习的态度，通过不断对比新的学习资源和思路，更新自己的知识体系；提高综合素质；培养自我提升意识，在对比过程中不断反思和总结，发现自身的不足并寻求改进，实现自我提升和成长	10			
学生自评得分						
学生互评得分						
教师评价得分						

任务四 | 平面弯曲梁变形的强度和刚度

任务描述

一、任务情境

实际工程中，常见的产生平面弯曲变形的构件有单梁吊车横梁、车间用天车的横梁，以及火车轮轴(图6-73)、镗刀刀杆(图6-74)、轧板机的轧辊(图6-75)等。工程中通常把以弯曲为主要变形的杆件称为梁，梁的强度和刚度问题是工程中必须解决的。

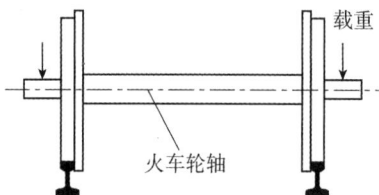

图6-73　火车轮轴

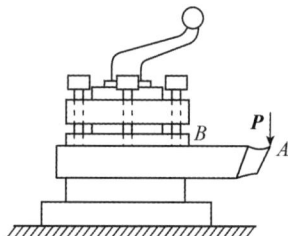

图6-74　镗刀刀杆

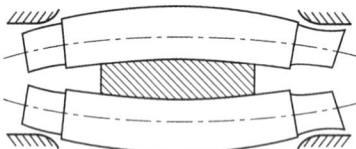

图6-75　轧板机的轧辊

二、任务学习目标

(一) 知识目标

(1) 掌握弯曲梁横截面上剪力和弯矩的计算、剪力图和弯矩图的绘制。

(2) 掌握中性轴的概念及位置确定。

(3) 掌握弯曲梁正应力强度计算条件及应用。

(4) 掌握挠度和转角的概念及梁的刚度设计。

(5) 掌握提高梁弯曲强度和刚度的措施。

(二) 能力目标

(1) 具有对平面弯曲梁变形的受力状态和内力分布进行图形表达的能力。

(2) 能够根据弯矩图和弯曲梁横截面上正应力的分布特征，判断危险截面及危险点的位置。

(3) 能够从理论层面分析提高弯曲梁承载能力的措施。

(三) 素养目标

(1) 通过实际案例，培养"提出问题—解读问题—分析问题—解决问题"的逻辑思维能力。

(2) 通过从最简单的纯弯曲横截面上的应力分析到正应力公式普遍适用于其他平面弯曲，体会在研究问题时抓主要矛盾和矛盾的主要方面的重要性。

(3) 通过铸铁梁的强度设计(既要分析危险截面的位置，又要根据材料拉压性质不同的特性分析危险点的位置)，培养全面、系统分析问题的能力。

应知应会

一、平面弯曲梁的外力和内力

(一) 计算简图及力学模型

由工程实例发生变形的情况总结如下：

构件特点：构件的轴向尺寸远远大于横向尺寸，可以简化为一根直杆。

受力特点：所有外力都作用在杆件的纵向平面上且与杆轴线垂直。

变形特点：杆的轴线由原来的直线弯曲变成与外力在同一平面上的曲线。

在实际工程中，梁的支承条件和作用在梁上的载荷情况一般都比较复杂，为了便于分析、计算，同时保证计算结果足够精确，需要对梁进行简化，得到梁的计算力学模型(计算简图)。

1. 构件的简化

不论梁的截面形状如何，通常用梁的轴线来代替实际的梁。

2. 载荷的简化

实际杆件上作用的载荷是多种多样的，但归纳起来，可简化成以下三种载荷形式：

(1) 当外力的作用范围与梁相比很小时，可视为集中作用于一点，即集中力。

(2) 两集中力大小相等、方向相反，作用线相邻很近时，可视为集中力偶。

(3) 连续作用在梁的全长或部分长度内的载荷为分布载荷。分布于单位长度上的载荷值称为分布载荷集度，用 q 表示。当 q 为常量时，称为均布载荷。

3. 梁支座的简化

梁的支座可简化为三种形式：

(1) 固定铰链支座和活动铰链支座：如图 6-76(a)所示，在梁端部设置的支座，在载荷作用面内该支座上下方向位移受到限制，但在水平方向上可以移动，可转动的角度较小，这样的支座简化为固定铰链支座；如图 6-76(b)所示，在梁中间设置的支座，在载荷作用面内其上下方向和水平方向都可以自由移动，可转动的角度较大，这样的支座可简化为活动铰链支座。

(2) 固定端：如图 6-76(c)所示。如果在支座处梁既不能转动(绕垂直于载荷作用面的转动)也不能移动，则在载荷作用面内该支座可简化为固定端，如镗刀刀架的支承。

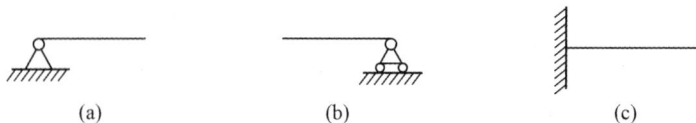

(a)   (b)   (c)

图 6-76 铰链支座简图

4. 平面弯曲梁的基本形式

(1) 简支梁：如图 6-77(a)所示。梁的两端分别为固定铰链支座和活动铰链支座。

(2) 外伸梁：如图 6-77(b)所示。梁的支承形式与简支梁相同，但梁的一端(或两端)伸出支座之外，如火车轮轴。

(3) 悬臂梁：如图 6-77(c)所示。梁的一端为固定端，另一端为自由端，如镗刀刀杆。

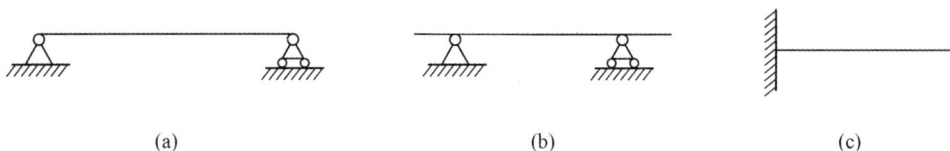

(a)   (b)   (c)

图 6-77 平面弯曲梁的基本形式

(二) 平面弯曲梁的剪力和弯矩

实际工程中，常用的梁的横截面一般至少有一根对称轴，该对称轴与梁轴线所确定的平面称为纵向对称面。若梁上的载荷均作用在纵向对称面内，如图 6-78 所示，梁的轴线将在此平面内弯曲成一条平面曲线，这种弯曲变形称为平面弯曲。平面弯曲变形是基本的、常见的变形，因此我们仅讨论平面弯曲变形。

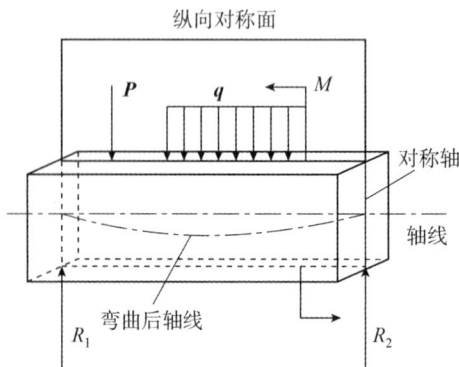

图 6-78 平面弯曲梁

1. 剪力和弯矩

以图 6-79(a)所示简支梁为例，用任意截面 m-m 假想地将简支梁截成左、右两段，以左段为研究对象[图 6-79(b)]。在该段梁上除了作用有支反力 F_{RA}，还有截面右段对左段的作用力，即内力。由于整个梁处于平衡状态，左段也应保持平衡状态。故在 m-m 截面上必

定有一个与 F_{RA} 大小相等、方向相反的切向内力 F_Q 存在；同时 F_{RA} 与 F_Q 形成一对力偶，其力偶矩为 $F_{RA} \cdot x$，使梁左段有顺时针转动的趋势，因此在该截面上还应有一个逆时针转向的内力偶矩 M 存在，才能使梁左段保持平衡，即内力必定是一力和一力偶，分别称为剪力和弯矩，并用 F_Q 和 M 表示。

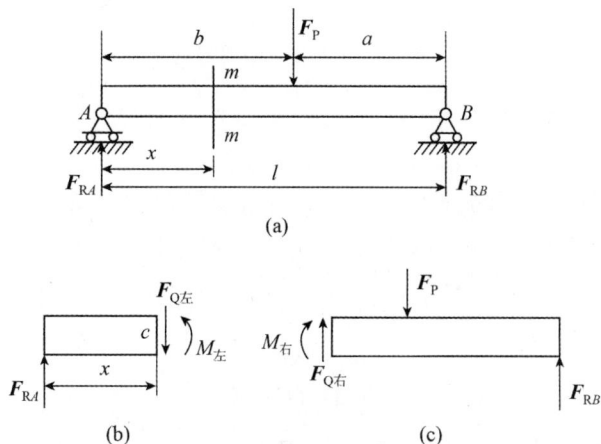

图 6-79　截面法求内力

剪力与弯矩的大小可由保留段的平衡方程确定。在图 6-79 中，取 *m-m* 截面左段为研究对象，则有

$$\Sigma F_y = 0, \quad F_{RA} - F_{Q左} = 0$$

$$F_{Q左} = F_{RA} = \frac{a}{l} F_P$$

$$\Sigma M_C(F) = 0, \quad M_左 - F_{RA}x = 0$$

$$M_左 = F_{RA}x = \frac{a \cdot x}{l} F_P$$

当然，也可以取右段为研究对象，由作用力与反作用力关系可知，

$$F_{Q右} = F_{Q左}, \quad M_右 = M_左$$

为了使保留左段或保留右段时，同一截面上的弯曲内力不仅大小相等，而且正负号相同，对剪力与弯矩的正负号规定如下：

(1) 剪力的符号。 如果剪力 F_Q 有使微段梁左右两截面发生左上右下错动的趋势，则剪力为正[图 6-80(a)]；如果剪刀 F_Q 使微段梁左右两截面有左下右上错动趋势，则剪力为负[图 6-80(b)]。

(2) 弯矩的符号。 如果弯矩使梁弯曲成上凹下凸的形状，则弯矩为正[图 6-80(c)]；如果弯矩使梁弯成下凹上凸形状，弯矩为负[图6-80(d)]。

为了方便记忆剪力和弯矩的符号，可归纳出一个简单的口诀：左上右下，剪力为正；

左顺右逆，弯矩为正。

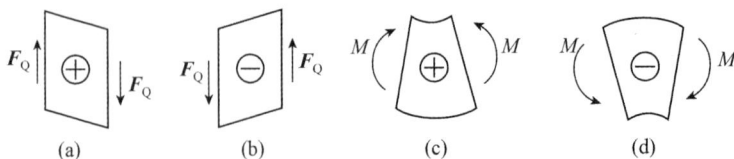

图 6-80　剪力和弯矩符号规定

【例 6-16】 确定图 6-81(a)所示的简支梁上 *m-m* 截面的剪力与弯矩。

解：(1) 求支座约束反力 F_{RA} 和 F_{RB}[图 6-81(b)]。

(2) 用一平面假想地将梁从距左端为 x 的 *m-m* 截面处截成两段，以左段为研究对象，用设正法在该截面上加上正的剪力与正的弯矩[图 6-81(c)]，则由平衡条件得

$$\sum F_y = 0, \quad F_{RA} - F_{P1} - F_{Q1} = 0$$

$$F_{Q1} = F_{RA} - F_{P1} \qquad \qquad ①$$

$$\sum M_C(F) = 0$$

$$M_1 - F_{RA} \cdot x + F_{P1}(x - a_1) = 0$$

$$M_1 = F_{RA} \cdot x - F_{P1}(x - a_1) \qquad \qquad ②$$

式中：C——*m-m* 横截面上的形心。

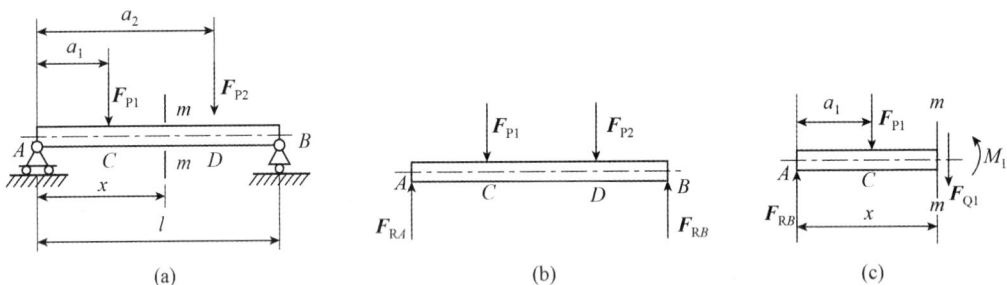

图 6-81　简支梁的内力图

由于已经假设截面上的剪力与弯矩均为正，所以求得的 F_Q 和 M 的正负就表明了该截面的剪力与弯矩的正负。应用这种方法可以求出任何截面的剪力和弯矩。

通过上述例题可以得出，梁横截面的剪力和弯矩与梁的外载荷之间存在以下关系：

(1) 任一横截面的剪力等于该截面左段(或右段)上所有外力在垂直于轴线上投影的代数和，写为

$$F_Q = \sum F_i^L = \sum F_i^R \qquad (6\text{-}36)$$

其中，当以左段为研究对象时，其上所有外力向上为正，向下为负。取右段为研究对象，其上所有外力向下为正，向上为负。记忆口诀：左上右下，外力为正。

(2) 任一横截面上的弯矩等于该截面左段(或右段)上所有外载荷对该截面形心 C 的力矩的代数和，则有

$$M = \sum M_C(F)^L = \Sigma M_C(F)R \tag{6-37}$$

其中，当以左段为研究对象时，其上的外载荷对截面形心 C 的力矩以顺时针转向为正，逆时针转向为负。取右段为研究对象时，其上所有外载荷对截面形心 C 的力矩以逆时针转向为正，顺时针转向为负。记忆口诀：左顺右逆，外力矩为正。

2. 剪力图和弯矩图

(1) 剪力方程与弯矩方程。在通常情况下，梁横截面上的剪力和弯矩是随横截面位置的变化而变化的。设横截面沿梁轴线的位置用坐标 x 表示，则梁各个横截面上的剪力和弯矩可以表示为坐标 x 的函数，即

$$F_Q = F_Q(x) \tag{6-38}$$

$$M = M(x) \tag{6-39}$$

式(6-38)和式(3-39)分别称为剪力方程和弯矩方程。坐标 x 的原点一般取在梁的左端面处，以平行于梁轴线的横坐标表示横截面的位置。建立剪力方程与弯矩方程，实际上就是列出任一横截面上的剪力与弯矩的表达式。

当梁上有多种载荷同时作用时，载荷发生变化的起止点称为界点，如集中力和集中力偶的作用点、均布载荷的起止点和梁的支承点等。界点之间的距离简称段。当梁上各点的剪力或弯矩不能用同一个方程表示时，则应分别写出各段梁的剪力方程或弯矩方程，其中每段又可称为梁的一个力区。

(2) 剪力图和弯矩图。为了表明梁上各截面的剪力和弯矩沿梁轴线的变化情况，通常绘出梁的剪力图和弯矩图。绘图方法与轴力图和扭矩图类似，即以横截面上的剪力或弯矩值为纵坐标，以横截面沿梁轴线的位置为横坐标 x 分别绘出表示 $F_Q(x)$ 或 $M(x)$ 的函数图形，此图形称为剪力图和弯矩图。正值的剪力和弯矩画在 x 轴左侧，负值的剪力和弯矩画在 x 轴左侧。

剪力方程和弯矩方程及剪力图和弯矩图都是梁强度计算和刚度计算的重要依据，是工程力学主要基础知识之一，也是学习工程力学时应该掌握的基本技能。

下面通过列举一些典型例题，说明建立剪力方程和弯矩方程及绘制剪力图和弯矩图的方法。

【例6-17】试画出图 6-82(a)所示在集中力 F_P 作用下的简支梁的剪力图与弯矩图。

解：(1) 求支座约束反力。

$$F_{RA} = \frac{bF_P}{l}, \quad F_{RB} = \frac{aF_P}{l}$$

(2) 分段建立剪力方程与弯矩方程。

AC 段

$$F_Q = \frac{bF_P}{l} \quad (0 < x_1 < a) \qquad ①$$

$$M_1 = F_{RA} \cdot x_1 = \frac{bF_P}{l} \quad (0 \leqslant x_1 \leqslant a) \qquad ②$$

CB 段
$$F_Q = \frac{bF_P}{l} - F_P = -\frac{aF_P}{l} \quad (a < x_2 < l) \qquad ③$$

$$M_2 = F_{RA} \cdot x_2 - F_P(x_2 - a) = \frac{aF_P}{l}(l - x_2) \quad (a \leqslant x_2 \leqslant l) \qquad ④$$

(3) 画剪力图与弯矩图。由式①、式③可知，AC 段和 CB 段的剪力方程均为常数，故它们的剪力图与弯矩图均为水平直线；由式②、式④可知，AC 和 CB 段的弯矩方程均为 x 的一次函数，故它们的弯矩图均为倾斜直线。只要确定各段端点的内力值及其正负号(表 6-3)，就可画出内力图[图 6-82(b)、图 6-82(c)]。

表 6-3　确定各段端点的内力值及其正负号

区段	AC 段		CB 段	
截面	A^+	C^-	C^+	B^-
剪力 F_Q	$\dfrac{bF_P}{l}$	$\dfrac{bF_P}{l}$	$-\dfrac{aF_P}{l}$	$-\dfrac{aF_P}{l}$
弯矩 M	0	$\dfrac{abF_P}{l}$	$\dfrac{abF_P}{l}$	0

注：A^+ 表示 A 截面右侧距 A 截面无穷远处，C^- 表示 C 截面左侧距 C 截面无穷远处，其余类推。

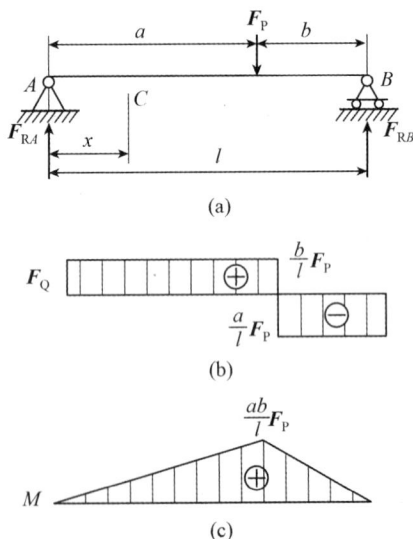

图 6-82　简支梁的内力图

【例 6-18】图 6-83(a)为一受集中力偶 M 作用的简支梁，试画出其剪力图与弯矩图。

解：(1) 求支座约束反力。由静力平衡条件可求得

$$F_{RA} = F_{RB} = \frac{M}{l}$$

(2) 分段建立剪力方程与弯矩方程。

AC 段

$$F_Q = F_{RA} = \frac{M}{l} \quad (0 \leqslant x_1 < a) \qquad ①$$

$$M_1 = F_{RA} \cdot x_1 = \frac{M}{l} x_1 \quad (0 \leqslant x_1 < a) \qquad ②$$

CB 段

$$F_Q = F_{RB} = \frac{M}{l} \quad (a \leqslant x_2 \leqslant l) \qquad ③$$

$$M_2 = F_{RB}(l - x_2) \quad (a \leqslant x_2 \leqslant l) \qquad ④$$

(3) 画剪力图与弯矩图。由式①、式③可知：AC 和 CB 两段的剪力方程均为常数，故剪力图为一条水平线。由式②、式④可知：AC 和 CB 两段的弯矩方程均为 x 的一次函数，故知它们的弯矩图均为倾斜直线。只要确定各段端点的内力值及其正负号(表 6-4)，就可画出内力图。据此可画出各段的剪力图与弯矩图，如图 6-83(b)、图 6-83(c)所示。

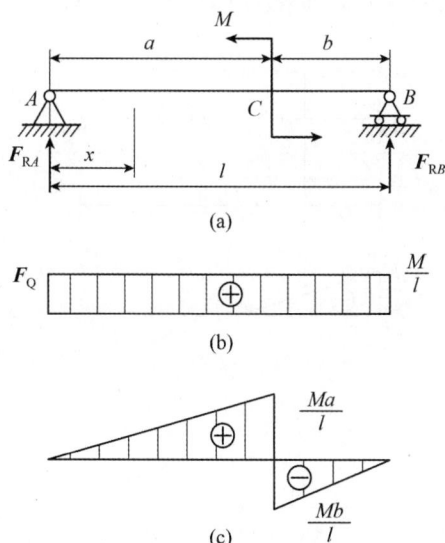

图 6-83　简支梁内力计算简图

表 6-4　各段端点的内力值及其正负号

区段	AC 段		CB 段	
截面	A^+	C^-	C^+	B^-
剪力 F_Q	$\dfrac{M}{l}$	$\dfrac{M}{l}$	$\dfrac{M}{l}$	$\dfrac{M}{l}$
弯矩 M	0	$\dfrac{M \cdot a}{l}$	$-\dfrac{M \cdot b}{l}$	0

【例 6-19】 如图 6-84(a)所示，试画出在载荷集度为 q 的均布载荷作用下的简支梁的剪力图与弯矩图。

解：(1) 求支座约束反力。由于梁和载荷都是对称的，故有

$$F_{RA} = F_{RB} = \frac{ql}{2}$$

(2) 建立剪力方程与弯矩方程。从距梁左端为 l 的任意截面处将梁截开，保留左段为研究对象，则有

$$F_Q = \frac{1}{2}ql - qx \quad (0 \leqslant x \leqslant l) \qquad ①$$

$$M = \frac{1}{2}qlx - \frac{1}{2}qx^2 \quad (0 \leqslant x \leqslant l) \qquad ②$$

(3) 画剪力图与弯矩图。由式①可知，剪力方程为 x 的一次函数，故剪力图是一条倾斜直线[图 6-84(b)]。由式②可知，弯矩方程为 x 的二次函数，故弯矩图为二次抛物线[图 6-84(c)]，需知道三点才能大致画出弯矩图，通常选择区段端点和抛物线的极值点，来画抛物线。现将各控制截面的内力值列表(简称列表求端值)，见表 6-5。

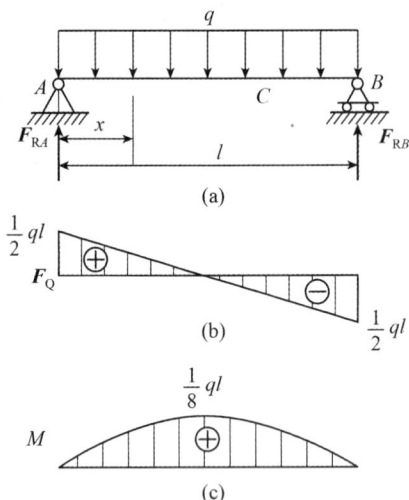

图 6-84 简支梁的内力图

表 6-5 各控制截面的内力值

项目	控制面		
	$A^+(x=0)$	$C(x=l/2)$	$B^-(x=l)$
剪力 F_Q	$\frac{1}{2}ql$	0	$-\frac{1}{2}ql$
弯矩 M	0	$\frac{1}{8}ql^2$	0

总结以上画内力图的过程，可得画内力图的一般步骤：

① 建立坐标系。取 x 轴平行于杆轴线以表示截面位置，另一轴表示内力的大小和符号。

② 确定内力图的分段界限。根据内力方程的适用区间，确定内力图的相应区段。

③ 确定内力图的形状。根据内力方程 x 的幂次，确定该段内力图的图线形状。

④ 确定各段控制面的内力值。求出各段端截面的内力值，从而确定内力图中各控制点的位置。

⑤ 连线成图。将各控制点连接起来，即得所求的内力图。

⑥ 标注正负号及数据。在所绘内力图中标明正、负号及各控制点的坐标值(内力值)，并确定绝对值最大的内力值及其所在截面的位置，以供强度计算使用。

(3) 剪力、弯矩和载荷集度间的关系。由前述内容可见，载荷不同，梁上各截面的剪力和弯矩不同，剪力图和弯矩图的形状也不同。实际上，梁的剪力图、弯矩图与梁上载荷之间存在一定的相互关系，剪力方程和弯矩方程分别为

$$F_Q = \frac{ql}{2} - qx$$

$$M = \frac{ql}{2}x - \frac{1}{2}qx^2$$

若对上述两式求一阶导数，得

$$\frac{\mathrm{d}F_Q(x)}{\mathrm{d}x} = -q = q(x)$$

$$\frac{\mathrm{d}M(x)}{\mathrm{d}x} = \frac{ql}{2} - qx = F_Q(x)$$

剪力、弯矩和载荷集度各函数之间的这种微分关系具有一般普遍规律(证明从略)，即剪力方程的一阶导数等于载荷集度，弯矩方程的一阶导数等于剪力方程。利用这些微分关系，可以对梁的剪力、弯矩图进行绘制和检查。

$$\frac{\mathrm{d}F_Q(x)}{\mathrm{d}x} = q(x) \tag{6-40}$$

$$\frac{\mathrm{d}M(x)}{\mathrm{d}x} = F_Q(x) \tag{6-41}$$

由式(6-40)、式 6-41)又可得到如下关系：

$$\frac{\mathrm{d}^2 M(x)}{\mathrm{d}x^2} = \pm q \tag{6-42}$$

式(6-40)～式(6-42)的几何意义分别是：剪力图上任一点切线的斜率等于梁上对应点处的载荷集度，弯矩图上任一点切线的斜率等于梁上对应点处横截面上的剪力，弯矩图的凹凸形状由载荷集度 q 的正、负确定。

根据上述微分关系及以上各例题分析，可以总结出梁的剪力图、弯矩图与梁上载荷之间的一些规律，现归纳如下：

① 若梁上某段无分布载荷作用，则剪力 $F_Q(x)$ 为一不变的常数，段内各截面的剪力相同，剪力图为一水平直线。而弯矩 $M(x)$ 为 x 的一次函数，弯矩图为一斜直线。当 $F_Q > 0$ 时，弯矩图从左到右向上倾斜(斜率为正)；当 $F_Q < 0$ 时，弯矩图从左到右向下倾斜(斜率为负)；

当 $F_Q = 0$ 时，弯矩图为一水平直线。

② 若梁上某段有均布载荷 q 作用，则剪力 $F_Q(x)$ 是 x 的一次函数，段内剪力图为一斜直线；对应的弯矩 $M(x)$ 为 x 的二次函数，段内弯矩图为二次抛物线，且抛物线的开口方向与均布载荷 q 的指向一致。若 q 的指向向下（$q<0$），则该段剪力图为左高右低的斜直线，弯矩图为开口向下的抛物线；若 q 的指向向上（$q>0$），则该段剪力图为左低右高的斜直线，弯矩图为开口向上的抛物线；在 $F_Q=0$ 的截面上，弯矩为极值，即抛物线的顶点。

③ 在集中力作用的界点上，剪力图有突变，突变值等于该集中力；从左向右绘图时，突变的方向与集中力指向一致，从右向左绘图时，则突变方向与集中力指向相反。而弯矩图在此界点处存在折角现象。

④ 在集中力偶作用的界点，剪力图无变化，弯矩图有突变，突变值等于该集中力偶矩；从左向右绘图时，当力偶为顺时针转向时，弯矩图向上突变；反之，若力偶为逆时针转向，则弯矩图向下突变。从右向左绘图时，突变方向与之相反。

熟悉和掌握以上规律，应用时可以明显提高绘图能力，并能够快速发现绘图过程中出现的错误。为便于记忆，上述关系见表 6-6 和表 6-7。

表 6-6　剪力图和弯矩图的图形规律

项目		$q=0$		$q \neq 0$		
		图形规律	斜率规律	图形规律	斜率规律	
					q 指向向下	q 指向向上
内力图	F_Q 图	直线	水平	斜直线	左高右低	左低右高
	M 图	斜直线	$F_Q \geq 0$，左低右高；$F_Q < 0$，左高右低	抛物线	开口向下	开口向上

表 6-7　剪力图和弯矩图突变规律

项目		集中力作用界点	集中力偶作用界点
F_Q 图	突变方向	与集中力方向相同	无突变
	突变数值	等于集中力	无
M 图	突变方向	无突变	若集中力偶为顺时针转向，弯矩图向上突变；反之，则相反
	突变数值	界点有折角	等于集中力偶的数值

二、平面弯曲正应力及强度计算

（一）平面弯曲正应力

横力弯曲：梁截面上既有弯矩又有剪力，梁横截面上既有正应力又有切应力。

纯弯曲：梁横截面上只有弯矩而无剪力，梁横截面上只有正应力。

横力弯曲时的最大切应力发生在截面中性轴上。对于细长梁，一般只进行正应力分析，但对于薄壁梁或短跨梁，则既要进行正应力分析，又要进行切应力分析。本节主要研究对象为细长梁。

1. 平面弯曲正应力分布规律

横截面上的正应力对中性轴呈线形分布，且距中性轴距离相等的各点的正应力数值相等，中性轴上正应力等于零，中性轴两侧，一侧受拉，另一侧受压，离中性轴越远正应力越大，最大正应力(绝对值)在离中性轴最远的上、下边缘处，如图 6-85 所示。

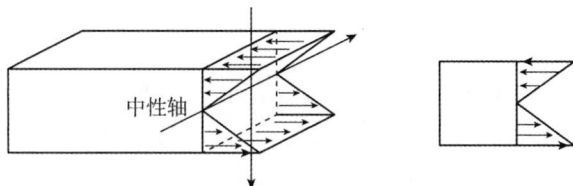

图 6-85　平面弯曲正应力分布图

2. 正应力计算公式

(1) 任意点的正应力。

$$\sigma = \frac{My}{I_z} \tag{6-43}$$

式中：M——横截面上的弯矩；

$\quad y$——所求点到中性轴的距离；

$\quad I_z$——截面对中性轴 z 的惯性矩，m^4。

(2) 横截面上的最大正应力。当 $y = y_{max}$ 时，弯曲正应力达最大值，即

$$\sigma_{max} = \frac{My_{max}}{I_z}$$

令

$$W_z = \frac{I_z}{y_{max}}$$

则可得

$$\sigma_{max} = \frac{M}{W_z} \tag{6-44}$$

式中：W_z——抗弯截面系数，m^3。

说明：

① 当截面形状对称于中性轴时(如矩形、工字形、圆形)，如图 6-86 所示，其受拉和受压边缘离中性轴的距离相等，即 $y_1 = y_2 = y_{max}$，因而 $\sigma_{l\,max} = \sigma_{y\,max}$。

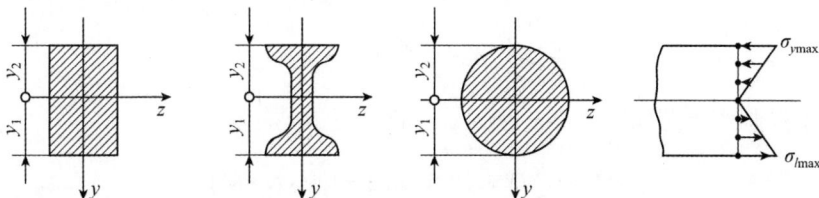

图 6-86　对称截面的应力分布

② 当截面形状不对称于中性轴时(如 T 形截面)，如图 6-87 所示，其 $y_1 \neq y_2$，所以最大拉应力与最大压应力不相等，分别为

$$\sigma_{l\max} = \frac{My_1}{I_z}, \quad \sigma_{y\max} = \frac{My_2}{I_z}$$

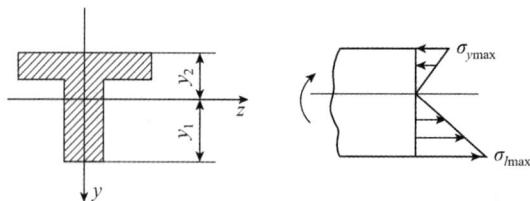

图 6-87　非对称截面的应力分布

③ 轴惯性矩和抗弯截面系数。轴惯性矩 I 和抗弯截面系数 W 是只与截面的形状、尺寸有关的几何量。截面面积分布离中性轴越远，截面对该轴的惯性矩越大，抗弯截面系数也越大。常用截面的 I、W 计算公式见表 6-8。

表 6-8　常用截面的 I、W 计算公式

截面图形	形心轴惯性矩	抗弯截面系数
	$I_z = \dfrac{bh^3}{12}$ $I_y = \dfrac{hb^3}{12}$	$W_z = \dfrac{bh^2}{6}$ $W_y = \dfrac{hb^2}{6}$
	$I_z = I_y = \dfrac{\pi d^4}{64}$	$W_z = W_y = \dfrac{\pi d^3}{32}$

【例 6-20】悬臂梁如图 6-88(a)所示，长为 l 的矩形截面[6-88(b)]，在自由端作用一集中力 F。已知：$b=120$mm，$h=180$mm，$l=2$m，$F=1.6$kN。试求 B 截面上 a、b、c 各点的正应力。

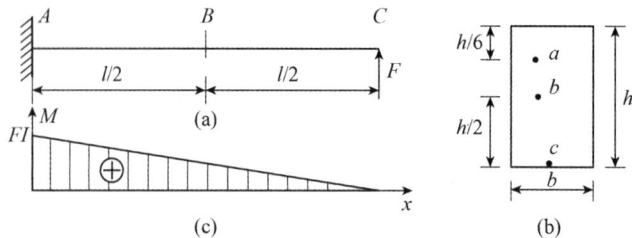

图 6-88　悬臂梁的平面计算简图

解：(1) 绘制弯矩图如图 6-88(c)所示。B 截面处的弯矩值为

$$M_B = \frac{1}{2}Fl = \frac{1}{2} \times 1.6 \times 2 = 1.6(\text{kN} \cdot \text{M})$$

(2) 求各点的正应力。

a 点 $\quad \sigma_a = \dfrac{M_B y_a}{I_z} = \dfrac{\dfrac{1}{2}Fl\dfrac{h}{3}}{\dfrac{bh^3}{12}} = \dfrac{\dfrac{1}{2} \times 1.6 \times 10^3 \times 2 \times 10^3 \times \dfrac{180}{3}}{\dfrac{120 \times 180^3}{12}} = 1.65(\text{MPa})$

b 点 $\quad\quad\quad\quad \sigma_b = \dfrac{M_B y_b}{I_z}, \quad y_b = 0, \sigma_b = 0$

c 点 $\quad \sigma_c = \dfrac{M_B y_c}{I_z} = \dfrac{\dfrac{1}{2}Fl\dfrac{h}{2}}{\dfrac{bh^3}{12}} = \dfrac{\dfrac{1}{2} \times 1.6 \times 10^3 \times 2 \times 10^3 \times \dfrac{180}{3}}{\dfrac{120 \times 180^3}{12}} = 2.47(\text{MPa})$

(二) 强度计算

对梁进行强度计算时，应同时满足正应力强度条件和切应力强度条件。但对于工程中常见的细长实心梁截面，截面上最大正应力远大于最大切应力，这表明梁的强度主要由正应力控制。但在有些情况下必须考虑切应力并按切应力进行强度校核，如短跨梁，或者较大载荷作用于支座附近的梁，以及薄壁截面和工字形截面腹板较高的梁等。

对于等截面直梁，最大弯矩所在截面称为**危险截面**；危险截面上距离中性轴最远的点称为**危险点**。要使梁具有足够的强度，必须使危险截面上的最大工作应力不超过材料的许用应力，其强度条件为

$$\sigma_{\max} = \frac{M_{\max} y_{\max}}{I_z} \leqslant [\sigma] \tag{6-45}$$

式中：$[\sigma]$——材料许用弯曲应力。

对于材料的抗拉强度和抗压强度相同的梁，截面宜采用与中性轴对称的形状，如矩形和圆形截面或工字钢截面等，即当截面对中性轴具有对称性时，强度条件可写为

$$\sigma_{\max} = \frac{M_{\max}}{W_z} \leqslant [\sigma] \tag{6-46}$$

对于脆性材料(如铸铁)制成的梁，由于材料的抗拉强度和抗压强度不等，截面宜采用与中性轴不对称的形状，其强度条件为

$$\sigma_{\max}^+ = \frac{M_{\max}}{I_z} y_1 \leqslant [\sigma]^+ \tag{6-47}$$

$$\sigma_{\max}^- = \frac{M_{\max}}{I_z} y_2 \leqslant [\sigma]^- \tag{6-48}$$

式中：$\sigma_{\max}^+$——梁上的最大拉应力；

$\quad\quad\; \sigma_{\max}^-$——梁上的最大压应力；

$\quad\quad\; [\sigma]^+$ 和 $[\sigma]^-$——材料的许用拉应力与许用压应力；

$\quad\quad\; y_1$、y_2——最大拉应力作用位置和最大压应力作用位置距中性轴的坐标值。

应用强度条件可以解决梁的强度校核、设计截面尺寸和确定许用载荷等三类问题。

【例 6-21】圆轴受力如图 6-89(a)所示。已知：轴的许用应力$[\sigma]$=125MPa。试设计轴的直径 d。

解：(1) 画受力简图，如图 6-89(b)所示。

(2) 作弯矩图、分析危险截面。弯矩图如图 6-89(c)所示。

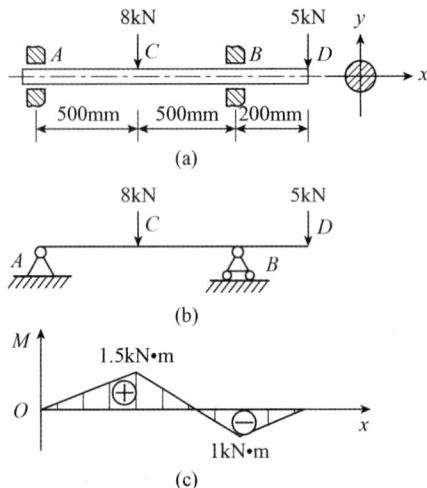

图 6-89　圆轴的平面计算简图

由于该轴各截面的几何性质相同，为等截面梁，所以最大弯矩所在截面 C 即该轴的危险截面。

(3) 设计轴的直径。由梁的正应力强度条件

$$\sigma_{max} = \frac{M_{max}}{W_z} = \frac{32M_{max}}{\pi d^3} \leqslant [\sigma]$$

得

$$d \geqslant \sqrt[3]{\frac{32M_{max}}{\pi[\sigma]}} = \sqrt[3]{\frac{32 \times 1.5 \times 10^6}{\pi \times 125}} \text{mm} = 49.6(\text{mm})$$

取 d=50mm。

【例 6-22】螺旋压板夹紧装置如图 6-90(a)所示。已知：板长 a=150mm，压板材料的许用应力$[\sigma]$=140MPa。试确定压板作用于工件的最大许可压紧力$[F]$。

解：(1) 作受力简图，如图 6-90(b)所示。

(2) 作弯矩图、分析危险截面。弯矩图如图 6-90(c)所示。

由于 C 截面弯矩最大，且有螺栓孔，抗弯截面系数 W_z 最小，故 C 截面为该轴的危险截面。

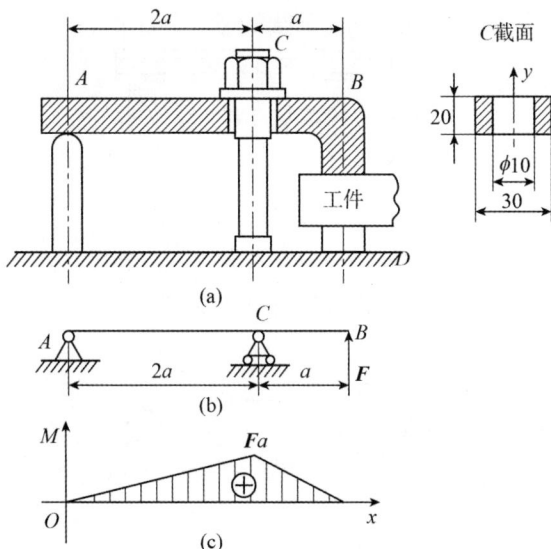

图 6-90　螺旋压板夹紧装置的平面计算简图

(3) 确定许可压紧力。查表得危险截面对中性轴的惯性矩：

$$W_z = \frac{b^3(H-h)}{12} = \frac{20^3 \times (30-10)}{12} = 1.33 \times 10^4 (\text{mm}^4)$$

抗弯截面系数

$$I_z = \frac{I_z}{y_{max}} = \frac{1.33 \times 10^4}{10} = 1.33 \times 10^3 (\text{mm}^3)$$

由梁的正应力强度条件

$$\sigma_{max} = \frac{M_{max}}{W_z} = \frac{Fa}{W_z} \leqslant [\sigma]$$

得

$$F \leqslant \frac{W_z[\sigma]}{a} = \frac{1.33 \times 10^3 \times 140}{50} = 3.72(\text{kN})$$

故压板作用在工件上的最大许可压紧力[F]=3.72kN。

【例 6-23】简易吊车的横梁 AB 为工字钢，如图 6-91(a)所示，其许用应力[σ]=120MPa，吊车的最大起吊重量为 F=10kN(包括电动葫芦自重)，不计梁的自重。试按正应力强度条件选择工字钢型号。

解：(1) 作受力简图。将 AB 梁简化为图 6-91(b)所示的简支梁，并让载荷 F 作用于梁的跨中，因为此时 F 产生的弯矩最大。

(2) 作弯矩图、分析危险截面。弯矩图如图 6-91(c)所示，由于 AB 梁为等截面梁，所以最大弯矩所在截面(跨中)即梁的危险截面。

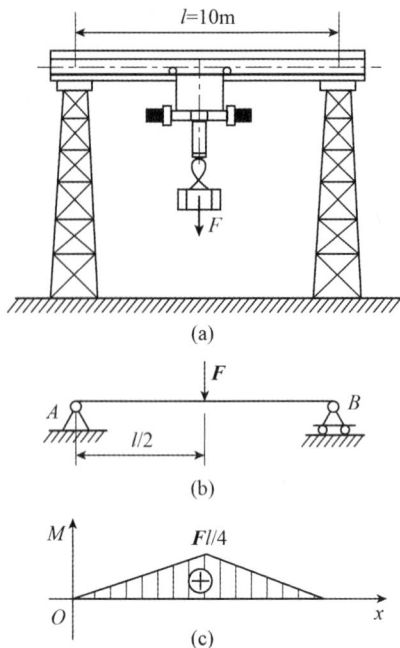

图 6-91 吊车横梁的平面计算简图

(3) 选择工字钢型号。由正应力强度条件

$$\sigma_{max} = \frac{M_{max}}{W_z} \leqslant [\sigma]$$

得

$$W_z \geqslant \frac{M_{max}}{[\sigma]} = \frac{\dfrac{Fl}{4}}{[\sigma]} = \frac{10 \times 10^3 \times 10 \times 10^3}{4 \times 120} = 208.3(\text{cm}^3)$$

根据 $W_z = 208.3\text{cm}^3$ 查型钢表，选用 20a 工字钢，其参数为 $W_z = 237\text{cm}^3 > 208.3\text{cm}^3$。

【例 6-24】 T 字形铸铁托架如图 6-92(a)所示，T 字形截面如图 6-92(b)所示，其许用应力 $[\sigma_1] = 40\text{MPa}$，$[\sigma_y] = 120\text{MPa}$。已知：$F = 10\text{kN}$，$l = 300\text{mm}$，$n\text{-}n$ 截面对中性轴 z 的惯性矩 $I_z = 1.93 \times 10^6 \text{mm}^4$，$y_1 = 24.3\text{mm}$，$y_2 = 75.7\text{mm}$，各截面的承载能力大致相同。试校核托架 $n\text{-}n$ 截面的强度。

解： (1) 作受力简图，如图 6-92(c)所示。作弯矩图，如图 6-92(d)所示。

(2) 校核强度。作 $n-n$ 截面的应力分布图，如图 6-92(e)所示。最大拉应力发生于上边缘各点

$$\sigma_{1_{max}} = \frac{M_{max} y_1}{I_z} = \frac{3 \times 10^6 \times 24.3}{1.93 \times 10^6} = 37.8\text{MPa} < [\sigma_1] = 40(\text{MPa})$$

最大正应力发生于下边缘各点，且

$$\sigma_{y_{max}} = \frac{M_{max} y_2}{I_z} = \frac{3 \times 10^6 \times 75.7}{1.93 \times 10^6} = 117.7\text{MPa} < [\sigma_y] = 120(\text{MPa})$$

因此托架满足强度要求。

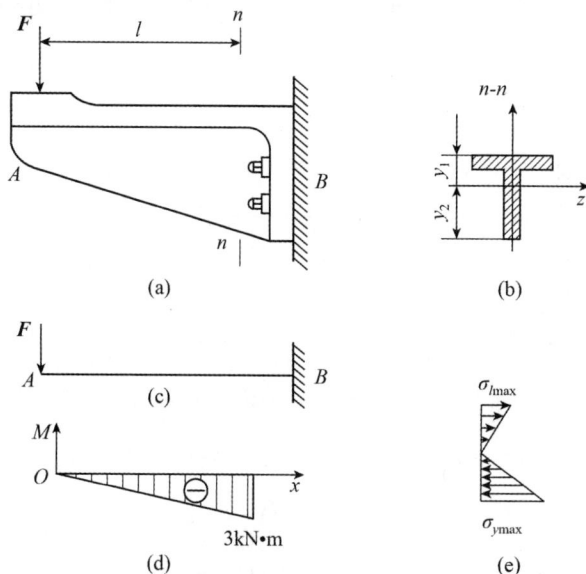

图 6-92　T 字形铸铁托架平面计算简图

三、梁的变形和梁的刚度条件

(一) 梁的变形

实际工程中，对某些受弯构件除有强度要求外，往往还有刚度要求，即要求其变形不能超过限定值。否则，变形过大，使结构或构件丧失正常功能，发生刚度失效。例如车床的主轴，若其变形过大，不仅会影响齿轮的啮合和轴承的配合，造成磨损不匀，产生噪声，缩短寿命，还会影响加工精度。

在实际工程中，还存在另外一种情况，它所考虑的不是限制构件的弹性变形，而是希望构件在不发生强度失效的前提下，尽量产生较大的弹性变形。例如各种车辆中用于减少振动的叠板弹簧，采用板条叠合结构，吸收车辆受到振动和冲击时的动能，起到缓冲振动的作用。

这些都说明研究梁的弯曲变形是非常必要的。

1. 梁的挠曲线

图 6-93 所示的悬臂梁，取变形前梁的轴线为 x 轴，与轴线垂直且向上的轴为 w 轴。在平面弯曲的情况下，梁的轴线在 $x-w$ 平面内弯成一曲线 AB'，称为梁的**挠曲线**。梁的变形可用以下两个位移量来表示：挠度和转角。

(1) 挠度。梁任一横截面的形心在垂直于轴线方向的线位移，称为该横截面的**挠度**，用 w 表示。规定沿 w 轴正向(向上)的挠度为正，反之为负。挠度的单位为 mm。

(2) 转角。梁的任一横截面绕其中性轴转过的角度，称为该横截面的**转角**，用 θ 表示。

根据平面假设，梁变形后的横截面仍保持为平面并与挠曲线正交，因而横截面的转角 θ 也等于挠曲线在该截面处的切线与 x 轴的夹角。规定转角逆时针方向时为正，反之为负。转角的单位为 rad。

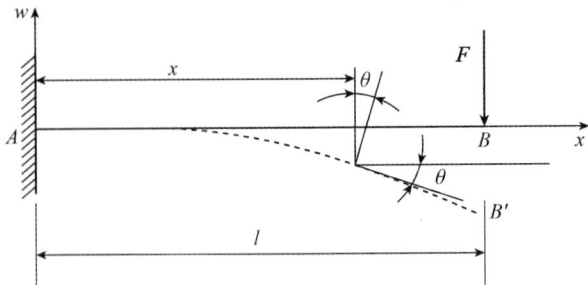

图 6-93　梁的挠曲线

梁横截面的挠度 w 和转角 θ 都随截面位置 x 而变化，是 x 的连续函数，即

$$w = w(x) \tag{6-49}$$

$$\theta = \theta(x) \tag{6-50}$$

式(6-49)、式(6-50)分别称为梁的**挠曲线方程**和**转角方程**。在小变形条件下，两者之间存在下面的关系

$$\theta = \tan\theta = \frac{\mathrm{d}w}{\mathrm{d}x} \tag{6-51}$$

式中：θ ——挠曲线上任一点处切线的斜率等于该处横截面的转角。

因此，只要知道梁的挠曲线方程 $w = w(x)$，就可求得梁任一横截面的挠度 w 和转角 θ。

2. 梁的挠曲线微分方程

在前面推导纯弯曲梁正应力计算公式时，曾得到用中性层曲率半径 ρ 表示的弯曲变形的公式

$$\frac{1}{\rho} = \frac{M}{EI} \tag{6-52}$$

如果忽略剪切力对变形的影响，式(6-52)也可以用于梁的横力弯曲的情形。此时，弯矩 M 和相应的曲率半径 ρ 均为 x 的函数，式(6-52)变为

$$\frac{1}{\rho(x)} = \frac{M(x)}{EI} \tag{6-53}$$

另外，从几何关系上看，平面曲线的曲率有如下表达式：

$$\frac{1}{\rho(x)} = \pm\frac{\dfrac{\mathrm{d}^2 w}{\mathrm{d}x^2}}{\left[1 + \left(\dfrac{\mathrm{d}w}{\mathrm{d}x}\right)^2\right]^{3/2}} \tag{6-54}$$

在小变形条件下，转角 θ 是一个很小的量，故 $\left(\dfrac{\mathrm{d}w}{\mathrm{d}x}\right)^2 \ll 1$，于是上式可简化为

$$\frac{1}{\rho(x)} = \pm\frac{\mathrm{d}^2 w}{\mathrm{d}x^2} \tag{6-55}$$

将式(6-55)代入式(6-53)，得

$$\pm\frac{\mathrm{d}^2 w}{\mathrm{d}x^2} = \frac{M(x)}{EI} \tag{6-56}$$

现在来确定式(6-56)中的正负号。如果弯矩 M 的正负号仍然按以前规定，并选择 w 轴向上为正，则弯矩 M 与 $\dfrac{\mathrm{d}^2 w}{\mathrm{d}x^2}$ 恒为异号，式(6-56)左端应取正号，故有

$$\frac{\mathrm{d}^2 w}{\mathrm{d}x^2} = \frac{M(x)}{EI} \tag{6-57}$$

式(6-57)称为梁的挠曲线近似微分方程，对其进行积分，可得转角 θ 和挠度 w。

(二) 用积分法求弯曲变形

对于等截面梁，EI 为常量，对挠曲线近似微分方程进行两次积分，即可得到梁的转角方程和挠度方程：

$$\theta = \frac{\mathrm{d}w}{\mathrm{d}x} = \int \frac{M(x)}{EI}\mathrm{d}x + C \tag{6-58}$$

$$w = \iint \left(\frac{M(x)}{EI}\mathrm{d}x\right)\mathrm{d}x + Cx + D \tag{6-59}$$

式中：C、D——积分常数，可以应用梁的边界条件与挠曲线连续光滑条件来确定。

积分常数确定后，分别用式(6-58)和式(6-59)求得转角和挠度方程。

【例 6-25】悬臂梁的平面计算简图如图 6-94 所示，EI=常数，其自由端受一集中力 F 作用。试求该梁的转角方程和挠度方程，并确定其最大转角和最大挠度。

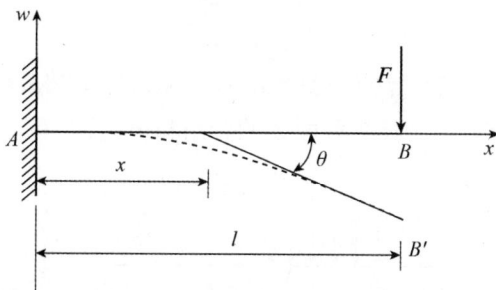

图 6-94　悬臂梁的平面计算简图

解：(1) 建立挠曲线微分方程并积分。在图 6-94 所示坐标下的梁弯矩方程为

$$M(x) = -F(l-x)$$

则其挠曲线微分方程为

$$\frac{\mathrm{d}^2 w}{\mathrm{d}x^2} = -\frac{F(l-x)}{EI}$$

经积分，得

$$\theta = \frac{\mathrm{d}w}{\mathrm{d}x} = \frac{F}{2EI}x^2 - \frac{Fl}{EI}x + C \qquad ①$$

$$w = \frac{F}{6EI}x^3 - \frac{Fl}{2EI}x^2 + Cx + D \qquad ②$$

(2) 确定积分常数。

边界条件

$$x = 0, \quad \theta_A = 0, \quad w_A = 0$$

将上述边界条件分别代入式①和式②，得

$$C = 0, \quad D = 0$$

(3) 确定转角方程和挠度方程。将所得积分常数 C 和常数 D 代入式①和式②，得转角方程和挠度方程：

$$\theta = \frac{F}{EI}\left(\frac{1}{2}x^2 - lx\right)$$

$$w = \frac{F}{6EI}(x^3 - 3lx^2)$$

(4) 确定最大转角和最大挠度。梁的最大转角和最大挠度均在梁的自由端截面 B 处，将端截面 B 的横坐标 $x=1$ 代入以上两式，最大转角和最大挠度分别为

$$\theta_{\max} = -\frac{Fl^2}{2EI}$$

$$w_{\max} = -\frac{Fl^3}{3EI}$$

【例 6-26】悬臂梁的平面计算简图如图 6-95 所示，左半部承受均布载荷 q 作用，试建立梁的转角方程和挠度方程，并计算截面 A 的转角和挠度。

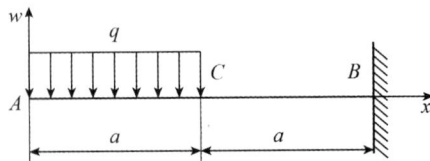

图 6-95　悬臂梁的平面计算简图

解： 分段列出弯矩方程

AC 段

$$M_1(x) = -\frac{1}{2}qx^2 \quad (0 \leqslant x \leqslant a)$$

CB 段

$$M_2(x) = -qax + \frac{1}{2}qx^2 \quad (a \leqslant x \leqslant 2a)$$

因为 *AC* 段和 *CB* 段两段内的弯矩方程不同，挠曲线的微分方程也就不同，所以应分段进行积分。

AC 段($0 \leqslant x \leqslant a$)：

$$\frac{\mathrm{d}^2 w_1}{\mathrm{d}x^2} = -\frac{q}{2EI}x^2 \qquad ①$$

$$\theta_1 = \frac{\mathrm{d}w_1}{\mathrm{d}x} = -\frac{q}{6EI}x^3 + C_1 \qquad ②$$

$$w_1 = -\frac{q}{24EI}x^4 + C_1 x + D_1 \qquad ③$$

CB 段($a \leqslant x \leqslant 2a$)：

$$\frac{\mathrm{d}^2 w_2}{\mathrm{d}x^2} = -\frac{qa}{EI}x + \frac{qa^2}{2EI} \qquad ④$$

$$\theta_2 = \frac{\mathrm{d}w_2}{\mathrm{d}x} = -\frac{qa}{2EI}x^2 + \frac{qa^2}{2EI}x + C_2 \qquad ⑤$$

$$w_2 = -\frac{qa}{6EI}x^3 + \frac{qa^2}{4EI}x^2 + C_2 x + D_2 \qquad ⑥$$

积分出现 4 个积分常数，需要 4 个条件确定。由于挠曲线是一条光滑连续的曲线，所以在 *C* 点，即 $x = a$ 处，由式②和式⑤所确定的转角应相等；由式③和式⑥所确定的挠度应相等，即光滑连续条件。将式②、式⑤、式③和式⑥代入上述光滑连续条件，可得

$$C_1 = C_2 + \frac{qa^3}{6EI} \qquad ⑦$$

$$D_1 = D_2 - \frac{qa^4}{24EI} \qquad ⑧$$

此外，*B* 端为固定端，边界条件为在 $x = 2a$ 处 $w_2 = 0$，$\theta_2 = 0$。将边界条件代入式⑤和式⑥，得

$$C_2 = \frac{qa^3}{EI} \qquad ⑨$$

$$D_2 = -\frac{5qa^4}{3EI} \qquad ⑩$$

将式⑨和式⑩代入式⑦和式⑧，得

$$C_1 = \frac{7qa^3}{6EI}$$

$$D_1 = -\frac{41qa^4}{24EI}$$

将所求得的积分常数代入式②、式③、式⑤和式⑥，求得转角方程和挠度方程：

AC 段($0 \leqslant x \leqslant a$)：

$$\theta_1 = -\frac{q}{6EI}(x^3 - 7a^3) \qquad ⑪$$

$$w_1 = -\frac{q}{24EI}(x^4 - 28a^3x + 41a^4) \qquad ⑫$$

CB 段($a \leqslant x \leqslant 2a$)：

$$\theta_2 = -\frac{qa}{2EI}(x^2 - ax - 2a^2) \qquad ⑬$$

$$w_2 = -\frac{qa}{12EI}(2x^3 - 3ax^2 - 12a^2x + 20a^3) \qquad ⑭$$

将 $x = 0$ 分别代入式⑪和式⑬式，可得截面 A 的转角和挠度：

$$\theta_A = \theta_1\big|_{x=0} = \frac{7qa^3}{6EI}$$

$$w_A = w_1\big|_{x=0} = -\frac{41qa^4}{24EI}$$

(三) 叠加法计算梁的变形

积分法是求解梁变形的基本方法。利用积分法可求出任意梁的挠曲线方程和转角方程，并求得任意截面的挠度和转角，但当梁上作用载荷比较复杂时，其运算过程比较烦琐。在实际工程中，一般并不需要计算整个梁的挠曲线方程，只需要计算最大挠度和最大转角，所以用叠加法求指定截面的挠度和转角较方便。

试验表明，材料在服从胡克定律且变形小的条件下，横截面挠度和转角均与梁的载荷成线性关系，各个载荷引起的变形是相互独立的。所以，当梁上有多个载荷同时作用时，可分别计算各个载荷单独作用时所引起梁的变形，然后求出诸变形的代数和，即这些载荷共同作用时梁所产生的变形，这种计算方法称为**叠加法**。表6-9是梁在简单载荷作用下的变形表。应用叠加法，便可求得在复杂载荷作用下梁的变形。

表 6-9　梁在简单载荷作用下的变形

载荷类型	转角	最大挠度	挠曲线方程
1. 悬臂梁·集中载荷作用在自由端			
	$\theta_B = -\dfrac{Fl^2}{2EI}$	$w_B = -\dfrac{Fl^3}{3EI}$	$w(x) = \dfrac{Fx^2}{6EI}(3l - x)$
2. 悬臂梁·弯曲力偶作用在自由端			
	$\theta_B = -\dfrac{Ml}{EI}$	$w_B = -\dfrac{Ml^2}{2EI}$	$w(x) = -\dfrac{Mx^2}{2EI}$
3. 悬臂梁·均布载荷作用在梁上			
	$\theta_B = -\dfrac{ql^3}{6EI}$	$w_B = -\dfrac{ql^4}{8EI}$	$w(x) = -\dfrac{qx^2}{24EI}(x^2 + 6l^2 - 4lx)$
4. 简支梁·集中载荷作用在任意位置			
	$\theta_A = -\dfrac{Fb(l^2 - b^2)}{6lEI}$ $\theta_a = \dfrac{Fab(2l - b)}{6lEI}$	$w_{\max} = -\dfrac{Fb(l^2 - b^2)^{3/2}}{9\sqrt{3}lEI}$ $\left(在\, x = \sqrt{\dfrac{l^2 - b^2}{3}}\,处\right)$	$w_1(x) = -\dfrac{Fbx}{6lEI}(l^2 - x^2 - b^2)$ $(0 \leqslant x \leqslant a)$ $w_2(x) = -\dfrac{Fb}{6lEI}\Big[\dfrac{l}{b}(x - a)^2 +$ $(l^2 - b^2)x - x^2\Big]$ $(a \leqslant x \leqslant l)$
5. 简支梁·均布载荷作用在梁上			
	$\theta_A = -\theta_B = -\dfrac{ql^3}{24EI}$	$w_{\max} = -\dfrac{5ql^4}{384EI}$ $\left(在\, x = \dfrac{l}{2}\,处\right)$	$w(x) = -\dfrac{qx}{24EI}(l^3 - 2lx^2 + x^3)$
6. 简支梁·弯曲力偶作用在梁的一端			
	$\theta_A = -\dfrac{Ml}{6EI}$ $\theta_B = \dfrac{Ml}{3EI}$	$w_{\max} = -\dfrac{Ml^2}{9\sqrt{3}EI}$ $\left(在\, x = \dfrac{l}{\sqrt{3}}\,处\right)$	$w(x) = -\dfrac{Mlx}{DEI}\left(1 - \dfrac{x^2}{l^2}\right)$
7. 简支梁·弯曲力偶作用在两支撑面任意点			
	$\theta_A = \dfrac{M}{6EIl}(l^2 - 3b^2)$ $\theta_B = \dfrac{M}{6EIl}(l^2 - 3a^2)$ $\theta_C = -\dfrac{M}{6EIl}(3a^2 + 3b^2 - l^2)$	$w_{\max 1} = \dfrac{M(l^2 - 3b^2)^{3/2}}{9\sqrt{3}EIl}$ $\left(在\, x = \dfrac{\sqrt{l^2 - 3b^2}}{\sqrt{3}}\,处\right)$ $w_{\max 2} = \dfrac{M(l^2 - 3a^2)^{3/2}}{9\sqrt{3}EIl}$ $\left(在\, x = \dfrac{\sqrt{l^2 - 3a^2}}{\sqrt{3}}\,处\right)$	$w_1(x) = \dfrac{Mx}{6EIl}(l^2 - 3b^2 - x^2)$ $(0 \leqslant x \leqslant a)$ $w_2(x) = -\dfrac{M(l - x)}{6EIl}\Big[l^2 - 3a^2 -$ $(l - x)^2\Big]$ $(a \leqslant x \leqslant l)$

下面举例说明用叠加法计算梁的变形。

【例 6-27】悬臂梁 AB 在自由端 B 和中点 C 受集中力 F 作用，如图 6-96 所示。试用叠加法求自由端 B 的位移。

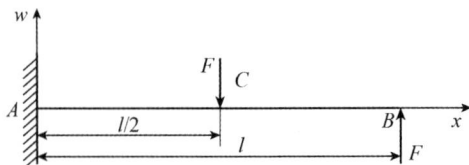

图 6-96　悬臂梁的平面计算简图

解： 在仅有 B 端点集中力 F 作用时，自由端 B 的挠度通过查表 6-9 得

$$w_{B1} = \frac{Fl^3}{3EI}$$

在中点 C 仅有集中力 F 作用时，C 点处的位移与转角，通过查表 6-9，有

$$w_C = -\frac{F\left(\frac{l}{2}\right)^3}{3EI}, \quad \theta_C = -\frac{F\left(\frac{l}{2}\right)^2}{2EI}$$

由于 C 点的位移将引起 B 端点的相同位移，同时由于 C 点的转角会引起 B 点的位移，集中力 F 引起 B 端点位移为这两个位移之和

$$w_{B2} = w_C + \theta_C \times \frac{l}{2} = -\frac{Fl^3}{24EI} - \frac{Fl^3}{16EI} = -\frac{5Fl^3}{48EI}$$

在两个集中力 F 共同作用下，自由端 B 的挠度为

$$w_B = w_{B1} + w_{B2} = \frac{Fl^3}{3EI} - \frac{5Fl^3}{48EI} = \frac{11F^3}{48EI}$$

【例 6-28】悬臂梁的平面计算简图如图 6-97 所示，自由端 B 受集中力偶矩 M，中点 C 受集中力 F 作用，试用叠加法求自由端 B 的位移。

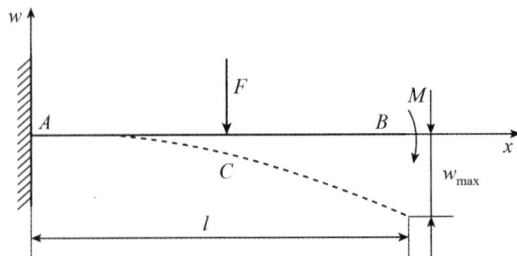

图 6-97　悬臂梁的平面计算简图

解： 在 M、F 作用下，显然自由端挠度最大，仅有端部力偶矩 M 作用时，端部挠度通过查表 6-9 得

$$w_{B1} = -\frac{Ml^2}{2EI}$$

在中点 C 仅有集中力 F 作用时，C 点处的位移与转角，通过查表 6-9，有

$$w_C = -\frac{F\left(\dfrac{l}{2}\right)^3}{3EI}, \quad \theta_C = -\frac{F\left(\dfrac{l}{2}\right)^2}{2EI}$$

由于 C 点的位移将引起端点 B 的相同位移，同时由于 C 点的转角会引起 B 点的位移，集中力 F 引起 B 端点位移为这两个位移之和

$$w_{B2} = w_C + \theta_C \times \frac{l}{2} = -\frac{Fl^3}{24EI} - \frac{Fl^3}{16EI} = -\frac{5Fl^3}{48EI}$$

在 M、F 共同作用下，自由端 B 的挠度为

$$w_{max} = w_{B1} + w_{B2} = -\frac{Ml^2}{2EI} - \frac{5Fl^3}{48EI}$$

【例 6-29】悬臂梁的平面计算简图如图 6-98 所示，左半部分承受均布载荷 q 作用，试用叠加法计算梁截面 A 的转角和挠度。

解：为了利用表 6-9 中梁变形结果，将图 6-98(a)所示载荷做如下等效变化，将作用在梁左半部分的均布载荷 q 延展至梁的右端 B，同时在延展部分施加反向的均布载荷 [图 6-98(b)]，再将其分解为[图 6-98(c)]和[图 6-98(d)]所示两种简单作用的梁。

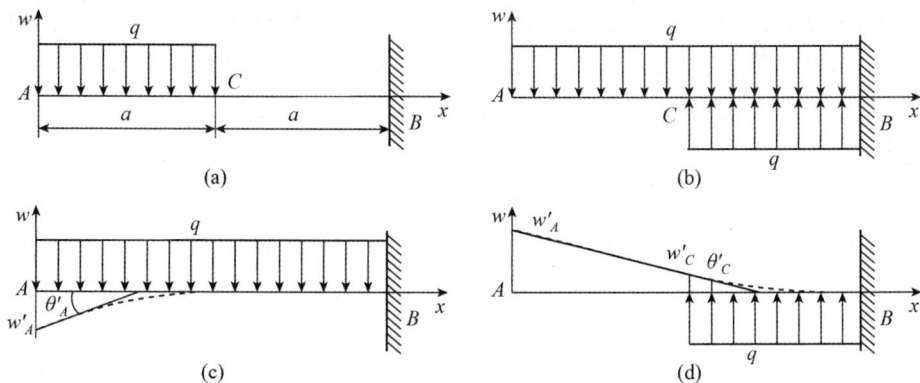

图 6-98　悬臂梁的平面计算简图

由图 6-98(c)查表 6-9 得

$$\theta'_A = \frac{q(2a)^3}{6EI} = \frac{4qa^3}{3EI}$$

$$w'_A = -\frac{q(2a)^4}{8EI} = -\frac{2qa^4}{EI}$$

由图 6-98(d)查表 6-9 得

$$\theta''_A = \theta''_C = -\frac{qa^3}{6EI}$$

$$w''_A = w''_c + \theta''_c \cdot a = \frac{qa^4}{8EI} + \frac{qa^3}{6EI} \cdot a = \frac{7qa^4}{24EI}$$

由叠加法，截面 A 的转角为

$$\theta_A = \theta'_A + \theta''_A = \frac{4qa^3}{3EI} - \frac{qa^3}{6EI} = \frac{7qa^3}{6EI}$$

截面 A 的挠度为

$$w_A = w'_A + w''_A = -\frac{2qa^4}{EI} + \frac{7qa^4}{24EI} = -\frac{41qa^4}{24EI}$$

(四) 梁的刚度条件及计算

在实际工程中，对于承受弯曲变形的构件，除了强度要求外，常常还有刚度要求。因此，在按强度条件选择了截面尺寸后，还需进行刚度计算，即要求控制梁的变形。要求其最大挠度和转角不得超过某一规定数值，则梁的刚度条件为

$$\begin{aligned} |w|_{\max} &\leqslant [w] \\ |\theta|_{\max} &\leqslant [\theta] \end{aligned} \tag{6-60}$$

式中，$[w]$ 和 $[\theta]$ 分别为规定的许用挠度和许用转角，可从有关的设计规范中查得。

【例 6-30】 等截面空心机床主轴的平面简图如图 6-99(a)所示，已知其外径 $D=80\text{mm}$，内径 $d=40\text{mm}$，AB 跨径 $l=400\text{mm}$，BC 段外伸 $a=100\text{mm}$，材料的弹性模量 $E=210\text{GPa}$，切削力在该平面上的分力 $F_1=2\text{kN}$，齿轮啮合力在该平面上的分力 $F_2=1\text{kN}$，若主轴 C 端 $[w]=0.01\text{mm}$，轴承 B 的许用转角 $[\theta]=0.001\text{rad}$，试校核机床的刚度。

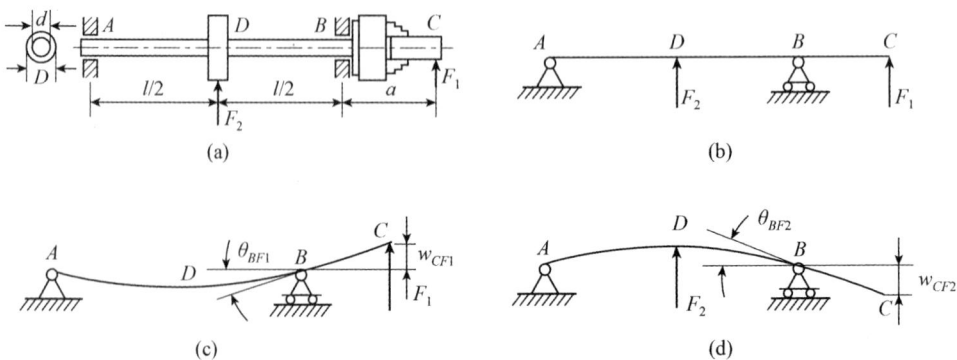

图 6-99　等截面空心机床主轴的平面计算简图

解：机床主轴发生弯曲变形，其惯性矩为

$$I_z = \frac{\pi D^4}{64}(1-\alpha^4)$$

$$= \frac{\pi \times 80^4 \times 10^{-12}}{64}\left[1-\left(\frac{40}{80}\right)^4\right] = 1.88 \times 10^{-6} (\text{m}^4)$$

图 6-99(b)为主轴的受力简图，利用叠加原理，计算出 F_1、F_2 单独作用在主轴 C 端时的挠度。

(1) F_1 单独作用时 C 端的挠度。如图 6-99(c)所示，由表 6-9 查得

$$(w_C)_{F1} = \frac{F_1 a^2 (l+a)}{3EI_z}$$

$$= \frac{2 \times 10^3 \times 100^2 \times 10^{-6} \times (400+100) \times 10^{-3}}{3 \times 210 \times 10^9 \times 1.88 \times 10^{-6}} = \frac{10^{-3}}{3 \times 21 \times 1.88} = 8.443 \times 10^{-6} (\text{m})$$

(2) F_2 单独作用时 C 端的挠度。如图 6-99(d)所示，由表 6-9 查得 B 点的转角，由几何关系得

$$(w_C)_{F2} = -\theta_B \cdot a = -\frac{F_2 l^2}{16EI_z} \cdot a$$

$$= -\frac{1 \times 10^3 \times 400^2 \times 10^{-6} \times 100 \times 10^{-3}}{16 \times 210 \times 10^9 \times 1.88 \times 10^{-6}} = -\frac{16 \times 10^{-4}}{16 \times 21 \times 1.88} = -2.533 \times 10^{-6} (\text{m})$$

C 端的挠度为

$$w_C = (w_C)_{F1} + (w_C)_{F2}$$

$$= (8.443-2.533) \times 10^{-6} (\text{m}) = 0.006\text{mm} < [\omega] = 0.01(\text{mm})$$

(4) F_1 单独作用时 B 点的转角如图 9-99(c)所示，由表 6-9 查得

$$(\theta_B)_{F1} = \frac{F_1 al}{3EI_z}$$

$$= \frac{2 \times 10^3 \times 100 \times 400 \times 10^{-6}}{3 \times 210 \times 10^9 \times 1.88 \times 10^{-6}} = \frac{80 \times 10^{-4}}{3 \times 21 \times 1.88} = 6.754 \times 10^{-5} (\text{m})$$

(5) F_2 单独作用时 B 点的转角如图 6-99(d)所示，查表 6-9 得

$$(\theta_B)_{F2} = -\frac{F_2 l^2}{16EI_z}$$

$$= -\frac{1 \times 10^3 \times 400^2 \times 10^{-6}}{16 \times 210 \times 10^9 \times 1.88 \times 10^{-6}} = -\frac{16 \times 10^{-3}}{16 \times 21 \times 1.88} = 2.533 \times 10^{-5} (\text{m})$$

$$\theta_B = (\theta_B)_{F1} + (\theta_B)_{F2} = (6.754-2.533) \times 10^{-2} = 4.221 \times 10^{-5} \text{rad} < [\theta] = 0.001(\text{rad})$$

(6) B 点的转角由上述计算可知，主轴满足刚度要求。

【**例 6-31**】一简支梁，在跨径中点承受集中载荷 F 的作用。已知载荷 $F=35$kN，跨径 $l=4$m，许用挠度$[w]=l/500$。弹性模量 $E=200$GPa，试根据规定条件确定该简支梁的直径 d。

解：在跨中集中载荷作用下，梁产生的最大挠度位于中点，查表 6-9，得

$$w_{max} = \frac{Fl^3}{48EI}$$

根据刚度条件$|w_{max}| \leqslant [w]$，得

$$\frac{Fl^3}{48EI} \leqslant \frac{l}{500}$$

$$\frac{35 \times 10^3 \times 4^2}{48 \times 200 \times 10^9 I} \leqslant \frac{1}{500}$$

$$I \geqslant 29.2 \times 10^{-6} (\text{m}^4)$$

所以

$$d \geqslant \sqrt[4]{\frac{64 \times 29.2 \times 10^{-6}}{\pi}} = 0.156(\text{m})$$

直径取值 $d = 16$cm。

四、提高梁强度和刚度的措施

在梁的强度、刚度设计中，常遇到如何根据实际工程提高梁的强度和刚度的问题。从梁的弯曲正应力强度条件和刚度条件可以看出：减小梁的最大弯矩、增大截面惯性矩和抗弯截面系数、采用等强度梁以及缩短跨长，都可以提高梁的弯曲承载能力，所以从这几个方面可找出提高梁弯曲强度和刚度的措施。

(一) 减小梁的最大弯矩

通过减小梁的载荷来减小梁的最大弯矩意义不大。只有在载荷不变的前提下，通过合理布置载荷和合理安排支座才具有实际应用意义。

1. 合理布置支座

均布载荷作用下的简支梁如图6-100(a)所示，其 $M_{max} = \dfrac{ql^2}{8} = 0.125ql^2$；若将两端支座各向里移动0.2$l$[图6-100(b)]，则最大弯矩减小为原来的1/5，即 $M_{max} = \dfrac{ql^2}{40} = 0.025ql^2$。也就是说按图6-100(b)布置支座，载荷还可以增大4倍。

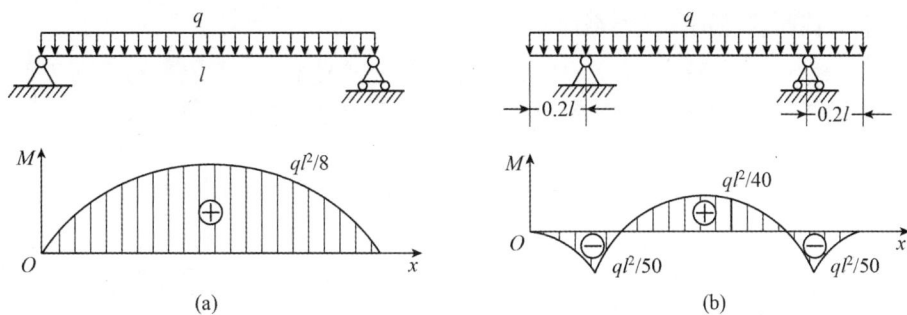

图 6-100 合理布置梁支座

2. 合理布置载荷

如图 6-101(a)所示，受集中力 F 作用的简支梁，其 $M_{max} = Fl/4$，如果把集中力 F 通过辅助梁[图 6-101(b)]分成两个 $F/2$ 的集中载荷，或改为分布载荷 $q = F/l$，这两种不同加载方式，其最大弯矩值可减小为 $M_{max} = Fl/8$。若结构不允许改动，也应尽可能使载荷靠近支座，显然，载荷越靠近梁的支座，最大弯矩值越小。

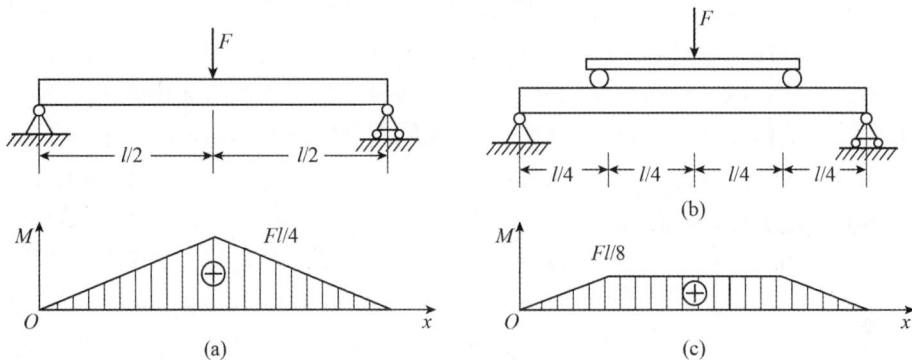

图 6-101 合理布置梁载荷

3. 缩短梁的跨径

在结构允许时，可以用缩短跨径的办法来减小最大弯矩。如图 6-102(a)所示，受均布载荷作用的简支梁，若在跨径中间增加一个支座，如图 6-102(b)所示，梁的跨径由 l 缩短为 $l/2$，则梁的 M_{max} 变小，即 $M_{max} = 0.125ql^2$。

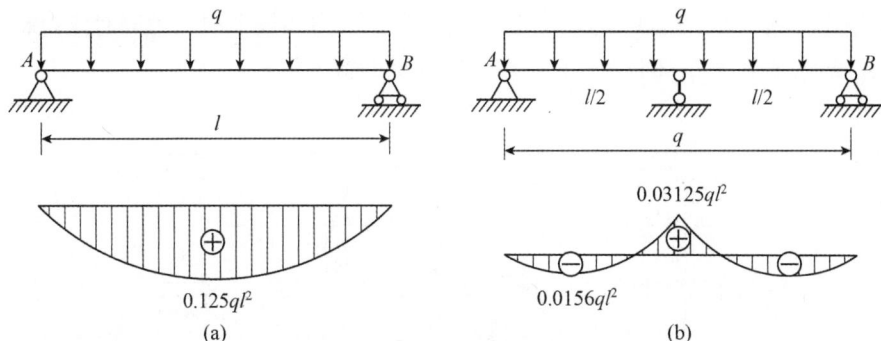

图 6-102 减小梁的跨径

(二) 增大截面惯性矩和抗弯截面系数

通过增大梁的截面面积来增大梁的抗弯截面系数意义不大。只有在截面面积不变的前提下，选择合理的截面形状或根据材料性能选择截面才具有实际应用意义。

1. 选择合理的截面形状

对于梁的合理截面形状，工程上通常用抗弯截面系数与横截面面积的比值 W_z/A 来衡量。当弯矩一定时，梁的强度随抗弯截面系数的增大而提高。因此，为了减轻自重，节省材料，所采用的截面形状应是截面积最小而抗弯截面系数最大的截面形状。典型截面的 W_z/A 值如图 6-103 所示。

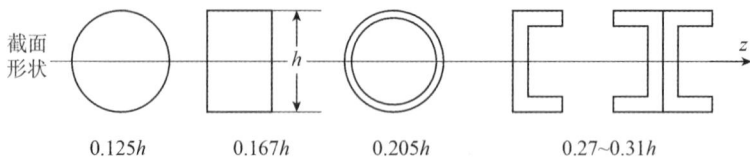

图 6-103　典型截面的 W_z/A 值

从图 6-103 中可以看出，圆截面的 W_z/A 值最小，矩形次之，因此它们的经济性不够好；而工字形和槽形截面比较合理。所以，起重机等钢结构中的抗弯构件多采用工字形、槽形截面。根据梁弯曲正应力分布规律来分析，圆截面离中性层较远处面积较小，而在中性轴附近却有着较大的面积，以致很大一部分材料未能充分发挥其作用，而工字形、槽形截面克服了这一缺点，故较合理。当然，在许多情况下，还必须综合考虑刚度、稳定性以及使用、加工等多方面的因素。例如，对于轴类构件，除承受弯曲变形，还要传递扭矩，因此以圆截面更为实用；工程上往往用面积相同的空心圆截面代替实心圆截面，可显著提高抗弯强度；同样，工字钢截面比矩形截面在材料利用方面更为合理。对于矩形及工字形截面，增加高度可有效增大抗弯截面系数，但其截面高度过大，宽度过小，常会引发侧弯和丧失稳定，以 $h/b=1.5\sim3$ 为宜。

2. 根据材料性能选择截面

对于抗拉强度和抗压强度相等的塑性材料，通常采用中性轴对称的截面形状，在截面面积相同的情况下，应使 W_z 或 W_z/A 尽可能大。例如，一个宽为 b，高为 h 的矩形截面梁 $(h>b)$，若竖放时的 $W_{z1}=\dfrac{bh^2}{6}$，若平放时 $W_{z2}=\dfrac{hb^2}{6}$，两者之比为 $\dfrac{W_{z1}}{W_{z2}}=\dfrac{h}{b}$，即 $W_{z1}>W_{z2}$，所以，竖放时梁有较大的抗弯强度。工程中的矩形截面梁通常竖放就是这个原因。

对于塑性材料，为了使截面上、下边缘的最大拉应力和最大压应力同时满足许用应力，截面形状一般做成如图 6-104 所示的对称于中性轴的截面形状。

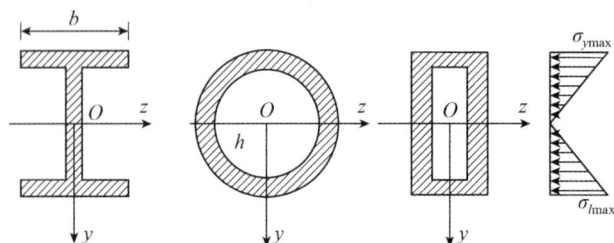

图 6-104　对称截面的应力分布

对于工程中常用的铸铁材料，由于其抗拉能力弱于抗压能力，截面应根据脆性材料的特点，设计为中性轴不对称的截面形状。中性轴位于受拉一侧，使最大拉应力变小，如 T 字形(图 6-105)及上、下翼缘不等的工字形截面等，这样可以充分提高材料的利用率。

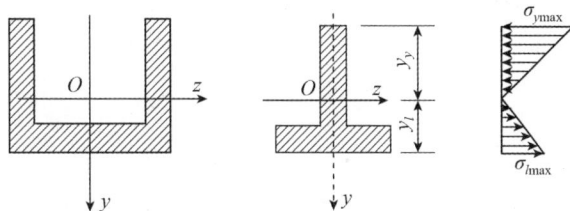

图 6-105　非对称截面的应力分布

(三) 采用等强度梁

在一般情况下，梁上各截面的弯矩是截面所在位置的函数。因此，可根据弯矩的变化规律，相应地将梁设计成变截面梁：在弯矩较大处，采用大的截面，获得大的抗弯截面系数；在弯矩较小处，采用较小的截面。这种截面沿轴线变化的梁称为**变截面梁**。理想的变截面梁可设计成梁上所有横截面的最大正应力都相等，且等于材料的许用应力。这种变截面梁称为**等强度梁**。就强度而言，等强度梁是最合理的结构形式。例如，摇臂钻床的摇臂[图 6-106(a)]、汽车板簧[图 6-106(b)]、传动系统的阶梯轴[图 6-106(c)]、鱼腹梁[图 6-106(d)]等就是按等强度梁概念设计的。由于等强度梁外形复杂，加工制造困难，所以工程上一般采用近似等强度的变截面梁。

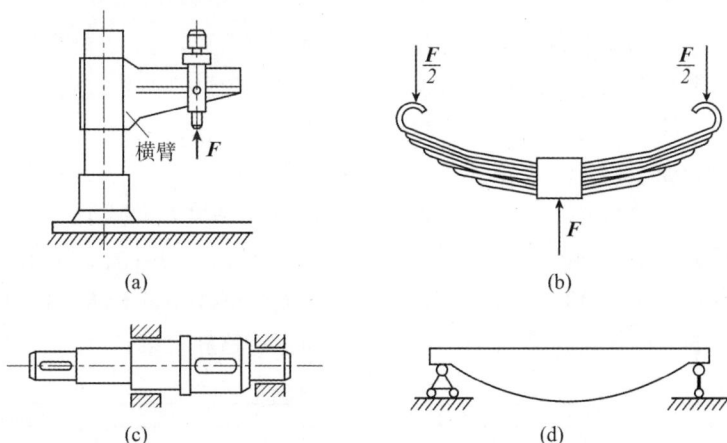

图 6-106　等强度梁

(四) 缩短跨长

从梁的变形表可以看出，挠度与长度的三次方量级成比例，而梁转角与梁长度的二次方量级成比例。由此可见，缩短梁的跨长是提高梁刚度的主要措施之一。如果梁的长度无法缩短，则可通过增加多余约束，使其成为静不定梁。例如，当车床加工细长工件时，为了提高加工精度，可增加一个中间支座或在工件末端加上尾架顶针，如图 6-107 所示。

梁的刚度还取决于材料的弹性模量 E，但是各类钢材的弹性模量都很接近，采用优质高强度钢材对提高刚度的意义不大。

必须指出，工程上对有些梁的刚度要求并不高，而是希望梁在保证强度要求的前提下，能产生较大的弹性变形，以增加其柔度，如安装在汽车车轴上的减振叠板弹簧。

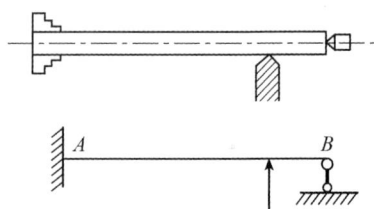

图 6-107　增加细长工件的约束

五、简单超静定

(一) 超静定梁

静定梁的支座约束反力都可以由静力平衡条件求得。但在实际工程中，由于工程结构的需要，常常给静定梁增加约束，以提高梁的强度和刚度。这样，就使得梁的约束反力数超过独立的平衡方程的数目，因而仅用静力平衡方程不能求出全部约束反力。这类梁称为**超静定梁**或**静不定梁**(图 6-108)。

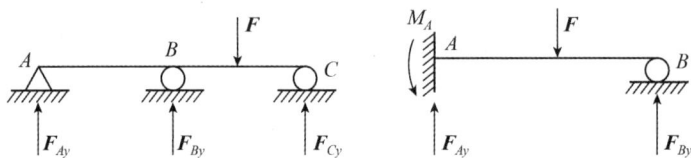

图 6-108　超静定梁

在超静定梁中，那些超过维持梁的静力平衡所需的约束，称为**多余约束**。与其相应的约束反力称为多余约束反力。未知反力的数目与独立的平衡方程数目之差称为**超静定次数**。显然，有几个多余约束反力就是几次超静定梁。

超静定梁问题在工程中应用很多。例如，安装在车床卡盘上的工件如果比较细长，切削时就容易产生过大的弯曲变形[图 6-109(a)]，影响加工精度。为减小工件的变形，常在工件的一端用尾架上的顶尖顶紧，这就相当于增加了一个辊轴支座[图 6-109(b)]。某杆件机构如图 6-110(a)所示，图 6-110(b)中的杆 BD 以及图[图 6-110(c)]中的杆 BD 和 D 处的水平支座链杆，对于结构的平衡来说是多余的。这些构件都属于超静定梁。

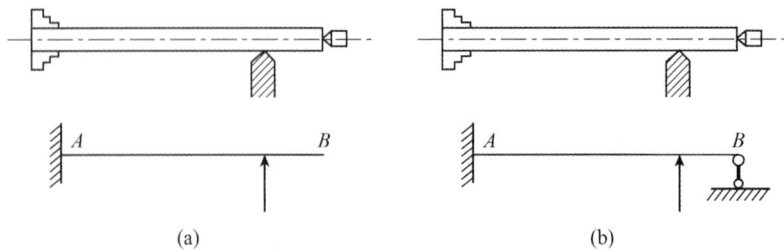

(a)　　　　(b)

图 6-109　车床卡盘上工件的超静定

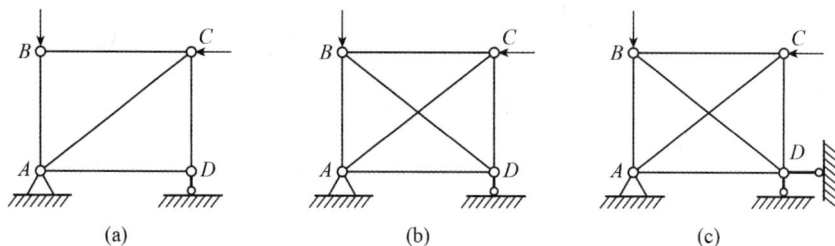

图 6-110　杆件机构的超静定

(二) 简单超静定梁问题的解法——变形比较法

解超静定梁问题的方法很多，这里介绍的变形比较法是解简单超静定梁问题的基本方法。

在分析超静定梁问题时，首先需要确定梁的超静定次数，几次超静定问题就要建立几个补充方程。因此解的超静定问题和解拉(压)超静定问题一样，要利用变形协调条件建立补充方程。用变形比较法解超静定梁的一般步骤如下：

(1) 选定多余约束，并把多余约束解除，使超静定梁变成静定梁——基本静定梁。

(2) 把解除的约束用未知的多余约束反力代替。这时基本静定梁上除了作用着原来的载荷外，还作用了未知的多余约束反力。

(3) 列出基本静定梁在多余约束反力作用处梁变形的计算式，并与原超静梁在该约束处的变形进行比较，建立协调条件方程，求出多余约束反力。

(4) 在求出多余约束反力的基础上，根据静力平衡条件，解出超静定梁的其他所有约束反力。

(5) 按通常的方法(已知外力求内力、应力、变形的方法)进行所需的强度和刚度计算。

【例 6-32】 图 6-111(a)所示为超静定梁，刚度 EI 为常数。试求梁的支座约束反力并绘出剪力图和弯矩图。

解： (1) 这是一次超静定梁。解除 B 端的约束，用 F_{By} 代替，作用在梁上[图 6-111(b)]。

(2) 图 6-111(c)所示为梁在均布载荷 q 作用下的变形情况。
查表 6-9，B 截面的挠度为

$$y_{Bq} = +\frac{ql^4}{8EI}$$

图 6-111(d)所示为梁在 F_{By} 作用下的变形情况。
查表 6-9，B 截面的挠度为

$$y_{BF} = -\frac{F_{By}l^3}{3EI}$$

因为原超静定梁在 B 处受到支座的约束，实际上不可能发生竖向位移，即 $y_B = 0$，所以在 B 支座处的协调条件方程为

$$y_B = y_{Bq} + y_{BF} = 0$$

即

$$+\frac{ql^4}{8EI}-\frac{F_{By}l^3}{3EI}=0$$

解得

$$F_{By}=\frac{3ql}{8}$$

(3) 根据静力平衡方程求出其他支座约束反力 $F_{Ay}=\dfrac{5ql}{8}$ ， $M_A=-\dfrac{ql^2}{8}$ 。

(4) 绘出剪力图和弯矩图[图 6-111(e)、图 6-111(f)]。

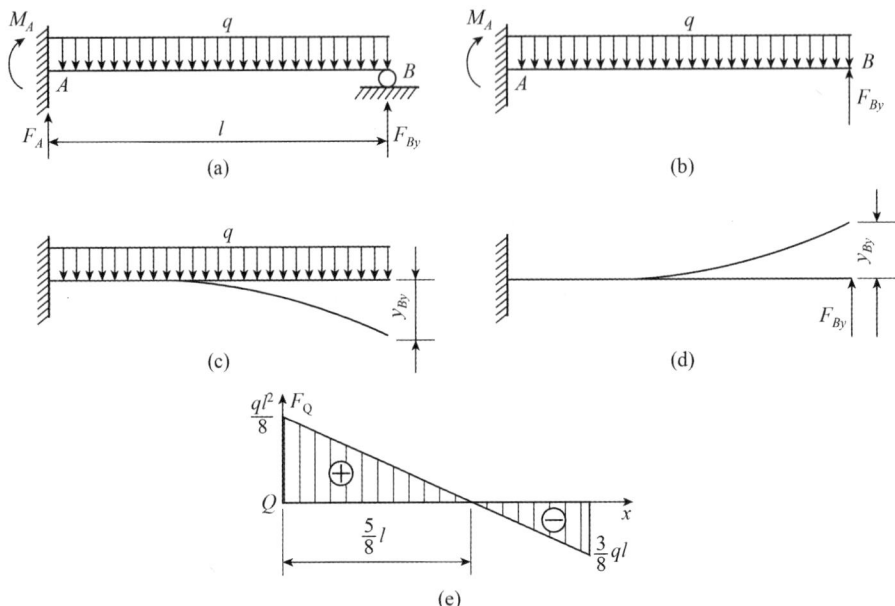

图 6-111　超静定梁平面计算简图

素养园地

力学史中的批判性思维

　　梁的中性层是研究梁弯曲变形的重要概念。如下图所示，梁发生弯曲变形时，下层纤维受拉，上层纤维受压，从受拉一侧到受压一侧必然存在一层既不受拉又不受压的中间纤维层，这一层纤维保持与变形前相同且应力为零，被称为梁的中性层。看似简单的概念，在力学发展史上却耗费了力学家将近 200 年的时间，其中每一次的进步都建立在对前人研究的批判与继承上。

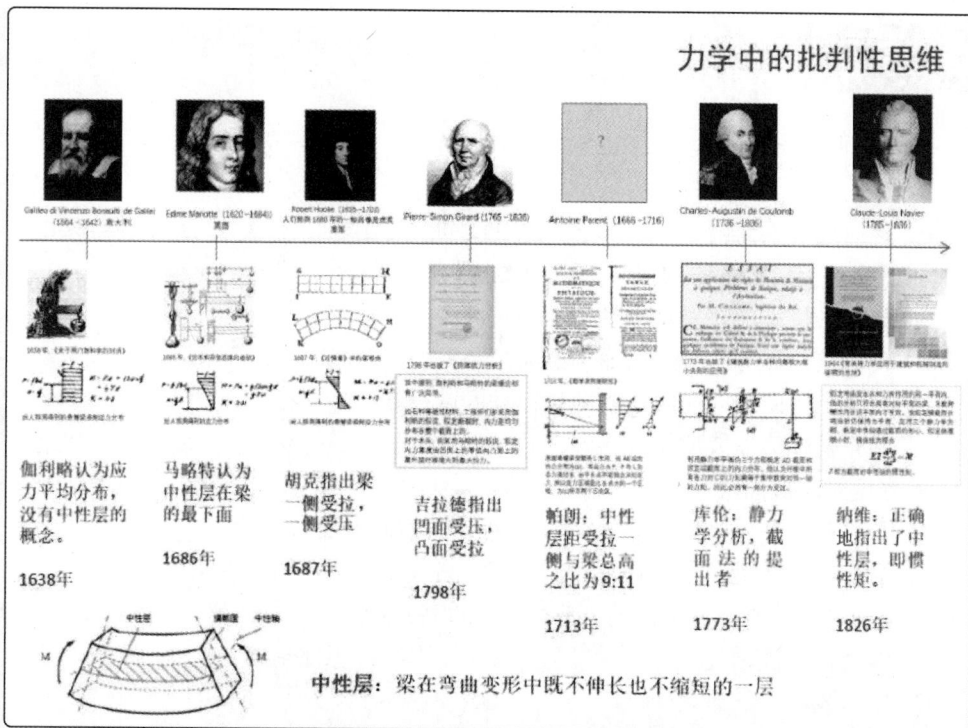

力学中的批判性思维

伽利略认为应力平均分布，没有中性层的概念。

1638年

马略特认为中性层在梁的最下面

1686年

胡克指出梁一侧受拉，一侧受压

1687年

吉拉德指出梁凹面受压，凸面受拉

1798年

帕朗：中性层距受拉一侧与梁总高之比为9:11

1713年

库伦：静力学分析，截面法的提出者

1773年

纳维：正确地指出了中性层，即惯性矩。

1826年

中性层：梁在弯曲变形中既不伸长也不缩短的一层

有关梁理论的发展，最早人们关注的是梁的强度问题。这一时期的代表人物是意大利的伽利略·伽利雷(Galileo Galilei, 1564—1642 年)和英国的埃德姆·马略特(Edme Mariotte, 1620—1684 年)，由于他们只关心梁的强度问题，伽利略认为梁截面上的应力是平均分配的，没有中性层的概念。

马略特虽然考虑了中性层，但他认为梁的中性层是梁的最下面一层。1687 年，英国科学家罗伯特·胡克(Robert Hooke, 1635—1703 年)指出，梁在弯曲时，一侧纤维伸长，另一侧纤维压缩，但胡克并没有对中心层进行深入的研究。

直到 1713 年，法国力学家安托万·帕朗(Antoine Parent, 1666—1716 年)才开始认真地分析梁的中性层，但他认为对于矩形截面梁，受拉一侧与梁总高度的比值为 9∶11。虽然这一关系仍然不正确，但是相比前人，已经有了巨大的进步。

1773 年，查利·奥古斯丁·库伦(Charles-Augustine de Coulomb, 1736—1806 年)正确地用静力学方程分析来研究梁的内力，并对梁截面上力的分布有了清晰的认识，这为中性层概念的完善奠定了坚实的基础。随着精确实验技术的发展，人们对中性层的认识越来清晰。

1826 年，法国力学家克劳德·路易·纳维(Claude-Louis Navier, 1785—1836 年)将梁的变形限定在弹性范围内，正确地给出了梁截面惯性矩的概念，并正确地将中性层定义为："当材料服从胡克定律时，中性轴通过截面的形心。"至此，关于梁的中性层以及正确的应力分布问题才算尘埃落定。

实操练习

1. 梁的挠曲线微分方程，$d^2y/dx^2 = M(x)/EI_z$ 在(　　)条件下成立。
   A. 梁的变形属于小变形　　　　　B. 材料服从虎克定律
   C. 挠曲线在平面内　　　　　　　D. 同时满足 A、B、C

2. 在下列关于梁转角的说法中，(　　)是错误的。
   A. 转角是横截面绕中性轴转过的角位移
   B. 转角是变形前后同一截面间的夹角
   C. 转角是挠曲线的切线与轴向坐标轴间的夹角
   D. 转角是横截面绕梁轴线转过的角度

3. 等强度梁的截面尺寸(　　)。
   A. 与载荷和许用应力均无关　　　B. 与载荷无关，而与许用应力有关
   C. 与载荷和许用应力均有关　　　D. 与载荷有关，而与许用应力无关

4. 受横力弯曲的梁横截面上的剪应力沿截面高度按(　　)规律变化，在(　　)处最大。
   A. 线性，中性轴处　　　　　　　B. 抛物线，中性轴处
   C. 抛物线，上下边缘处　　　　　D. 线性，上下边缘处

5. 中性轴是梁的纵向对称面与中性层的交线。　　　　　　　　　　　　　　(　　)

6. 梁剪切弯曲时，其横截面上只有剪应力，无正应力。　　　　　　　　　(　　)

7. 在利用积分计算梁位移时，积分常数主要反映支承条件与连续条件对梁变形的影响。
　　　　　　　　　　　　　　　　　　　　　　　　　　　　　　　　　　(　　)

8. 梁上集中力作用处，其弯矩图发生突变，而剪力图不变。　　　　　　　(　　)

9. 简支梁的抗弯刚度 EI 相同，在梁中间受载荷 F 相同，当梁的跨径增大 1 倍后，其最大挠度增加 4 倍。　　　　　　　　　　　　　　　　　　　　　　　　(　　)

10. 当一个梁同时受几个力作用时，某截面的挠度和转角就等于每一个力单独作用下该截面的挠度和转角的代数和。　　　　　　　　　　　　　　　　　　　　(　　)

11. 在等截面梁中，正应力绝对值的最大值 σ_{max} 必出现在弯矩值 M 最大的截面上。(　　)

12. 画出图 6-112 所示梁的剪力图和弯矩图，并求 $|F_Q|_{max}$ 和 $|M|_{max}$。

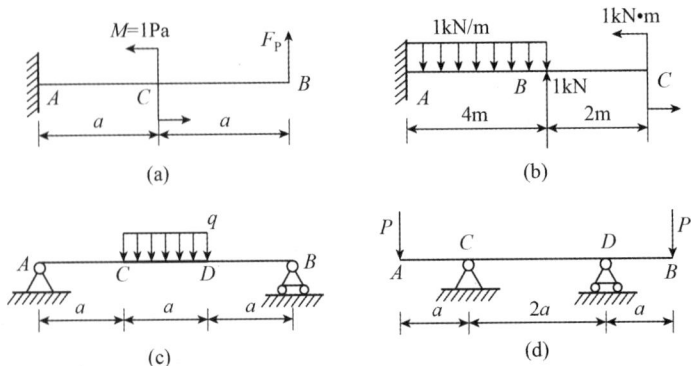

图 6-112　题 12 图

13. 设梁的截面为 T 字形(图 6-113)，轴 z 为中性轴。已知点 A 的拉应力为 A=40MPa，点 A 到中性轴的距离为 y_1=10mm，在同截面上 B、D 两点到中性轴的距离分别为 y_2=8mm，y_3=30mm。试求：

(1) B、D 两点的正应力的大小和正负。

(2) 该截面上的最大拉应力。

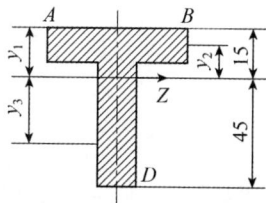

图 6-113　题 13 图(尺寸单位：mm)

14. 图 6-114 所示为一矩形截面的简支木梁，已知：F=16kN。试求：

(1) Ⅰ-Ⅰ 截面上 D、E、F、H 各点的正应力的大小和正负，并画出该截面的应力分布图。

(2) 梁的最大正应力。

(3) 若将梁的截面转 90°[图 6-114(b)变为图 6-114(c)]，则截面上的最大正应力是原来的几倍？

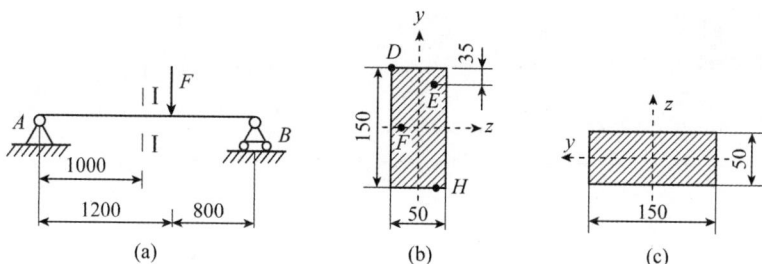

图 6-114　题 14 图(尺寸单位：mm)

15. 一空心圆管外伸梁受载如图 6-115 所示。已知：梁的最大正应力 σ_{max}=150MPa，外径 D=60mm。试求圆管的内径 d。

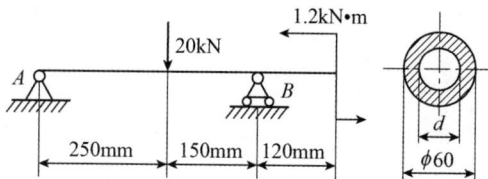

图 6-115　题 15 图

16. 如图 6-116 所示，已知：轧辊轴直径 $D = 280$mm，跨长 $L = 1000$mm，$L = 450$mm，$b = 100$mm，轧辊材料的弯曲许用应力[σ]=100MPa。试求轧辊能承受的最大轧制力。

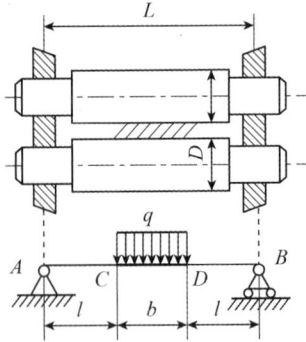

图 6-116　题 16 图

17. 由 20b 工字钢制成的外伸梁如图 6-117 所示，在外伸端 C 处作用集中载荷 F，已知：材料的许用应力 $[\sigma] = 160\mathrm{MPa}$，外伸端的长度为 2m。试求最大许可载荷 $[F]$。

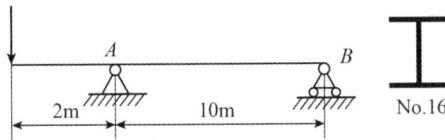

图 6-117　题 17 图

问题归纳

问题 1：

问题 2：

问题 3：

学习评价

项目六　构件基本变形的强度和刚度						
任务四　平面弯曲梁变形的强度和刚度						
序号	考核内容	考核标准	分值	学生自评 (30%)	学生互评 (30%)	教师评价 (40%)
1	掌握弯曲梁横截面上剪力和弯矩的计算、剪力图和弯矩图的绘制，掌握中性轴的概念及位置	能够计算弯曲梁横截面上的剪力和弯矩，并绘制剪力图和弯矩图	10			
2		准确理解中性轴的概念	6			
3	确定，掌握弯曲梁正应力强度计算条件及应用，掌握挠度和转角的概念及梁的刚度设计，	能够进行弯曲梁正应力强度计算	10			
4		能够进行梁的挠度、转角和刚度计算	7			
5	掌握提高梁弯曲的强度和刚度的措施	能够掌握提高梁弯曲的强度和刚度的措施	7			
6	具有对平面弯曲梁变形的受力状态和内力分布进行图形表达的能力；	具有对平面弯曲梁变形的受力状态和内力分布进行图形表达的能力	10			
7	能够根据弯矩图和弯曲梁横截面上正应力的分布特征，判断危险截面及危险点的位置；能够从理论层面分析提高弯曲梁承载能力的措施	能够根据弯矩图和弯曲梁横截面上正应力分布特征，判断危险截面及危险点的位置	10			
8		能够从理论层面分析提高弯曲梁承载能力的措施	10			
9	通过实际案例，培养"提出问题—解读问题—分析问题—解决问题"的逻辑思维能力；通过从最简单的纯弯曲横截面上的应力分析到正应力公式普遍适用于其他平面弯曲，体会在研究问题时抓主要矛盾和矛盾的主要方面的重要性；通过铸铁梁的强度设计(既要分析危险截面的位置，又要根据材料拉压性质不同的特性分析危险点的位置)，培养全面、系统分析问题的能力	运用所学的理论知识和方法，对问题进行系统分析，锻炼逻辑思维和批判性思维，培养科学精神和理性精神	10			
10		在理解正应力公式普遍性的基础上，探索其在其他领域的应用，激发探索精神和创新意识，培养在面对新问题时敢于尝试、勇于创新的品质	10			
11		通过铸铁梁强度设计的全面系统分析，提升综合判断能力，能够在复杂情况下，综合考虑各种因素，作出科学合理的决策	10			
学生自评得分						
学生互评得分						
教师评价得分						

项目七　构件组合变形的强度

项目六中研究了构件拉伸(压缩)、剪切、扭转和弯曲等基本变形的强度和刚度计算。但在实际工程中,很多构件在实际工作中往往同时产生两种或两种以上的基本变形。这种由两种或两种以上的基本变形组合而成的变形称为组合变形。

构件组合变形有多种形式,下面主要介绍工程中常见的两种组合变形,即拉伸(压缩)与弯曲组合[简称弯拉(压)组合]、弯曲和弯扭组合(简称变扭组合)变形的强度计算。

任务一　弯拉(压)组合变形构件的强度

任务描述

一、任务情境

图 7-1(a)所示为立式钻床,在工件上钻孔时,钻头和工作台受到工件的反作用力 **F**,力 **F** 作用线与立柱轴线之间距离 e 称为偏心距。根据力的平移定理,将力 **F** 平移到立柱轴线上[图 7-1(b)],在一对轴向拉力 **F** 作用下,立柱产生轴向拉伸变形,在一对力偶 **M=Fe** 作用下,立柱产生弯曲变形。若不考虑钻床自重,则立柱产生拉伸与弯曲组合变形。对于这类由两种或两种以上基本变形组合而成的组合变形强度的计算问题,我们如何去解决呢?

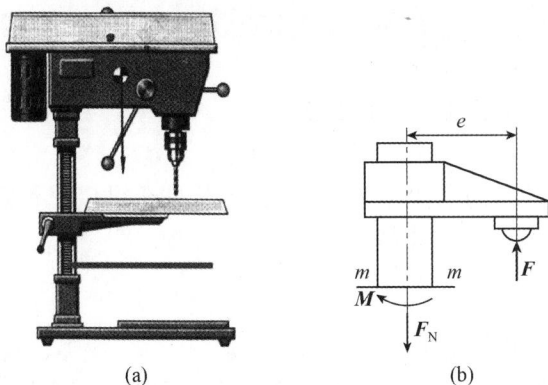

(a)　　　　　　　　　　　　(b)

图 7-1　立式钻床铆钉的受力分析

二、任务学习目标

(一) 知识目标

(1) 掌握弯拉(压)组合变形的外力和变形特点。

(2) 掌握弯拉(压)组合变形危险截面及危险点位置的确定。

(3) 掌握弯拉(压)组合变形的强度条件。

(二) 能力目标

(1) 能够通过分析变形特点确定弯拉(压)组合变形。

(2) 能够运用叠加法计算弯拉(压)组合变形的内力及应力。

(3) 能够运用弯拉(压)强度条件解决工程实际问题。

(三) 素养目标

(1) 从弯拉(压)组合变形工程实际案例中提出问题,激发学习热情,增强责任意识和大局意识。

(2) 本项目既是对基本变形任务知识和能力的考查,又是对思维和能力的培养。

(3) 通过接触实际问题的复杂性,培养战胜困难的勇气和顽强的意志品质。

应知应会

一、组合变形强度计算方法和步骤

(一) 计算方法——叠加法

叠加法:在小变形和材料服从胡克定律(构件内应力不超过材料的比例极限)的前提下,杆件上各种力的作用彼此独立,互不影响,即杆件上同时有几种力作用时,一种力对杆件的作用效果(变形或应力)不影响另一种力对杆件的作用效果(影响很小可以忽略不计)。因此，组合变形下杆件内的应力可视为几种基本变形下杆件内应力的叠加。

处理组合变形问题的方法如下：

(1) 将构件的组合变形分解为基本变形。

(2) 计算构件在每一种基本变形情况下的应力。

(3) 将同一危险点的应力叠加起来，便可得到构件在组合变形情况下的应力，利用强度理论建立强度条件，进行强度计算。

(二) 计算步骤

求解组合变形强度计算问题的一般步骤为分解—计算—叠加，具体如下：

(1) 外力计算。画出研究对象的受力图并利用静力平衡方程计算出未知的外力，将载荷简化为符合基本变形外力作用条件的静力等效力系，分组分解为几种基本变形的受力。

(2) 内力计算。分别计算每一种基本变形的内力，由内力图确定危险截面的位置。

(3) 应力分析。分别分析计算危险截面上每一种基本变形的应力及其分布情况。

(4) 危险点应力分析。将各种基本变形在危险点处的应力对应叠加，确定危险点的应力状态，计算主应力。

(5) 强度计算。根据危险点的应力状态和构件材料，选用合适的强度理论，建立相应的强度条件并进行强度计算。

二、弯拉(压)组合变形的强度计算

如图 7-2(a)所示，以立柱为例来建立拉压与弯曲组合变形的强度条件。应用截面法将立柱沿 *n-n* 截面截开，取上半段为研究对象，按叠加法计算步骤分别计算。

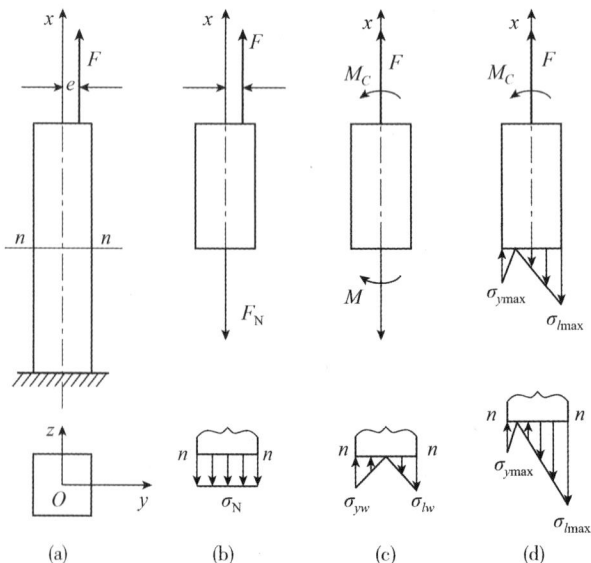

图 7-2 立柱的强度分析

(1) 如图 7-2(b)所示，在轴向力 F 单独作用下，立柱产生轴向拉伸变形，轴力 $F_N=F$，

拉应力 $\sigma_N = \dfrac{F_N}{A}$ 沿截面均匀分布。

(2) 如图 7-2(c)所示，在力偶 $M_C = F_e$ 单独作用下，立柱产生平面弯曲，弯曲正应力线性分布，最大拉、压应力 $\sigma_w = \dfrac{M}{W_z}$。

(3) 如图 7-2(d)所示，各点处同时作用的正应力叠加，截面右侧边缘的各点处有最大拉应力，其计算表达式为

$$\sigma_{max} = \sigma_N + \sigma_w = \frac{F_N}{A} + \frac{M}{W_z}$$

由此得出拉压与弯曲组合变形的**强度条件**，即

$$\sigma_{max} = \frac{F_N}{A} + \frac{M}{W_z} \leqslant \sigma \tag{7-1}$$

注意：轴向压缩与平面弯曲组合变形，压应力为负值，危险点在截面左侧，最大应力的绝对值也是轴向应力与平面弯曲压应力之和，强度条件可用上式。

【**例 7-1**】图 7-3(a)所示为钻床钻孔，已知：钻削力 $F=15\text{kN}$，偏心距 $e=0.4\text{m}$，圆截面铸铁立柱的直径 $d=125\text{mm}$，许用拉应力 $[\sigma_1]=35\text{MPa}$，许用压应力 $[\sigma_y]=120\text{MPa}$。试校核立柱的强度。

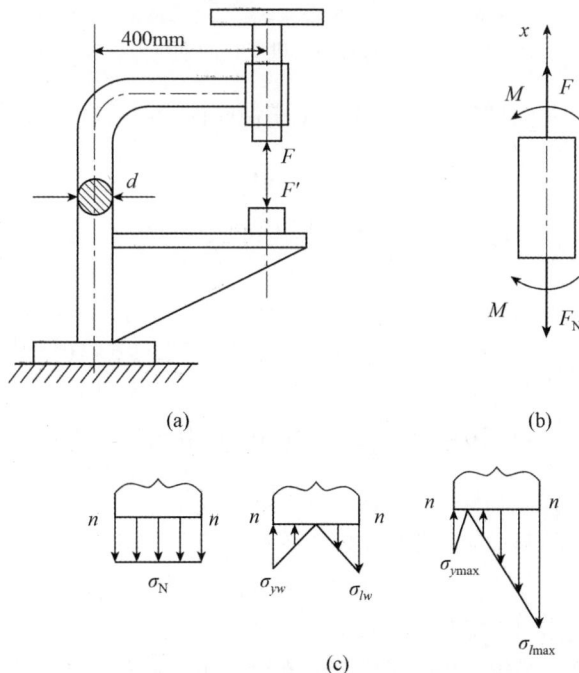

图 7-3　钻床立柱的强度分析

解：(1) 根据图 7-3(b)，计算内力。立柱各截面发生弯拉组合变形，其内力分别为

$$F_N=F=15(kN) \quad M=Fe=15×0.4=6(kN \cdot m)$$

(2) 根据图 7-3(c)，计算组合应力。由于立柱为脆性材料铸铁，其抗压性能大于抗拉性能，应对立柱截面右侧边缘进行拉应力强度校核：

$$\sigma_{l max} = \frac{F_N}{A} + \frac{M}{W_z} = \frac{15×10^3}{\frac{\pi×(125×10^{-3})^2}{4}} + \frac{6×10^3}{0.1×(125×10^{-3})} = 32.5×10^6 Pa = 32.5MPa < [\sigma_1]$$

(3) 结论：立柱的强度足够。

【例 7-2】如图 7-4 所示，试对发动机阀门机的气杆 A 进行强度校核。已知：凸轮压力 F=1.6kN，尺寸如图 7-4 所示，材料为合金钢，$[\sigma]=200MPa$ 。

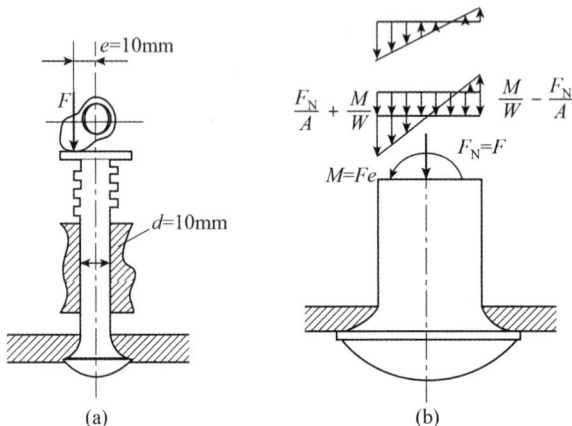

图 7-4　发动机阀门机气杆的强度分析

解：(1) 将偏心力 F 向杆件轴线简化，得横截面内力：

$$F_N=F=1.6(kN)$$
$$M=Fe=1.6×10=16(kN \cdot mm)$$

(2) 计算危险点的应力：

$$|\sigma_{max}| = \left| \frac{F_N}{A} + \frac{M}{W} \right| = \left| -\frac{4×1.6×1.3}{\pi×10^2} - \frac{32×1.6×10^3×1}{\pi×10^3} \right|$$

$$=|-20.4-163|=183.4(MPa)<[\sigma]$$

(3) 结论：杆 A 的强度足够。

【例 7-3】简易起吊机横梁的强度分析如图 7-5 所示，其最大起吊重量 G=15.5kN，横梁 AB 为工字钢，许用应力[σ]=170MPa，已知：$l_{AC}=1.5m$，$l_{AB}=3.4m$。若梁的自重不计，试按正应力强度条件选择工字钢的型号。

解：(1) 外力计算。横梁 AB 可简化为简支梁，由于起吊机电葫芦可在 AB 之间移动，当电葫芦移动到梁跨中点时，是梁的危险状态。因此，应以吊重作用于梁跨中点来计算支反力。列平衡方程可得

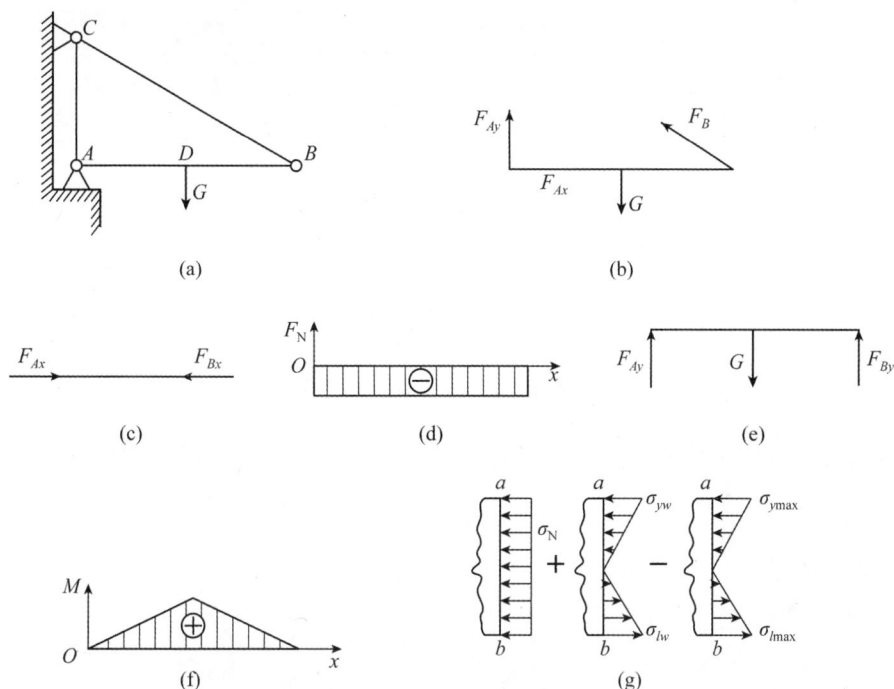

图 7-5　起吊机横梁的强度分析

$$F_{By} = F_{Ay} = \frac{G}{2} = 7.75(\text{kN}) \qquad F_{Ax} = F_{Bx} = F_{Ay} \cot\alpha = 7.75 \times \frac{3.4}{1.5} = 17.57(\text{kN})$$

力 F_{Ay}、G、F_{By} 沿 AB 的横向作用使梁 AB 发生弯曲变形。力 F_{Ax} 与 F_{Bx} 沿 AB 的轴向作用使 AB 梁发生轴向压缩变形。所以 AB 梁发生压缩与弯曲的组合变形。

(2) 内力计算。当载荷作用于梁跨中点时，简支梁 AB 中点截面的弯矩值最大为

$$M_{\max} = \frac{Gl}{4} = 15.5 \times 3.4 \times \frac{1}{4} = 13.18(\text{kN} \cdot \text{m})$$

横梁各截面的轴向压力为

$$F_N = F_{Ax} = 17.57(\text{kN})$$

(3) 根据强度条件选择工字钢型号。由于在横梁跨长中点的截面上弯矩最大，此截面为危险截面。最大压应力发生在该截面的上边缘各点处。强度条件为

$$\sigma_{\max} = \frac{F_N}{A} + \frac{M_{\max}}{W_z} \leqslant [\sigma]$$

此强度条件含有截面积 A 和抗弯截面系数 W_z 两个未知量，不易确定。为便于计算，可以先不考虑压缩正应力，只根据弯曲正应力强度条件初步选择工字钢型号，再按拉压与弯曲组合变形强度条件进行校核。

由弯曲正应力强度条件：

$$\sigma_{\max} = \frac{M_{\max}}{W_z} \leqslant [\sigma]$$

$$W_z \geqslant \frac{M_{max}}{[\sigma]} = \frac{13.18 \times 10^3}{170 \times 10^6} = 77.5 \times 10^{-6} \, m^3 = 77.5 (cm^3)$$

查型钢表,选 14 号工字钢,其

$$W_z = 102 cm^3 = 102 \times 10^{-6} (m^3) \qquad A = 21.5 cm^2 = 21.5 \times 10^{-4} (m^2)$$

按拉压与弯曲组合变形的强度条件校核:

$$\sigma_{max} = \frac{F_N}{A} + \frac{M_{max}}{W_z} = \left(\frac{17.57 \times 10^3}{21.5 \times 10^{-4}} + \frac{13.18 \times 10^3}{102 \times 10^{-6}} \right)$$

$$= 137 \times 10^6 \, Pa = 137 (MPa) < [\sigma]$$

(4) 结论:选用 14 号工字钢梁的强度足够。如果强度不够,可以放大工字钢型号进行校核,直到满足强度条件为止。

素养园地

圣维南——法国力学家

生平:1797 年生于福尔图瓦索,1886 年 1 月 6 日卒于圣旺。圣维南出身于一个农业经济学家的家庭。1813 年进巴黎综合工科学校求学,1814 年因政治原因被除名。1823 年法国政府批准他免试进入桥梁公路学校学习,1825 年毕业,后从事工程设计工作,业余研究力学理论。1834 年发表两篇力学论文,受到科学界重视。1837 年起在桥梁公路学校任教。1868 年被选为法国科学院院士。

贡献:圣维南主要研究弹性力学。1855 年和 1856 年用半逆解法分别求解柱体扭转和弯曲问题。求解运用了这样的思想:如果柱体端部两种外加载荷在静力学上是等效的,则端部以外区域两种情况中应力场的差别甚微。J.V.布森涅斯克于 1885 年把这个思想加以推广,并称之为圣维南原理:设弹性体的一个小范围内作用有一个平衡力系(合力和合力矩均为零),则在远离作用区处弹性体内由这个平衡力系引起的应力是可以忽略的。

实操练习

1. 图 7-6 所示为一厂房的牛腿柱。设由屋架传来的压力 F_1=100kN,由吊车梁传来的压力 F_2=30kN,F_2 与柱子的轴线有一偏心 e=0.2m。如果柱横截面宽度 b=180mm,试求:当 h 为多少时,截面才不会出现拉应力?求柱这时的最大压应力。

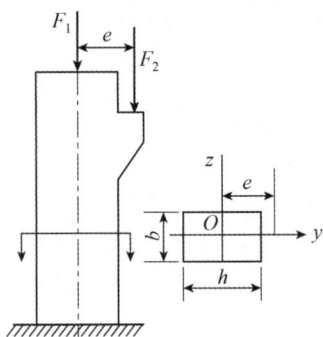

图 7-6 题 1 图

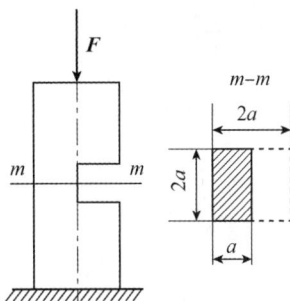

图 7-7 题 2 图

2. 图 7-7 所示为正方形截面立柱，已知：边长为 $2a$，开槽截面为边长 $a×2a$ 的矩形。试求开与未开槽截面最大应力值之比。

3. 如图 7-8 所示，桥式吊车梁由 32a 号工字钢制成，当小车走到梁跨径中点时，吊车梁处于最不利的受力状态。当吊车工作时，由于惯性和其他原因，载荷 F 偏离铅垂线与 y 轴成 $\varphi=15°$ 的夹角。已知：$l=4m$，$[\sigma]=160MPa$，$F=30kN$。试校核吊车梁的强度。

4. 图 7-9 所示为起重用悬臂式吊车，梁 AC 由 18 号工字钢制成，材料的许用正应力 $[\sigma]=100MPa$。当吊起物重(包括小车重)$F_Q=25kN$，并作用于梁的中点 D 时，试校核梁 AC 的强度。

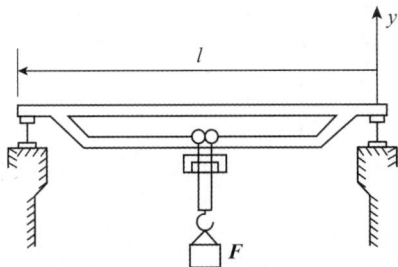

图 7-8 题 3 图

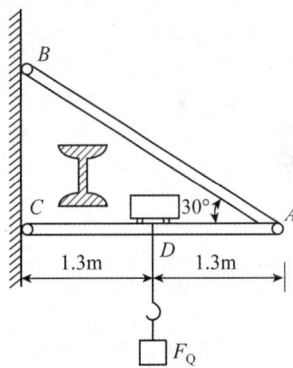

图 7-9 题 4 图

问题归纳

问题 1：

问题 2：

问题 3：

学习评价

项目七　构件组合变形的强度						
任务一　弯拉(压)杆的强度						
序号	考核内容	考核标准	分值	学生自评 (30%)	学生互评 (30%)	教师评价 (40%)
1	掌握弯拉(压)组合变形的外力和变形特点，掌握弯拉(压)组合变形危险截面及危险点位置的确定，掌握弯拉(压)组合变形的强度条件	清楚描述弯拉(压)组合变形的外力和变形特点	10			
2		清楚描述弯拉(压)组合变形强度计算方法	10			
3		清楚描述弯拉(压)组合变形强度计算步骤	10			
4		掌握弯拉(压)组合变形危险截面及危险点位置的确定	10			
5		清楚描述弯拉(压)组合变形的强度条件	10			
6	能够通过分析变形特点确定弯拉(压)组合变形，能够运用叠加法计算弯拉(压)组合变形的内力及应力，能够运用弯拉(压)强度条件解决实际工程问题	能够通过分析变形特点确定弯拉(压)组合变形	10			
7		能够运用叠加法计算弯拉(压)组合变形的内力及应力	10			
8		能够运用弯拉(压)强度条件解决实际工程问题	10			
9	从弯拉(压)组合变形工程实际案例中提出问题，激发学习热情，增强责任意识和大局意识；本项目既是对基本变形任务知识和能力的考查，又是对思维和能力的培养	认识到工程师在社会发展中的重要作用和肩负的社会责任，培养社会责任感，理解在工程项目中，个人的工作与整个团队乃至整个项目是紧密相连的，增强团队协作能力，培养大局意识	10			
10	通过接触实际问题的复杂性，培养战胜困难的勇气和顽强的意志品质	通过接触实际问题，学会从多个角度审视问题，培养面对困难和挑战时保持冷静、坚韧不拔的品质，勇于面对和解决问题；通过项目的长期实践训练，培养持之以恒、锲而不舍的意志品质	10			
学生自评得分						
学生互评得分						
教师评价得分						

任务二　弯扭组合变形构件的强度

任务描述

一、任务情境

轴类零件主要作用是支承轴上所安装的旋转零件，如带轮、齿轮、联轴器和离合器等。图 7-10 所示为齿轮传动轴，图 7-11 所示为带轮传动轴。那么，工程上是怎样设计轴类零件的呢？

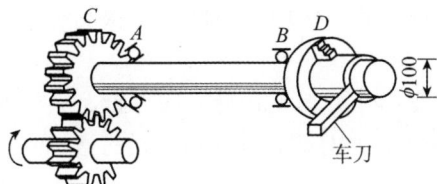

(a)

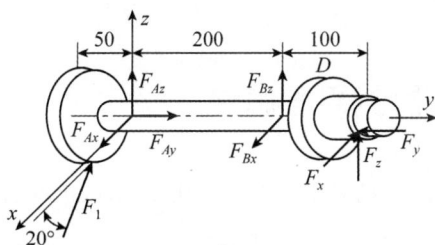

(b)

图 7-10　齿轮传动轴(尺寸单位：mm)

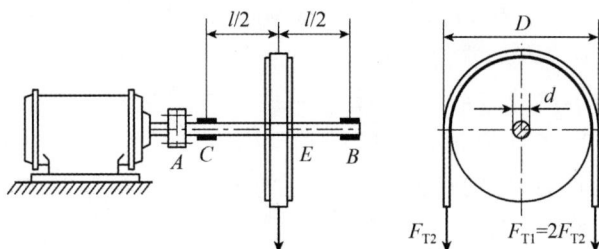

图 7-11　带轮传动轴

二、任务学习目标

(一) 知识目标

(1) 掌握弯扭组合变形构件的外力和变形特点。

(2) 掌握弯扭组合变形构件危险截面及危险点位置的确定。

(3) 掌握弯扭组合变形构件的强度条件。

(二) 能力目标

(1) 通过分析变形特点确定弯扭组合变形。

(2) 能够运用叠加法计算弯扭组合变形的内力及应力。

(3) 能够运用弯扭组合变形强度条件解决实际工程问题。

(三) 素养目标

(1) 从弯扭组合变形工程实际案例中提出问题,激发学习热情,增强责任意识和大局意识。

(2) 本项目既是对基本变形任务知识和能力的考查,又是对思维和能力的培养,通过接触实际问题的复杂性,培养战胜困难的勇气和顽强的意志品质。

应知应会

一、空间力系平衡问题的平面解法

当空间任意力系平衡时,它在任意平面上的投影组成的平面任意力系也是平衡的力系。据此,在实际工程中计算轮轴类零件的平衡问题时,将零件上受到的所有力(主动力、约束反力)分别投影到相互垂直的 3 个坐标平面上,得到 3 个平面平衡力系,分别列出它们的平衡方程,解出所示的未知量。这种将空间任意力系的平衡问题转化为 3 个坐标平面内的平面力系的平衡问题的方法,称为空间力系平衡问题的平面解法。这种方法的优点是图形简明,几何关系清楚,在工程中常常采用。

下面我们通过图 7-12 来说明这种方法的应用。

图 7-12(a)所示为装有带轮和齿轮的轴 AB,以轴 AB 为研究对象画出空间受力图[图 7-12(b)],将空间力系分别向 3 个坐标平面投影,得到图 7-12(c)、图 7-12(d)、图 7-12(e)所示的平面力系,列平衡方程。

(1) Ayz[图 7-12(c)]:

$$\sum F_z = F_{Az} + F_{Bz} - F_\gamma - (F_1 + F_2) = 0$$

$$\sum M_A(F) = -F_\gamma \cdot a + F_{Bz} \cdot 2a - (F_2 + F_1) \cdot (2a + b) = 0$$

(2)　Axy[图 7-12(d)]：

$$\sum F_x = F_{Ax} + F_{Bx} + F_\gamma = 0$$

$$\sum M_A(F) = -F_\gamma \cdot a - F_{Bx} \cdot 2a = 0$$

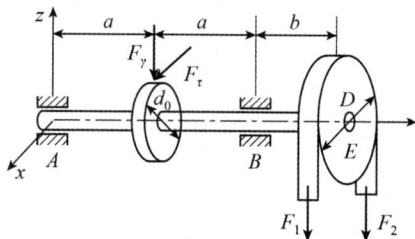

(a)

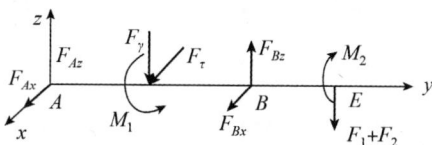

(b)

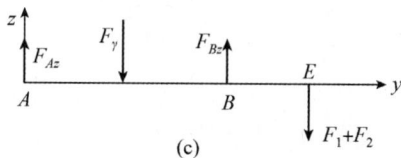

(c)

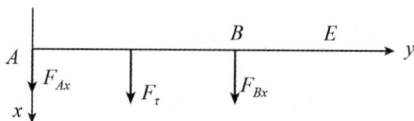

(d)

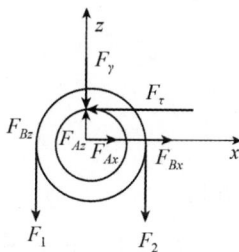

(e)

图 7-12　空间力系在坐标平面上的投影

(3)　Axz[图7-12(e)]：

$$\Sigma M_A(F) = F_\gamma \cdot \frac{d_0}{2} - (F_2 - F_1) \cdot \frac{D}{2} = 0$$

根据相应方程可以求解未知量。

二、弯扭组合变形的强度计算

弯扭组合变形的强度计算与前面讨论过的几类组合变形有所不同。在弯拉(压)组合变形中，杆件危险截面上的危险点往往处于单向应力状态，因此，在进行强度计算时，只需先求出杆件中出现的最大拉应力或最大压应力，然后将与材料的许用应力进行比较即可。而在弯扭组合变形中，杆件中的危险点则是处于复杂应力状态，因此在进行强度计算时，需要首先对危险截面上的危险点处的应力状态进行分析，再运用有关的强度理论建立强度条件。

(一) 内力分析

如图 7-13(a)所示，外力 **P** 作用线与轴线是交叉位置关系。根据力的平移定理，将 **P** 向 *A* 点平移，得到图 7-13(b)。转矩 T_A 使杆件受扭，各截面上的扭矩为常量，杆件的扭矩图如图 7-13(c)所示；外力 **P** 使杆件发生平面弯曲，弯矩图如图 7-13(d)所示；由于剪力 F_Q 的影响一般都比较小，可不考虑。由扭矩图和弯矩图可知，右侧的固定端截面为危险截面。

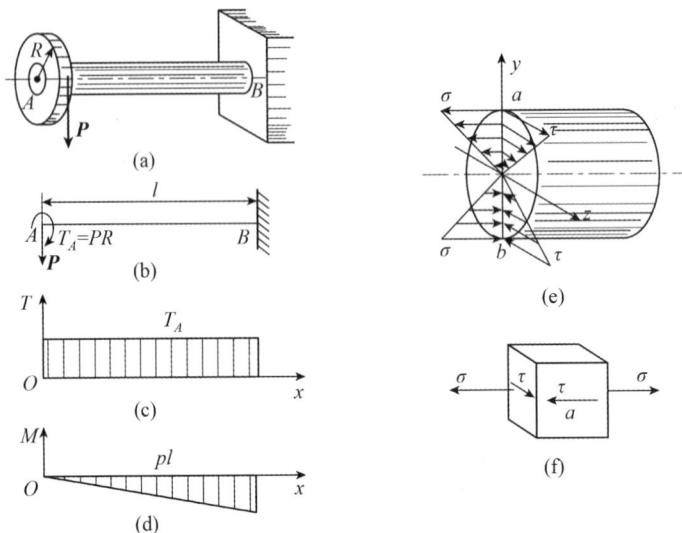

图 7-13 圆轴的弯扭组合变形的应力分析

(二) 强度分析

现在分析危险截面上危险点的位置以及危险点的应力状态。

在右侧固定端截面上，由扭矩引起的剪应力为

$$\tau = \frac{T}{I_P}\rho$$

截面上剪应力 τ 的分布规律如图 7-13(e)所示。最大剪应力 τ_{max} 发生在截面周边各点处，方向与周边相切，其值为

$$\tau_{max} = \frac{T}{W_P}$$

在右侧固定端截面上，由弯矩引起的正应力为

$$\sigma = \frac{M}{I_z}y$$

正应力 σ 沿截面高度的分布规律如图 7-13(e)所示。最大的拉、压应力发生在截面的上、下边缘处，其值为

$$\sigma_{l\,max} = \sigma_{y\,max} = \frac{M}{W_z}$$

由危险截面上 τ 和 σ 的分布规律可知，在截面上、下边缘的 a、b 两点处，剪应力和正应力都达到最大值，因此 a、b 两点为危险点(两点的危险程度相同)。从 a 点处截取出一微元体，其上的应力情况如图 7-13(f)所示。可知 a 点存在两个主应力，为复杂应力状态，在进行强度计算时，必须应用强度理论。

第三强度理论的强度条件：

$$\sqrt{\sigma^2 + 4\tau^2} \leqslant [\sigma] \tag{7-2}$$

第四强度理论的强度条件：

$$\sqrt{\sigma^2 + 3\tau^2} \leqslant [\sigma] \tag{7-3}$$

对于圆形截面有

$$\tau = \frac{T}{W_p}, \sigma = \frac{M}{W_z}, W_p = 2W_z$$

将上面关系代入式(7-2)和式(7-3)，得

$$\sqrt{\left(\frac{M}{W}\right)^2 + 4\left(\frac{I}{2W}\right)^2} \leqslant [\sigma]$$

$$\frac{1}{W}\sqrt{M^2 + T^2} \leqslant [\sigma] \tag{7-4}$$

$$\sqrt{\left(\frac{M}{W}\right)_z^2 + 3\left(\frac{T_w}{2W_z}\right)^2} \leqslant [\sigma]$$

$$\frac{1}{W_z}\sqrt{M^2 + 0.75T^2} \leqslant [\sigma] \tag{7-5}$$

式(7-2)与式(7-3)或式(7-4)与式(7-5)就是处在弯扭组合变形情况下的杆件，分别按第三、第四强度理论建立的强度条件。

在式(7-4)和式(7-5)中，M 是危险截面上的弯矩，T 是危险截面上的扭矩。

注意：上述两式是对圆截面导出的，所以，只适用于圆截面杆的弯扭组合变形的强度计算。

实例分析

【例 7-4】图 7-14 所示为传动轴 AB 平面计算简图，由电动机带动。已知：电动机通过联轴器作用在截面 A 上的扭力偶矩为 $M_1 = 1\text{kN} \cdot \text{m}$，胶带紧边与松边的张力分别为 F_N 与 F_N'，且 $F_N = 2F_N'$，轴承 C 与 B 之间的距离 $l = 200\text{mm}$，胶带轮的直径 $D = 300\text{mm}$，轴用钢制成，许用应力 $[\sigma] = 160\text{MPa}$。试按第四强度理论确定轴 AB 的直径。

解：(1) 外力分析。将胶带张力 F_N 与 F_N' 向轴 AB 的轴线简化，得到作用在点 E 上的横向力 F 与力偶矩 M_2[图 7-14(a)]，其值分别为

$$F = F_N + F_N' = 2F_N' + F_N' = 3F_N'$$

$$M_2 = \frac{F_N D}{2} - \frac{F_N' D}{2} = \frac{F_N' D}{2}$$

如上所述，作用在截面 A 上的扭力偶矩为 M_1，所以，由平衡方程

$$\sum M = 0, \quad M_1 - \frac{F_N' D}{2} = 0$$

得

$$F_N' = \frac{2M_1}{D} = \frac{2 \times 1 \times 10^3 \,\text{N} \cdot \text{m}}{0.300 \,\text{m}} = 6.67 \times 10^3 \,(\text{N})$$

(2) 内力分析。画出传动轴的弯矩图和扭矩图，如图 7-14(b)、图 7-14(c)所示，横截面 E 左侧为危险截面，该截面的弯矩与扭矩分别为

$$M = \frac{Fl}{4} = \frac{3F_N' l}{4} = \frac{3 \times (6.67 \times 10^3 \,\text{N}) \times (0.200 \,\text{m})}{4} = 1.0 \times 10^3 \,(\text{N} \cdot \text{m})$$

$$T = M_1 = 1 \times 10^3 \,(\text{N} \cdot \text{m})$$

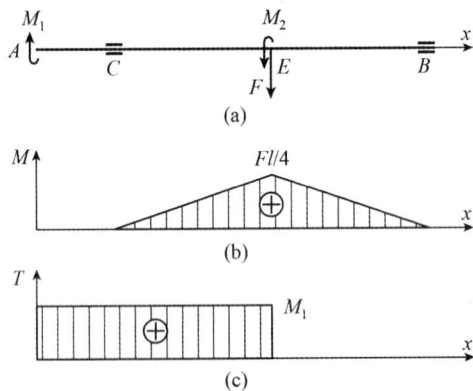

图 7-14 传动轴 AB 平面计算简图

(3) 设计轴径。按第四强度理论，由式(7-5)得

$$\frac{32\sqrt{M^2 + 0.75T^2}}{\pi d^3} \leqslant [\sigma]$$

得轴 AB 的直径为

$$d \geqslant \sqrt[3]{\frac{32\sqrt{M^2 + 0.75T^2}}{\pi[\sigma]}}$$

$$= \sqrt[3]{\frac{32\sqrt{(1 \times 10^3 \, \text{N} \cdot \text{m})^2 + 0.75(1 \times 10^3 \, \text{N} \cdot \text{m})^2}}{\pi \times 160 \times 10^6 \, \text{Pa}}} = 0.0438(\text{m})$$

取轴的直径为 d=44mm。

【例 7-5】图 7-15(a)所示为传动轴，已知：F_1=5kN，F_2=2kN，a=200，b=60，d_0=100，D=160mm，$[\sigma]$=80MPa。按第三强度理论设计轴的直径。

解：(1) 外力简化。画出轴的受力简图，如图 7-15(b)所示。

(2) 空间力系平面解析法：

① xy 平面如图 7-15(c)所示，画出弯矩图，如图 7-15(d)所示。求得

$$M_{Cz}=35(\text{N} \cdot \text{m})$$

$$M_{Bz}=420(\text{N} \cdot \text{m})$$

② xz 平面如图 7-15(e)所示，画出弯矩图如图 7-15(f)所示。求得

$$M_{Cy}=480(\text{N} \cdot \text{m})$$

(3) 扭力图如图 7-15(g)所示，扭矩图如图 7-15(h)所示。求得

$$T=240(\text{N} \cdot \text{m})$$

(4) 危险点为 C 点。求得

$$M_C = \sqrt{M_{Cy}^2 + M_{Cz}^2} = \sqrt{480^2 + 35^2} = 481.3(\text{N} \cdot \text{m})$$

$$T_C = T = 240(\text{N} \cdot \text{m})$$

(5) 设计轴径。由第三强度理论得

$$d^3 \geqslant \frac{\sqrt{M_C^2 + T_C^2}}{0.1 \times [\sigma]} = \frac{\sqrt{(481.3 \times 10^3)^2 + (240 \times 10^3)^2}}{0.1 \times 80} = 67.23 \times 10^3 (\text{mm}^3)$$

$$d \geqslant \sqrt[3]{67.23 \times 10^3} = 40.7(\text{mm})$$

取 d=42mm。

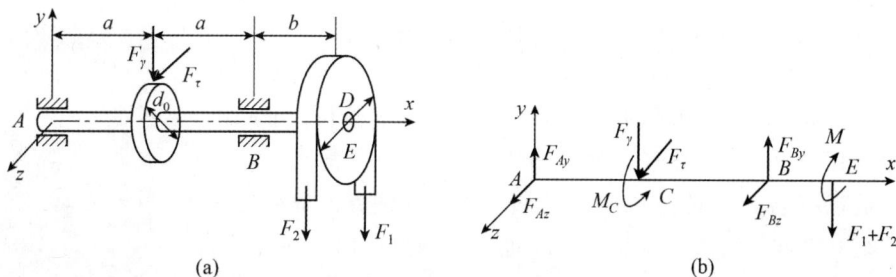

图 7-15　传动轴 AB 平面计算简图

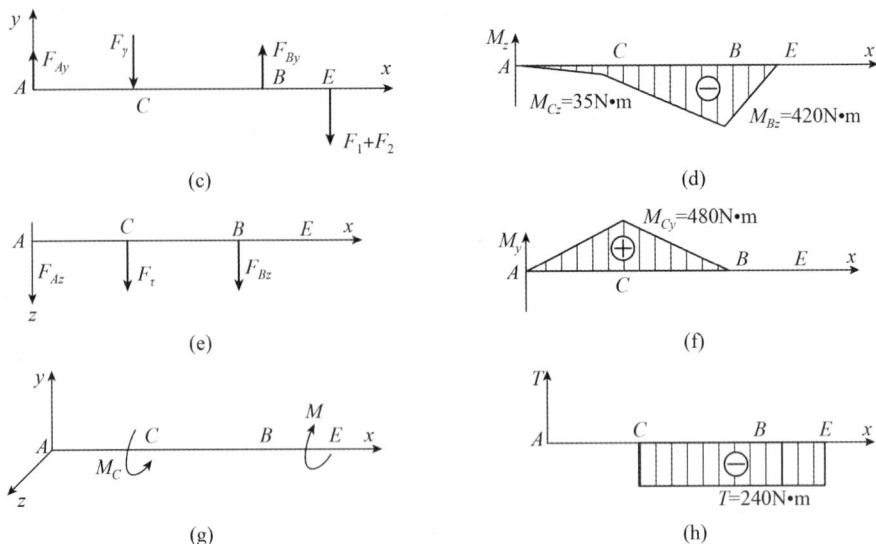

图 7-15 传动轴 AB 平面计算简图(续)

必须指出，上述轴的计算是按静载荷情况来考虑的。这样的处理方式在轴的初步设计或估算时是经常采用的。实际上，由于轴的转动，轴是在交变应力下工作的，因此，有时还须进一步校核交变应力作用下的疲劳强度。

组合变形分析的步骤小结：

(1) 载荷的简化和分解，把物体上的外力转化成几组静力等效载荷，其中每一组载荷对应一种基本变形。

(2) 分别计算每一种基本变形各自引起的内力，应力应变和位移，然后将所得结果叠加。

(3) 叠加法建立在叠加原理的基础上：材料服从胡克定律，在小变形前提下力与变形成线性关系。

素养园地

钱伟长——中国物理学、力学、应用数学家，教育家，社会活动家

生平：1912 年 10 月 9 日出生于江苏无锡，祖籍浙江省杭州市临安区。生前是中国科学院学部委员(院士)，波兰科学院外籍院士，加拿大多伦多赖尔逊学院院士。上海大学校长，上海市应用数学和力学研究所所长。2010 年 7 月 30 日在上海逝世。

贡献：钱伟长创建了板壳内禀统一理论和浅壳的非线性微分方程组，在波导管理论、奇异摄动理论、润滑理论、环壳理论、广义变分原理、有限元法、穿甲力学、大电机设计、高能电池、空气动力学、中文信息学等方面都有贡献。

实操练习

1. 如图 7-16 所示，钻机钻杆的材料为 20 号无缝钢管，已知：外径 D=152mm，内径 d=120mm，钻杆最大推进压力 P=180kN，扭矩 M_n=18kN·m，材料的许用应力 $[\sigma]$=100MPa。试按第三强度理论校核钻杆的强度。

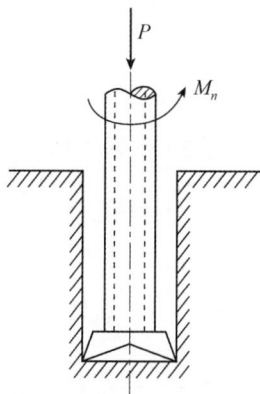

图 7-16　题 1 图

2. 皮带轮传动轴如图 7-17 所示，皮带轮 1 的重量 W_1=800N，直径 d_1=0.8m，皮带轮 2 的重量 W_2=1200N，直径 d_2=1m，皮带的紧边拉力为松边拉力的 2 倍，轴传递功率为 100kW，转速为 200r/min。轴材料为 45 号钢，$[\sigma]$=80MPa。试求轴的直径。

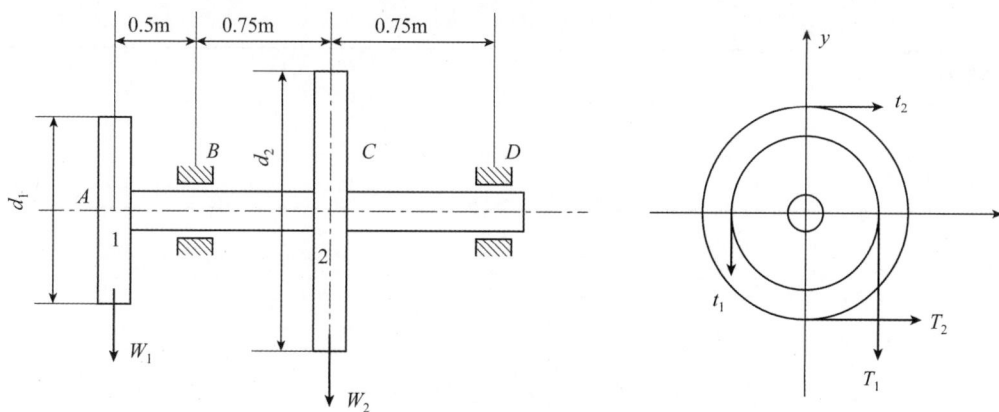

图 7-17　题 2 图

3. 图 7-18 所示为一钢制实心圆轴，轴上的齿轮 C 上作用有铅垂切向力 5kN，径向力 1.82kN；齿轮 D 上作用有水平切向力 10kN，径向力 3.64kN。齿轮 C 的节圆直径 d_C=400mm，齿轮 D 的节圆直径 d_D=200mm。设许用应力 $[\sigma]$=100MPa。试按第四强度理论求轴的直径。

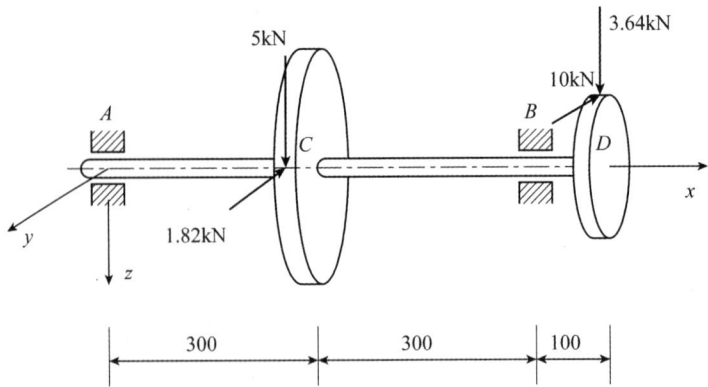

图 7-18　题 3 图(尺寸单位：mm)

问题归纳

问题 1：
_____

_____

_____

问题 2：
_____

_____

_____

问题 3：
_____

_____

_____

学习评价

项目七　构件组合变形的强度					
任务二　弯扭组合变形构件的强度					
序号	考核内容	考核标准	分值	学生自评 (30%)	学生互评 (30%)	教师评价 (40%)
1	掌握弯扭组合变形构件的外力和变形特点，掌握弯扭组合变形构件危险截面及危险点位置的确定，掌握弯扭组合变形构件的强度条件	清楚描述弯扭组合变形的外力和变形特点	10			
2		清楚描述弯扭组合变形强度计算方法	10			
3		清楚描述弯扭组合变形强度计算步骤	10			
4		掌握弯扭组合变形构件危险截面及危险点位置的确定	10			
5		清楚描述弯扭组合变形的强度条件	10			
6	通过分析变形特点确定弯扭组合变形，能够运用叠加法计算弯扭组合变形的内力及应力，能够运用弯扭组合变形强度条件解决实际工程问题	能够通过分析变形特点确定弯扭组合变形	10			
7		能够运用叠加法计算弯扭组合变形的内力及应力	10			
8		能够运用弯扭组合变形强度条件解决工程实际问题	10			
9	从弯扭组合变形工程实际案例中提出问题，激发学习热情，增强责任意识和大局意识；本项目既是对基本变形任务知识和能力的考查，又是对思维和能力的培养，通过接触实际问题，培养战胜困难的勇气和顽强的意志品质	认识到工程师在社会发展中的重要作用和肩负的社会责任，培养社会责任感，理解在工程项目中，个人的工作与整个团队乃至整个项目是紧密相连的，增强团队协作能力，培养大局意识	10			
10		通过接触实际问题，学会从多个角度审视问题，培养面对困难和挑战时冷静、坚韧不拔的品质，勇于面对和解决问题；通过项目的长期实践训练，锻炼持之以恒、锲而不舍的意志品质	10			
学生自评得分						
学生互评得分						
教师评价得分						

项目八 压杆稳定性问题

一、任务情境

在实际工程中，受压细长杆件是很常见的。例如图8-1所示内燃机气门阀的挺杆，在它推动摇臂打开气门时，就受压力作用。图 8-2 所示磨床液压装置的活塞杆，当驱动工作台向右移动时，油缸活塞上的压力和工作台的阻力使活塞杆受压。对于受压杆件，除了必须具有足够的强度和刚度外，还需要考虑稳定性问题。

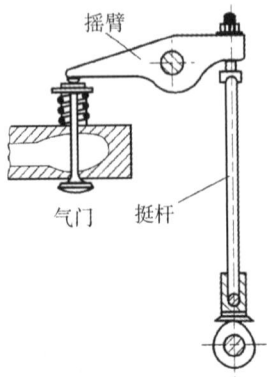

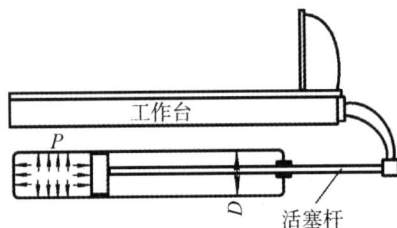

图 8-1 内燃机气门阀   图 8-2 磨床液压装置

压杆的失稳是突然发生的，有时会引起整个机器或结构的破坏，造成严重的后果，工程上曾多次发生过压杆失稳而酿成的重大事故。因此，在设计受压杆件时，必须保证压杆具有足够的稳定性。

二、任务学习目标

(一) 知识目标

(1) 了解压杆稳定的概念和重要性。

(2) 掌握细长压杆的临界力计算公式。

(3) 了解欧拉公式的适用范围和经验公式。

(4) 掌握提高压杆稳定性的措施。

(二) 能力目标

(1) 能够计算细长压杆的临界力。

(2) 能够校核压杆的稳定性。

(三) 素养目标

(1) 从压杆失稳的工程实际案例中提出问题，激发学习热情，增强责任意识和大局意识。

(2) 通过接触实际问题，培养战胜困难的勇气和顽强的意志品质。

应知应会

一、压杆稳定的概念

(一) 压杆失稳

构件除了强度、刚度失效外，还可能发生稳定失效。例如，内燃机气门阀的挺杆，磨床液压装置的活塞杆，受轴向压力后，当压力超过一定数值时，压杆会由原来的直线平衡形式突然变弯，致使结构丧失承载能力。这种轴线不能维持原有直线平衡状态的现象称为压杆丧失了稳定性(简称压杆失稳)。工程中的柱、桁架中的压杆、薄壳结构及薄壁容器等，在有压力存在时，都可能发生失稳。

由于构件的失稳往往是突然发生的，其危害性也较大。历史上曾多次发生构件失稳引起的重大事故。例如，1907 年加拿大劳伦斯河上，跨长 548m 的奎北克大桥，因压杆失稳整座大桥倒塌。近代这类事故仍时有发生。因此，稳定性问题在工程设计中有重要地位。

(二) 压杆的受力与变形状态

1. 稳定平衡

如图 8-3(a)所示，压杆受轴向压力 F 作用。在轴向压力 F 不大的情况下[图 8-3(b)]，给压杆施以一个横向的干扰力 Q(它可以是阵风的吹拂、物体的碰撞等)，压杆会产生微小弯曲变形。但当这种干扰力消失后，压杆经过若干次振动(减幅振动)仍能回到原来的直线平衡状态。

2. 失稳

将轴向压力 F 加大到某一极限值 F_{cr} 后，再施以一个微小的干扰力 Q，压杆同样会发生微小的弯曲变形。但撤掉 Q 后，杆件并不能恢复原来的直线形状，而是处于图 8-3(c)所示的一种微弯平衡状态。因而，在 F_{cr} 作用下，杆件受干扰前的直线平衡状态是一种不稳定的临界平衡状态。杆件从稳定平衡状态转变为不稳定平衡状态，称为失稳。将杆件处于临界平衡状态时所受到的轴向压力称为临界力，用 F_{cr} 表示。临界力是压杆失稳前所受到的最大轴向压力。

3. 破坏

如图 8-3(d)所示，当作用在杆件上的轴向压力 F 超过 F_{cr} 时，杆件就会因弯曲变形的加剧而很快被折断。

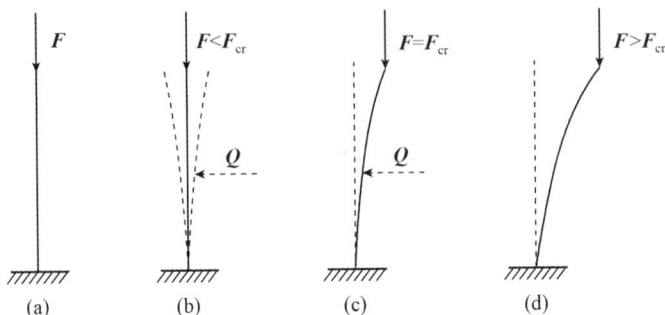

图 8-3　压杆稳定性分析

二、压杆的临界力和临界应力

解决压杆稳定性问题的关键是确定临界力，确保压杆上的轴向压力小于临界力。

(一) 细长压杆的临界力和临界应力

1. 压杆临界力的欧拉公式

瑞士著名的科学家欧拉在从事弹性曲线几何形状的理论研究时发现，细长压杆临界力的大小与它的抗弯刚度 EI 成正比，与它的长度 l 的平方成反比，并且与它两端的支承情况有关。他于 1744 年从理论上推导出了细长压杆临界力的计算公式，即欧拉公式：

$$F_{cr} = \frac{\pi^2 EI}{(\mu l)^2} \tag{8-1}$$

式中：μ——长度系数；

μl——相当长度，即把不同约束条件的压杆折算成两端铰支压杆后的长度。

表 8-1 列出了几种常见杆端约束情况下压杆的长度系数。

表 8-1　压杆的长度系数

杆端约束情况	一端自由,一端固定	两端铰支	一端铰支,一端固定	两端固定
挠曲线形状				
长度系数	$\mu=2.0$	$\mu=1.0$	$\mu=0.7$	$\mu=0.5$

说明:

(1) 临界力与压杆的抗弯刚度 EI 成正比。对于具有两条或两条以上形心主轴的横截面,则 $I=I_{min}$。也就是说,压杆在与 I_{min} 相应的形心主轴垂直的方向容易失稳。为此,压杆的截面应做成各形心主轴的惯性矩均相近或相同的形状,如外形为方形、圆形、圆环形等。

(2) 临界力与压杆的长度及长度系数的平方成反比,说明杆件越长越容易失稳,杆端对抗弯的约束能力越弱的杆件越容易失稳。

2. 压杆临界应力的欧拉公式

临界应力 σ_{cr} 是用压杆的临界力 F_{cr} 除以压杆的横截面面积 A 得到的,即

$$\sigma_{cr} = \frac{F_{cr}}{A} = \frac{\pi^2 E}{(\mu l)^2} \cdot \frac{I}{A} = \frac{\pi^2 E}{(\mu l)^2} \cdot i^2 = \frac{\pi^2 E}{\left(\dfrac{\mu l}{i}\right)^2} \tag{8-2}$$

式中: i——横截面的惯性半径, $i = \sqrt{\dfrac{I}{A}}$ 。

对于常见的圆形和方形截面压杆,其惯性半径分别为

圆形截面

$$i = \sqrt{\frac{\dfrac{\pi d^4}{64}}{\dfrac{\pi d^2}{4}}} = \frac{d}{4}$$

方形截面

$$i = \sqrt{\frac{\dfrac{bh^3}{12}}{bh}} = \frac{\sqrt{3}h}{6}$$

3. 柔度

令 $\lambda = \dfrac{\mu l}{i}$,于是式(8-2)写成

$$\sigma_{cr} = \frac{\pi^2 E}{\lambda^2} \qquad (8\text{-}3)$$

式中：λ ——柔度或长细比，$\lambda = \dfrac{\mu l}{i}$。

λ 值越大，杆件越细长，其临界应力 σ_{cr} 越小，杆越易失稳；反之，λ 值越小，杆件越粗短，其临界应力 σ_{cr} 越大，杆越不易失稳。所以柔度 λ 是度量压杆失稳难易的重要参数。

4. 欧拉公式的适用范围

由于欧拉公式是在材料服从胡克定律的条件下得出的，所以只有当压杆的临界应力不超过材料的比例极限 σ_p 时才能成立，即

$$\sigma_{cr} = \frac{\pi^2 E}{\lambda^2} \leqslant \sigma_p$$

整理得

$$\lambda \geqslant \sqrt{\frac{\pi^2 E}{\sigma_p}} \qquad (8\text{-}4)$$

可见，只有当压杆的柔度 λ 大于或等于极限值 $\lambda_p \geqslant \sqrt{\dfrac{\pi^2 E}{\sigma_p}}$ 时，欧拉公式才可使用。令

$$\lambda_p \geqslant \sqrt{\frac{\pi^2 E}{\sigma_p}} \qquad (8\text{-}5)$$

条件式(8-4)便可写成

$$\lambda \geqslant \lambda_p \qquad (8\text{-}6)$$

式(8-6)就是欧拉公式的适用范围。满足 $\lambda \geqslant \lambda_p$ 条件的杆件称为细长杆或大柔度杆。

式(8-4)表明，λ_p 与材料的性能有关，材料不同，λ_p 的数值也就不同。对于不同材料的 λ_p 可以查表 8-2。

表 8-2　直线公式的系数 a、b 及柔度值 λ_p、λ_s

材料		a/MPa	b/MPa	λ_p	λ_s
Q235A	σ_s=235MPa　$\sigma_b \geqslant$372MPa	304	1.12	101	61.6
优质碳钢	σ_s=304MPa　$\sigma_b \geqslant$471MPa	460	2.57	100	60
硅钢	σ_s=353MPa　$\sigma_b \geqslant$510MPa	578	3.74	100	60
铬钼钢		981	5.30	55	—
硬木		37.5	2.14	50	—
松木		39.2	0.199	59	—

(二) 中小柔度杆临界应力的经验公式

实际工程中的压杆，其柔度往往小于 λ_p，这类压杆称为中小柔度杆。中小柔度杆的临界应力不能再用欧拉公式来计算，通常采用建立在试验基础上的经验公式。目前已有不少经验公式，其中，直线公式比较简单，应用方便，其形式为

$$\sigma_{cr} = a - b\lambda \tag{8-7}$$

式中：a、b——由杆件材料决定的常数，MPa，一些常用材料的 a、b 值见表 8-2。

上述经验公式也有一个适用范围：当压杆的临界应力 σ_{cr} 大于材料破坏应力 σ_b 时，压杆就因强度不够而发生破坏，不存在稳定性问题，只需按压缩强度计算。这样，在应用直线公式计算时，柔度 λ 必然有一个最小界限值。对于塑性材料，破坏应力 σ_b 就是屈服极限 σ_s。所以

$$\sigma_{cr} = a - b\lambda \leqslant \sigma_s \tag{8-8}$$

整理得

$$\lambda \geqslant \frac{a - \sigma_s}{b}$$

令

$$\lambda_s = \frac{a - \sigma_s}{b} \tag{8-9}$$

式中：λ_s——直线公式中柔度的最小界限值，是与屈服极限相应的柔度值，λ_s 与材料有关，其值可查表 2。

通常把 $\lambda_s < \lambda < \lambda_p$ 的压杆称为中长杆(中柔度杆)，$\lambda \leqslant \lambda_s$ 的压杆称为小柔度杆或短粗杆。此时压杆问题属强度问题，临界应力就是屈服极限或强度极限，即

$$\sigma_{cr} = \sigma_s \text{ 或 } \sigma_b$$

(三) 临界应力总图

压杆的临界应力 σ_{cr} 与压杆的柔度 $\lambda = \dfrac{\mu l}{i}$ 有关，压杆的类型可以根据其柔度分为以下三种：

(1) 当 $\lambda \geqslant \lambda_p$ 时，压杆为细长杆或大柔度杆，其临界应力 $\sigma_{cr} \leqslant \sigma_p$，$\sigma_{cr}$ 用欧拉公式计算。

(2) 当 $\lambda_s < \lambda < \lambda_p$ 时，压杆为中长杆或中柔度杆，其临界应力 $\sigma_p < \sigma_{cr} < \sigma_s$，$\sigma_{cr}$ 用经验公式计算。

(3) 当 $\lambda \leqslant \lambda_s$ 时，压杆为短粗杆或小柔度杆，其临界应力 $\sigma_{cr} = \sigma_s$，按强度问题计算。

上述分析表明，临界应力 σ_{cr} 是关于压杆柔度 λ 的一个分段函数，在不同 λ 范围内，压杆的临界应力与柔度 λ 之间的变化关系曲线如图 8-4 所示，称为临界应力总图。

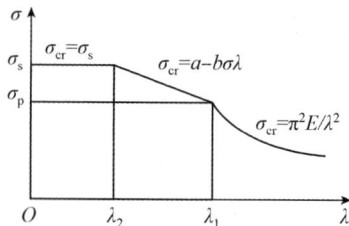

图 8-4 临界应力总图

实例分析

综上所述，计算压杆临界应力时，首先应计算出压杆的柔度 λ，然后判断压杆的类型，最后根据压杆的类型选择相应的公式。

【例 8-1】如图 8-5 所示，已知：木柱长 $l=7\mathrm{m}$，横截面是矩形，$h=200\mathrm{mm}$，$b=120\mathrm{mm}$。当它在 xz 平面(最小刚度平面)内弯曲时，两端视为固定；当它在 xy 平面(最大刚度平面)内弯曲时，两端视为铰支；木材的弹性模量 $E=10\mathrm{GPa}$，$\lambda_\mathrm{p}=59$。试求临界力和临界应力。

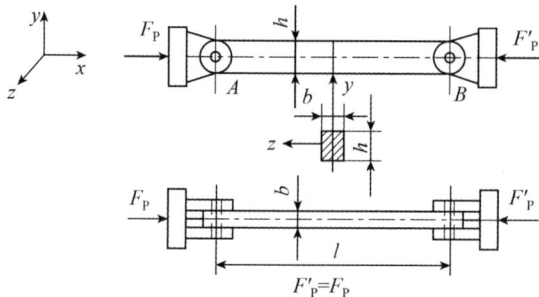

图 8-5 木制杆件平面计算简图

解：(1) 判断杆件易在哪个平面内弯曲。

① 求在 xz 平面内弯曲时的柔度。

$$i_y = \sqrt{\frac{I_y}{A}} = \sqrt{\frac{\frac{1}{12}hb^3}{hb}} = \frac{b}{\sqrt{12}}$$

$$\lambda_y = \frac{\mu_1 l}{i_y} = \frac{0.5 \times l}{\frac{b}{\sqrt{12}}} = \frac{\sqrt{3}l}{b} = 14.43l$$

② 求在 xy 平面内弯曲时的柔度。

$$i_z = \sqrt{\frac{I_z}{A}} = \sqrt{\frac{\frac{1}{12}bh^3}{hb}} = \frac{h}{\sqrt{12}}$$

$$\lambda_z = \frac{\mu_2 l}{i_z} = \frac{1 \times l}{\frac{h}{\sqrt{12}}} = \frac{2\sqrt{3}l}{h} = 17.32l$$

③ 比较判定。

$$\lambda_z > \lambda_y$$

所以杠件易在 xy 平面内弯曲。

(2) 判断欧拉公式的适用范围。

$$\lambda_z > \lambda_p$$

所以杠件为大柔度杆，用欧拉公式。

(3) 求临界力和临界应力。

$$\sigma_{cr} \geqslant \frac{\pi^2 E}{\lambda_z^2} = 6.73(\text{MPa})$$

$$P_{cr} = \sigma_{cr} \cdot A = 161(\text{kN})$$

三、压杆的稳定性设计

（一）稳定性条件

对于实际工作中的压杆，为了使其不丧失稳定性，必须使作用在压杆上的轴向压力小于压杆的临界力，同时，要考虑适当的安全储备。因此压杆的稳定条件为

$$F \leqslant \frac{F_{cr}}{n_{st}} \text{ 或 } \sigma \leqslant \frac{\sigma_{cr}}{n_{st}} \tag{8-10}$$

式中：F——压杆的工作载荷；

F_{cr}——压杆的临界载荷；

n_{st}——稳定安全系数，n_{st} 的值在有关的设计规范中都有明确的规定，静载下，其值一般为

钢类：$n_{st} = 1.8 \sim 3.0$。

铸铁：$n_{st} = 4.5 \sim 5.5$。

木材：$n_{st} = 2.8 \sim 3.2$。

（二）压杆的合理设计

压杆稳定设计计算包括稳定性校核、压杆截面的设计和压杆的许可载荷设计。在机械设计中，常常根据强度条件和结构情况，初步确定压杆的截面尺寸，然后校核其稳定性，一般都采用安全系数法进行稳定性计算，因此式(8-10)和式(8-11)可以改写为

$$n = \frac{F_{cr}}{F} \geqslant n_{st} \text{ 或 } n = \frac{\sigma_{cr}}{\sigma} \geqslant n_{st} \tag{8-11}$$

式中：n——压杆的实际安全系数。

实例分析

【例 8-2】 螺旋千斤顶如图 8-6 所示，已知：其螺杆旋出的最大长度 $l = 375\text{mm}$，螺纹小径 $d_0 = 40\text{mm}$，最大起重量 $P=80\text{kN}$，材料为 Q235 钢，规定稳定安全系数 $n_{\text{st}} = 3$，试校核螺杆的稳定性。

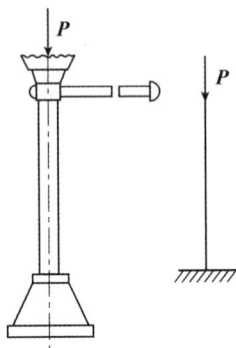

图 8-6　螺旋千斤顶

解：(1) 计算柔度 λ。螺杆可简化为上端自由、下端固定的压杆，支承系数 $\mu = 2$，螺杆的惯性半径为

$$i = \sqrt{\dfrac{I}{A}} = \sqrt{\dfrac{\dfrac{\pi d_0^4}{64}}{\dfrac{\pi d_0^2}{4}}} = \dfrac{d_0}{4} \geqslant 10(\text{mm})$$

螺杆的柔度为

$$\lambda = \dfrac{\mu l}{i} = 75$$

(2) 计算临界应力。由表 8-2 查得 Q235 钢的 $\lambda_\text{p} = 101, \lambda_\text{s} = 61.6$，可知 $\lambda_\text{s} < \lambda < \lambda_\text{p}$，为中长杆，$\sigma_{\text{cr}}$ 用直线经验公式计算。由表 8-2 查得 $a=304\text{MPa}$，$b=1.12\text{MPa}$，根据式(8-7)可得

$$\sigma_{\text{cr}} = a - b\lambda = 304 - 1.12 \times 75 = 220(\text{MPa})$$

螺杆的工作应力为

$$\sigma = \dfrac{F}{A} = \dfrac{80 \times 10^3}{\dfrac{\pi \times 40^2}{4}} = 63.7(\text{MPa})$$

(3) 校核螺杆的稳定性。

$$n = \dfrac{\sigma_{\text{cr}}}{\sigma} = \dfrac{220}{63.7} = 3.45 > 3 = n_{\text{st}}$$

所以，此千斤顶螺杆满足稳定性要求。

【例 8-3】图 8-7 所示为钢架结构平面计算简图，承受载荷 F 作用，已知：载荷 $F=12$kN，其外径 $D=45$mm，内径 $d=36$mm，稳定安全系数 $n_{st}=2.5$。斜撑杆材料是 Q235 钢，弹性模量 $E=210$GPa，$\sigma_p=200$MPa，$\sigma_s=235$MPa。试校核斜撑杆的稳定性。

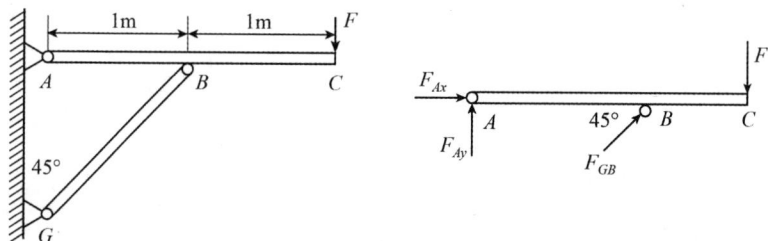

图 8-7 钢架结构平面计算简图

解：(1)受力分析。以梁 AC 为研究对象，由静力平衡方程可求得

$$\Sigma M_C = 0 \quad F_{GB}\sin 45° \times 1 - F \times 2 = 0$$

$$F_{GB} = \frac{2F}{\sin 45°} = 2\sqrt{2}F = 33.9(\text{kN})$$

(2) 计算压杆的柔度。

$$i = \sqrt{\frac{I}{A}} = \sqrt{\frac{\pi\left(D^4-d^4\right)}{64} \times \frac{4}{\pi\left(D^2-d^2\right)}} = \frac{\sqrt{D^2+d^2}}{4}$$

$$= \frac{\sqrt{(0.045)^2 + (0.036)^2}}{4} = 0.0144(\text{m})$$

$$\lambda = \frac{\mu l}{i} = \frac{1 \times (\sqrt{2} \times 1)}{0.0144} = 98.1$$

(3) 别压杆的类型。由已知求得

$$\lambda_p = \sqrt{\frac{\pi^2 E}{\sigma_p}} = 102$$

查表 8-2 得 $a=304$MPa，$b=1.12$MPa。求得

$$\lambda_s = \frac{a - \sigma_s}{b} = \frac{304 - 235}{1.12} = 62$$

$$\lambda_s < \lambda < \lambda_1$$

压杆是中柔度杆，选用经验公式计算临界力。

(4) 计算临界应力。

$$F_{cr} = \sigma_{cr} \cdot A = (a - b\lambda)A$$

$$= (304 - 1.12 \times 98.1) \times 10^6 \times \frac{\pi(0.045^2 - 0.036^2)}{4}$$

$$= 194.1 \times 10^6 \times 5.726 \times 10^{-4} = 111(\text{kN})$$

(5) 稳定性校核。

$$n = \frac{F_{cr}}{F_{GB}} = \frac{111 \times 10^3}{33.9 \times 10^3} = 3.27 \geqslant n_{st} \left(n_{st} = 2.5 \right)$$

所以满足稳定性要求。

素养园地

李雅普诺夫——俄国数学家和力学家

生平：1857 年 6 月 6 日生于雅罗斯拉夫尔，1918 年 11 月 3 日卒于敖德萨。1876 年中学毕业时，因成绩优秀获金质奖章，同年考入圣彼得堡大学物理数学系学习，被著名数学家切比雪夫渊博的学识深深吸引，从而转到切比雪夫所在的数学系学习。在切比雪夫、佐洛塔廖夫的影响下，他在大学四年级时就写出具有创见的论文，从而获得金质奖章。1880 年大学毕业后留校工作，1892年获博士学位并成为教授。1893 年起任哈尔科夫大学教授，1901 年初当选为圣彼得堡科学院通讯院士，年底当选为院士。1909 年当选为意大利国立琴科学院外籍院士，1916 年当选为巴黎科学院外籍院士。

贡献：李雅普诺夫是力学中运动稳定性理论的奠基人之一。李雅普诺夫和法国 H. 庞加莱各自从不同角度研究了运动稳定性理论中的一般性问题。李雅普诺夫采用的是纯数学分析方法，庞加莱则侧重于用几何、拓扑方法。李雅普诺夫于 1884年完成了《论一个旋转液体平衡之椭球面形状的稳定性》一文。1888 年，他发表了《关于具有有限个自由度的力学系统的稳定性》。特别是他 1892 年的博士论文——《运动稳定性的一般问题》是经典名著。

1. 在图 8-8 所示的托架中，已知：AB 杆的直径 d=40mm，长度 l=800mm，两端可视为铰支，材料为 Q235 钢，$\sigma_s = 235$MPa。

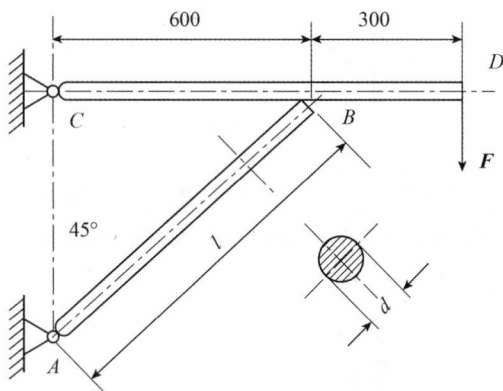

图 8-8　题 1 图(尺寸单位：mm)

(1) 试求托架的临界载荷 F_{cr}。

(2) 若已知 F=70kN，AB 杆的稳定安全系数规定为 2.0，而 CD 梁确保安全，试问：此托架是否安全？

2. 图 8-9 所示结构为正方形，由 5 根圆钢杆组成，各杆直径均为 a=40mm，各杆直径均为 1m，料均为 Q235 钢，$[\sigma]$=160MPa，连接处均为铰链。

(1) 试求结构的许可载荷$[F]$。

(2) 若力 F 的方向改为向外，试问：许可载荷是否改变？若有改变，应为多少？

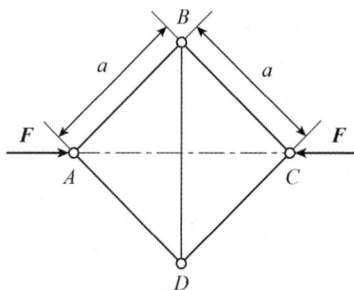

图 8-9　题 2 图

3. 图 8-10 所示为三角架，BC 为圆截面钢杆，已知 F=12kN，a=1m，杆直径 d=0.04m，许用应力$[\sigma]$=170MPa。

(1) 试校核 BC 杆的稳定性。

(2) 若从 BC 杆的稳定性方面考虑，试求此三角架所能承受的最大载荷 $F_{\max}$。

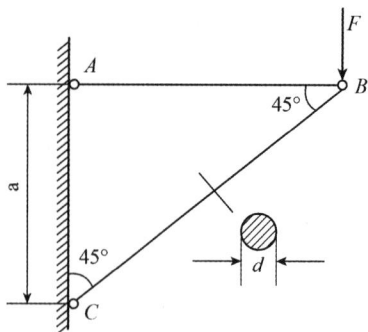

图 8-10　题 3 图

4. 图 8-11 所示立柱一端固定，一端铰支，顶部受轴向压力 $F=260\text{kN}$ 作用。立柱用工字钢制成，材料为 Q235，许用应力 $[\sigma]=172\text{MPa}$。在立柱中点 C 截面上因构造需要开一直径为 $d=40\text{mm}$ 的圆孔。试选择工字钢的型号。

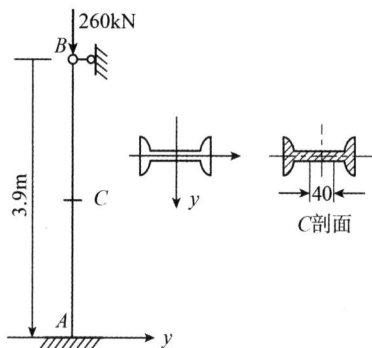

图 8-11　题 4 图

问题归纳

问题 1：

问题 2：

问题 3：

学习评价

序号	考核内容	考核标准	分值	学生自评(30%)	学生互评(30%)	教师评价(40%)
		项目八　压杆稳定性问题				
1	了解压杆稳定的概念和重要性，掌握细长压杆的临界力计算公式，了解欧拉公式的适用范围和经验公式，掌握提高压杆稳定性的措施	准确回答压杆失稳的概念	10			
2		准确回答稳定平衡的概念	10			
3		准确回答临界力的概念	10			
4		清楚描述细长压杆的临界力计算公式	10			
5		清楚描述欧拉公式的适用范围和经验公式	10			
6		能够运用所学知识回答出提高压杆稳定性的措施	10			
7	能够计算细长压杆的临界力，能够校核压杆的稳定性	能够计算细长压杆的临界力	10			
8		能够校核压杆的稳定性	10			
9	从压杆失稳的工程实际案例中提出问题，激发学习热情，增强责任意识和大局意识；通过接触实际问题，培养战胜困难的勇气和顽强的意志品质	通过分析压杆失稳案例，深刻认识到个人在工程项目中的责任与义务，树立工程质量、安全、环保等方面的高度责任感，从全局和长远的视角审视工程问题，理解压杆失稳对整体项目、企业乃至社会的影响，具备在工程实践中考虑多方利益、维护社会和谐稳定的大局观	10			
10		认识到现实世界中问题的多样性和复杂性，不局限于理论知识的简单应用，还应树立面对困难不退缩、不逃避的积极态度，学会在困难和挫折面前保持冷静和乐观，以积极的心态面对生活和工作中的挑战	10			
	学生自评得分					
	学生互评得分					
	教师评价得分					

参 考 文 献

[1] 焦安红. 工程力学：项目式教学[M]. 西安：西安电子科技大学出版社，2009.

[2] 赵永刚，耿小芳. 工程力学：静力学和材料力学[M]. 2版. 北京：机械工业出版社，2023.

[3] 范钦珊，施燹琴，孙汝动. 工程力学：静力学和材料力学[M]. 北京：高等教育出版社，1989.

[4] 范钦珊. 材料力学[M]. 北京：高等教育出版社，1999.

[5] 尹楠. 工程力学[M]. 长沙：国防科技大学出版社，2008.

[6] 机械工业中专基础课教学指导委员会力学学科组. 工程力学[M]. 北京：机械工业出版社，1995.

[7] 浙江大学理论力学教研室. 理论力学[M]. 3版. 北京：高等教育出版社，1999.

[8] 赵永刚，耿小芳. 工程力学[M]. 北京：机械工业出版社，2023.

[9] 景英锋. 工程力学[M]. 北京：北京邮电大学出版社，2021.

[10] 郭金泉，郭益深. 工程力学[M]. 北京：清华大学出版社，2022.

[11] 陆晓敏，赵引. 工程力学[M]. 2版. 北京：清华大学出版社，2023.